高职高专面向就业导向实践教程系列
高等职业教育“十三五”规划教材

通信技能综合实践教程

主　编　王伟雄　梁有程
副主编　丁怡心　魏　臣
参　编　胡　洋　路　玲

机械工业出版社

本书通过实践案例，重点讲解通信技能综合实践的基本原理、通信业务配置及通信故障处理方法，培养学生在一线工作现场对通信系统全程全网进行业务处理的能力。全书共有6个情景，主要内容包括系统认知、HLR数据配置、MSOFTX3000数据配置、UMG8900数据配置、光传输业务数据配置以及综合业务实训。每个情景都是一个独立的模块，学习难度从简单到复杂，逐步深入，情景间又互相结合，层层递进，最后通过综合实训完成通信系统全网业务维护技能的学习与实践训练。

本书可作为高职院校计算机及电子信息相关专业的教学用书，也可作为通信系统综合训练的培训教材或学习参考书。

为方便教学，本书配备教学视频、电子课件、实训脚本、难点解答、试卷及答案等教学资源。凡选用本书作为教材的教师均可登录机械工业出版社教育服务网 www. cmpedu. com 免费下载。如有问题请致信 cmpgaozhi@ sina. com，或致电 010 - 88379375 联系营销人员。

图书在版编目（CIP）数据

通信技能综合实践教程 / 王伟雄，梁有程主编. —北京 ：机械工业出版社，2018. 3
高等职业教育“十三五”规划教材
ISBN 978 - 7 - 111 - 59226 - 6

Ⅰ. ①通… Ⅱ. ①王… ②梁… Ⅲ. ①通信技术-高等职业教育-教材 Ⅳ. ①TN91

中国版本图书馆 CIP 数据核字（2018）第 035573 号

机械工业出版社（北京市百万庄大街 22 号 邮政编码 100037）
策划编辑：刘子峰 责任编辑：刘子峰 王玉鑫 范成欣
责任校对：郑 婕 封面设计：陈 沛
责任印制：常天培
唐山三艺印务有限公司印刷

2018 年 3 月第 1 版 · 第 1 次印刷
184mm × 260mm · 11. 25 印张 · 256 千字
0001—1900 册
标准书号：ISBN 978 - 7 - 111 - 59226 - 6
定价：32. 00元

高职高专面向就业导向实践教程系列
编委会名单

序

“高职高专面向就业导向实践教程系列”是2013年广东省教育厅立项课题《面向大学生就业能力的实践教学质量评价体系研究与构建》的研究成果。该系列教材自编写以来，得到了许多高等院校和职业技术学院领导的关心与厚爱，也获得了广大师生的支持和认可。在此，对所有关心、帮助过此套丛书编写的人表示衷心的感谢。

“就业导向”不只是一个简单的概念，而是包含了深刻的哲理。学习的目的，特别是对于未来想从事工程师职业的学生而言，不仅仅是学习某一门特定的学科知识，而是应该更进一步，获得如何利用这些知识去解决生产实际问题的能力，也就是动手能力。同时，实践教学的内容是面向就业导向的研究前提与基础，也是建设国家示范性高职院校的重点内容之一，是高职人才培养的方式与定位建设的重要内容，是提高教学质量的核心，也是教学改革的重点和难点。面向就业导向的实践教学主要是为了根据就业岗位中的实际需求，帮助学生了解并掌握岗位技能，解决岗位实际问题，而这种解决问题的能力只有从实践中才能获得。当然，单纯的实践也无法获得真正的能力，关键是如何从实践的经验和体会中归纳出共性的知识，建立起知识体系，然后再将这些知识重新应用到新的实践当中去。这也是我们在未来实际工作中所必须采取的学习和工作方法。因此，如何在大学阶段的学习中掌握自我学习和提高的方法，是编写本系列教材的根本目的。

为了使高职院校建立一套完整的具有高等职业教育特色的就业导向实践教学体系，以培养出适合企业需要的紧缺的高技能人才，本课题研究组在吸取其他高职院校建设经验的同时，消化吸收国内外各类高职课程改革与建设成果，建设了一套符合高职教学理念、适合自身特点的实践教学课程体系。本系列教材就是将这套研究理论有机地融入其中，并按照学生未来学习和工作的方法编写而成的。

项目总策划　胡　洋

2017年5月于广州

前　言

在高职院校的计算机及通信专业开设通信技能实践课程，其目的不仅仅是学习必要的全网通信知识，特别是对于未来想从事通信工程师职业的学生而言，更重要的是培养如何利用这些知识去解决实际问题的能力。

本书的编写理念是面向就业导向的创新实践，采用全程全网的基本概念提升学生对通信技能的学习与掌握。全书共6个情景，内容如下。

情景一：讲述现代通信网络的组网结构，并以3G通信系统为模型，分析通信系统的全网结构。

情景二：介绍HLR的系统结构，通过导入HLR9820的数据配置方法及技能训练，使学生初步掌握移动核心网的基本原理。

情景三：介绍MSOFTX3000的系统结构，通过MSOFTX3000数据配置方法的学习及业务配置技能训练，加深学生对移动核心网结构的认识。

情景四：介绍UMG8900的系统结构，通过UMG8900数据配置方法的学习及业务配置技能训练，进一步提高学生对移动核心网系统原理的认识。

情景五：通过引入光传输的组网概念，加深学生对移动接入网及移动核心网承载网络的理解，并初步掌握光传输业务的数据配置方法。

情景六：介绍综合移动通信、光纤传输及交换网络，使学生形成通信系统的全程全网组网的全局概念；通过对综合通信网络的业务配置及故障处理的实训，掌握通信系统全网的业务处理方法。

本书通过选取大量的实践案例进行教学设计，激发学生的学习兴趣，使学生带着真实的任务在探索中学习，增强学生的学习积极性，从而实施“教、学、做”一体化教学。通过对现有的通信技能实践项目进行升级，构建源于一线的教学环境：

1）扩充“硬件化”教学资源，依托于现有通信实训环境，搭建综合实践平台。

2）升级“实地化”教学模式，针对应用型人才培养的目标，围绕全网通信开展技能实训。

3）贯彻“网络化”教学理念，避免教学手段的单一性，实现数字化立体教学。

本书由王伟雄、梁有程任主编，丁怡心、魏臣任副主编，参加编写的还有胡洋和路玲。

由于编者水平有限，书中错误与不妥之处在所难免，恳请广大读者批评指正。

编　者

目 录

情景一　系统认知

任务一　核心网 HLR9820 系统介绍

一、任务目标

1）了解 HLR9820 的基本结构和功能。

2）了解 HLR9820 所处的网络地位。

二、实训器材

华为 WCDMA 移动设备核心网设备：HLR9820。

三、实训内容说明

1）通过现场实物讲解，让学生了解 HLR9820 的结构。

2）掌握 HLR9820 硬件组成中的机框单板的作用。

3）了解 HLR9820 中 SAU 和 HDU 的功能。

四、知识准备

1. HLR9820 简介

HLR9820 在 WCDMA 网络中的地位如图 1-1 所示。

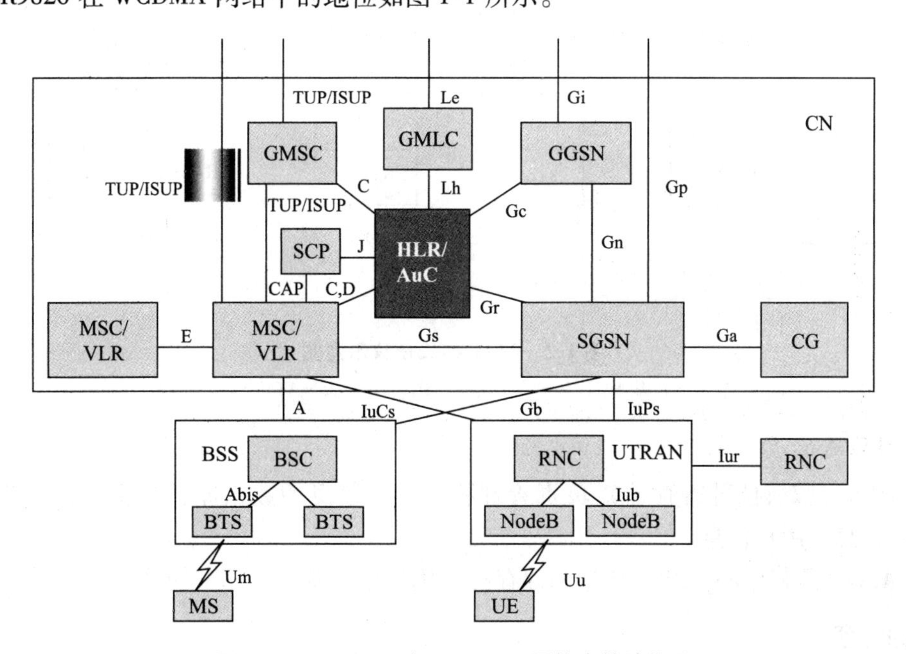

图 1-1　HLR9820 在 WCDMA 网络中的地位图

与 HLR 相关的接口定义：网络单元之间的连接方式，双方约定相同的协议等。WCDMA 系统接口介绍见表 1-1。

表 1-1　WCDMA 系统接口介绍

接口名称	相关实体	主要用途	物理接口类型
C	MSC/GMSC/SMC	在呼叫管理中提供必需的路由信息	E1/IP/ATM
D	VLR	电路域的移动性处理和鉴权处理	E1/IP/ATM
Gr	SGSN	分组域移动性管理	E1/IP/ATM
Gc	GGSN	分组域呼叫管理	E1/IP/ATM
J	SCP	CAMEL 消息处理	E1/IP/ATM
Lh	MLC	MAP 信令处理	E1/IP/ATM

2. MAP 接口协议栈

MAP 接口协议主要用于移动通信相关网元之间，如图 1-2 所示。

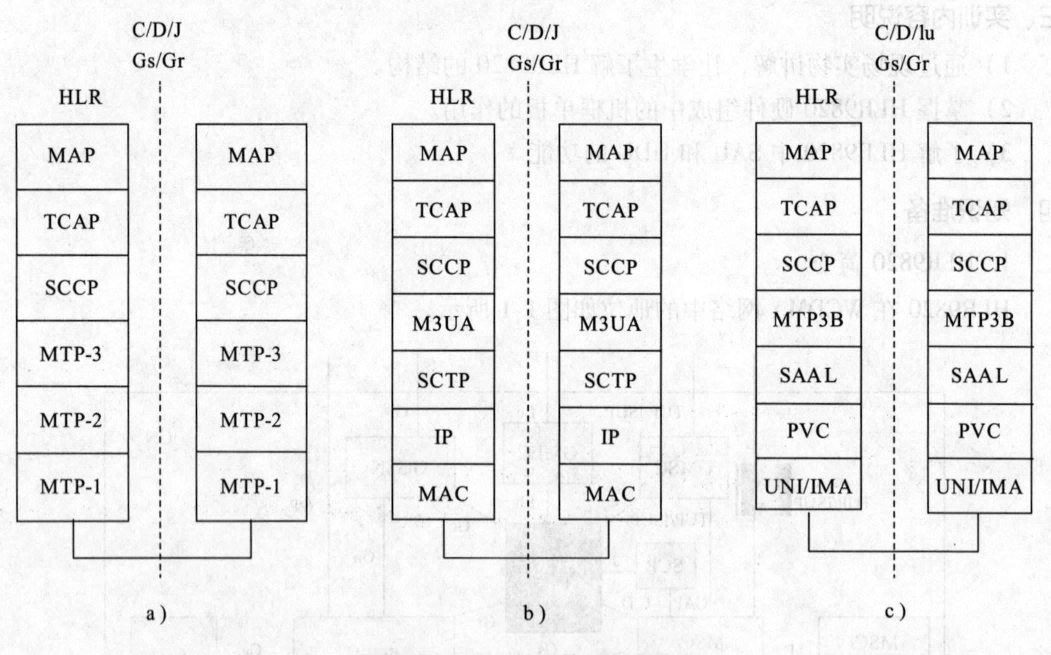

图 1-2　MAP 接口协议示意图

a）基于 TDM　b）基于 TP　c）基于 ATM

3. HLR/AuC 功能简介

1）HLR（归属位置寄存器）负责管理移动用户信息的数据库，主要包含一些业务参数、位置信息、用户信息。

2）AuC（鉴权中心）用于产生和保存移动用户用于鉴权、加密的数据。

五、实训内容

华为 HLR9820 系统结构如图 1-3 所示。

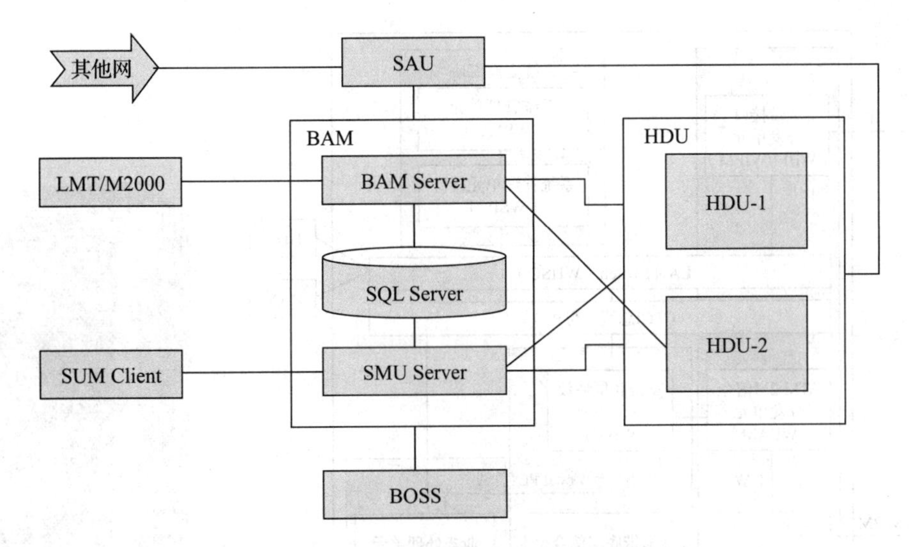

图 1-3　HLR9820 系统结构示意图

华为 HLR9820 软件包含以下 3 个部分：

1）SAU（Signaling Access Unit，信令接入单元）。

2）HDU（HLR Database Unit，HLR 数据库单元）。

3）SMU（Subscriber Management Unit，用户管理单元）。

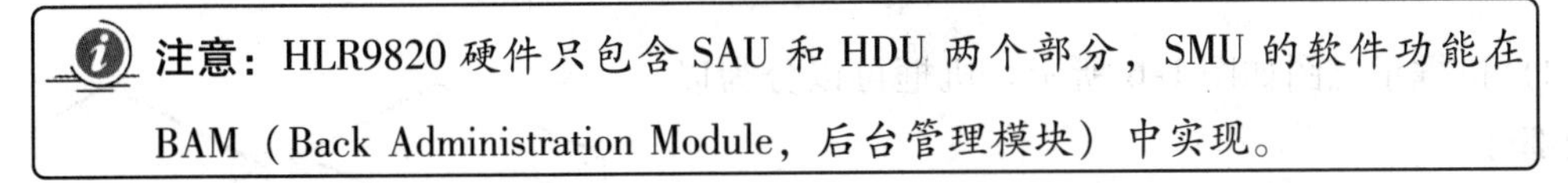

注意： HLR9820 硬件只包含 SAU 和 HDU 两个部分，SMU 的软件功能在 BAM（Back Administration Module，后台管理模块）中实现。

1．SAU

SAU 负责 IP 网络或 No. 7 信令网的接入。它主要包含以下两部分。

1）SAU：一个用于信令接入和转发的交换机。它的主要功能如下：为 IP/No. 7 信令提供物理接口，处理 TCAP 层以下（包含 TCAP 层）的信令，将上层信令及业务的处理送到 HDU 完成。

2）SAU_ BAM：一台用于维护管理 SAU 和 HDU 的计算机服务器，同时作为 SMU 的硬件，存放交换机运行所需要的数据及程序。它的主要功能如下：实现对 SAU 的近端的操作维护；是交换机与维护台之间的桥梁；接入 M2000 网管系统；BAM 支持通过 WS 登录，实现设备的远端维护；SAU 自身数据库使用 SQL 2000。

SAU 的功能结构图如图 1-4 所示。

（1）SAU 硬件

1）机柜示意图如图 1-5 所示。整机采用 N68-22 机柜，宽为 600mm、深度为 800mm、高为 2200mm；机柜有效空间为 46U（1U = 44. 45mm）；每个机柜可以配置 4 个 MSOFTX3000 插框；空机柜质量为 130kg，满配置时约为 400kg。

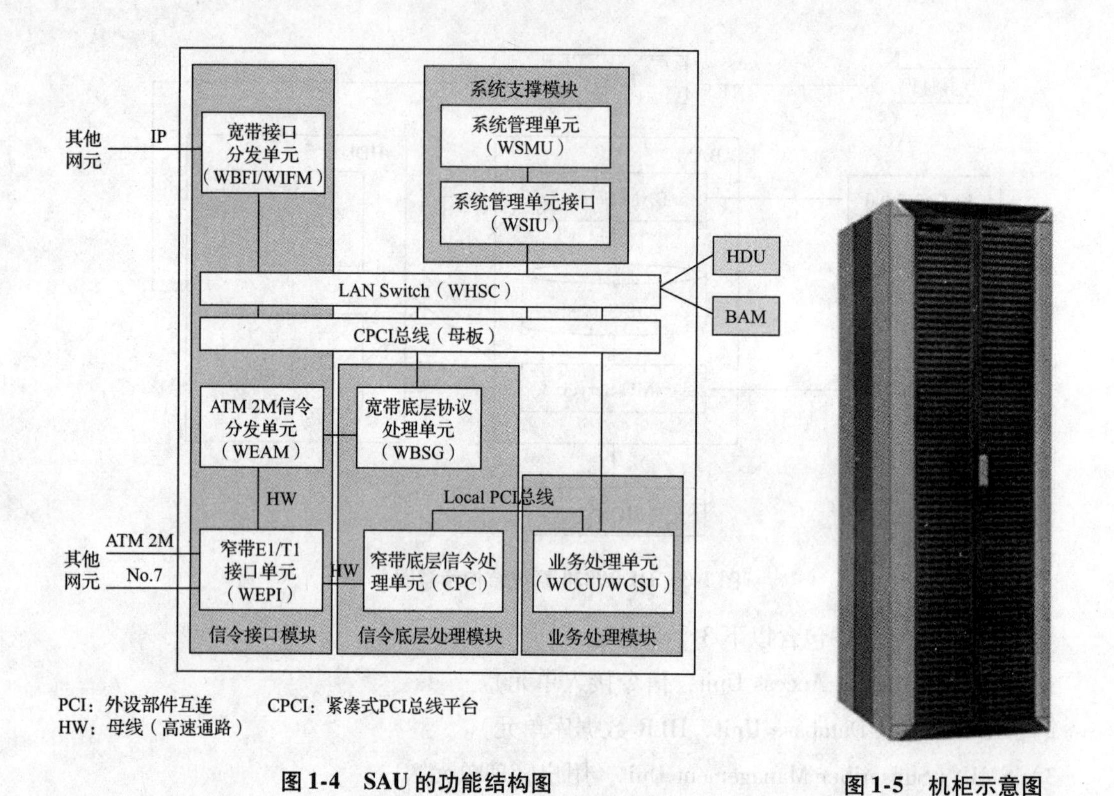

图 1-4　SAU 的功能结构图　　　　图 1-5　机柜示意图

2）机框示意图如图 1-6 所示。机框可以分为以下两部分。

① 基本框：必配插框，固定在综合配置机柜中，可以提供时钟、E1、IP、ATM 等外部接口，并可以进行完整的业务处理。

② 扩容框：选配插框，根据用户容量进行选配，可以认为是对基本框的出接口（E1、IP、ATM）能力及业务处理能力的扩充。

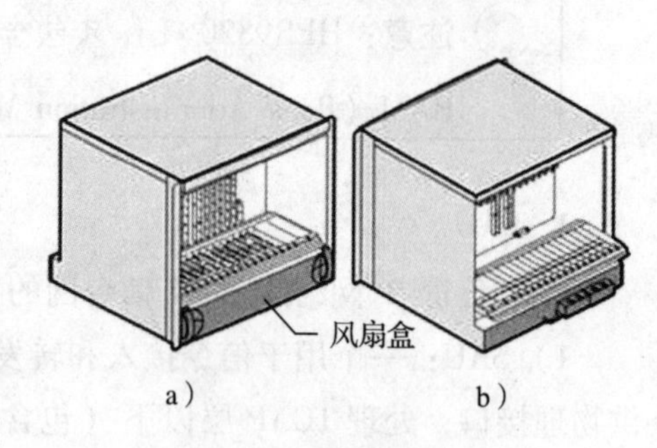

图 1-6　机框示意图

a）机框前视图　a）机框后视图

目前实训室的硬件板位图分为前面板板位和后面板板位。前面板板位如图 1-7 所示，后面板板位如图 1-8 所示。

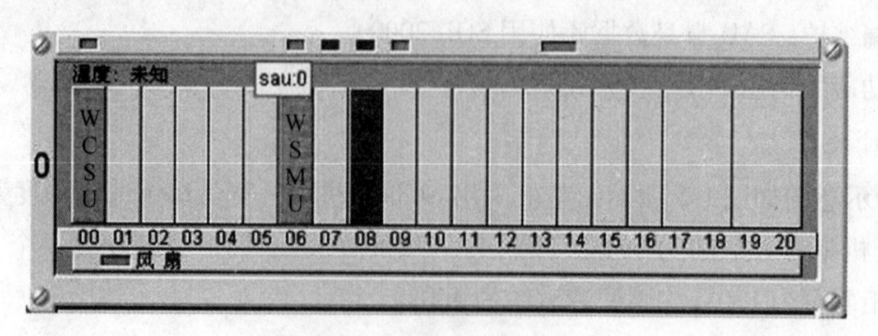

图 1-7　前面板板位图

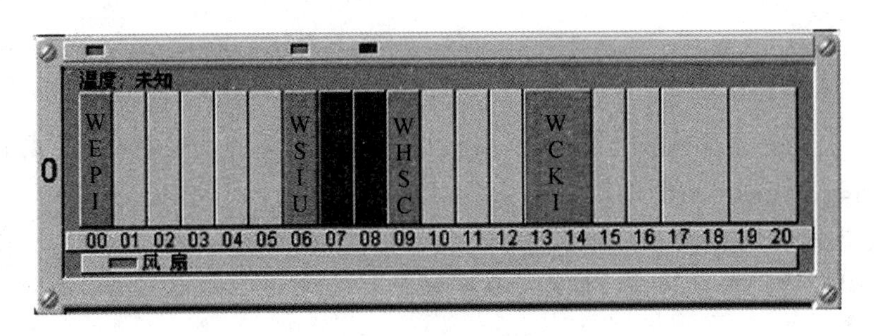

图 1-8　后面板板位图

注意：红色单板表示不在位，因为系统默认核心部件必须双配置，所以不能做删除处理。实训室目前是单配。

（2）SAU 单板

1）系统支撑模块：实现软件和数据的加载、设备的管理维护以及控制单板之间通信等功能。系统支撑模块包括以下几部分。

① WSMU（系统管理板）：作为系统管理单元，完成包括系统中所有设备的加载控制、数据配置、单板之间通信控制等功能。

② WSIU（系统管理板后插接口板）：作为 WSMU 的后插接口板，为 WSMU 单板提供以太网接口，并实现框号识别功能。

③ WHSC（热插拔控制单元）：完成左右共享资源总线桥接、单板热插拔控制、框内以太网总线交换等功能，本身没有 CPU，由系统管理板通过共享资源总线直接配置和维护。

2）信令接口模块：提供各类物理接口，以满足系统组网的需求。信令接口模块提供以下接口。

① E1/T1 接口板提供 E1/T1 接口。

② WEPI 板提供 E1/T1 成帧处理和线路接口功能，通过内部 HW 线与信令底层处理模块互通。

③ 宽带接口单元 IP 转发板和其后插接口板 WBFI 提供宽带接口。

④ WIFM 板通过配置 PMC 扣板及 WBFI 后插板，提供 100Mbit/s 以太网口，完成宽带信令信息流的分发、汇聚，并根据一定的策略将其分发到 WBSG 进行 SCTP（Stream Control Transmission Protocol）消息处理。

3）信令底层处理模块：提供信令的底层协议处理功能，包括 CPC 板（CPC 板在 WCCU 板上称为 WCSU 板），完成窄带 No. 7 信令 MTP2 层的处理。它通过内部 PCI（Peripheral Component Interconnect）总线与 CPC 板所在的业务处理单元 WCCU 通信。

4）业务处理模块：由呼叫控制单元 WCCU/WCSU 构成。WCCU/WCSU 完成 MTP3、SCCP、TCAP 层的信令处理。

5）时钟处理模块（Clock Interface Unit，WCKI）：后插板，固定配置在基本框的 13、15 槽位，每块单板占用两个背插板槽位；提供系统组网的 2、3 级标准的同步时钟，为系统提供稳定准确的时钟信号。

2. HDU

(1) HDU 基本介绍

HDU 物理上是一套双机服务器系统，基于 UNIX 操作系统，采用 Oracle 数据库系统。

在本实训室，使用单机版的服务器系统，服务器使用 SUN 公司的 U45，操作系统使用 Solaris 10，数据库使用 Oracle 9.2。

HDU 和 HLR 内部各系统连线如图 1-9 所示。

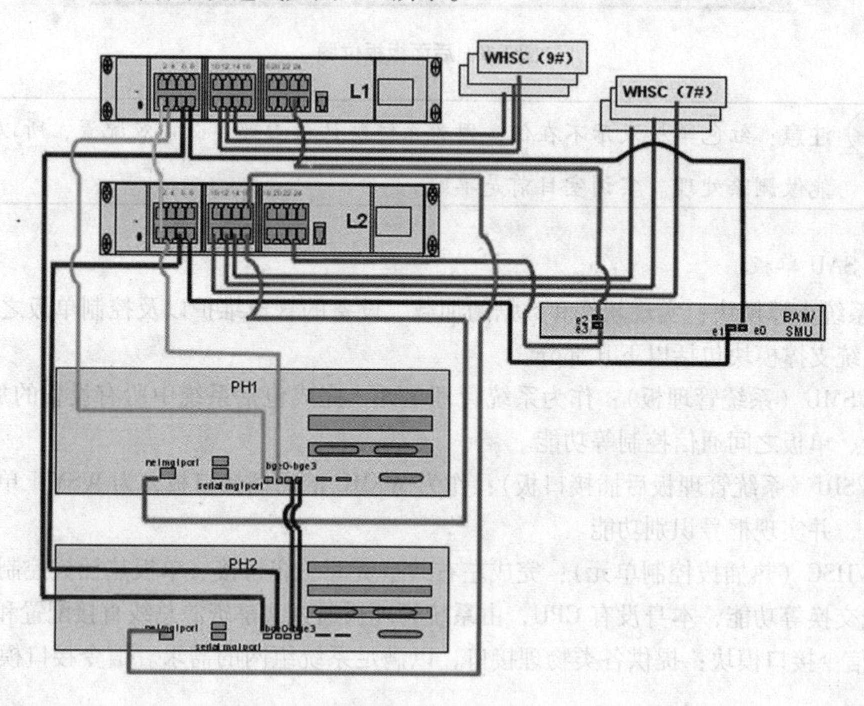

图 1-9　HDU 和 HLR 内部各系统连线图

注意：1）图 1-9 所示为双机系统的连线图，单机系统连接请读者参照此图自己设置。

2）PH1/PH2 表示 HDU 的物理设备。BAM/SMU 即 SAU 的服务器，内置 SMU 功能软件包。WHSC 为 SAU 的 WHSC 单板。三者之间通过同一台数据交换机互通，其 IP 地址段为 129.9.101.×××。其中，HDU 的地址为 129.9.101.191，WHSC 配置 MEMCFG 的地址为 129.9.101.22，地址在 WCSU 单板上，BAM/SMU 的地址为 129.9.101.200。

(2) HDU 结构及接口

1）系统结构。HDU 由 5 个功能模块组成，即 Manager 模块、SCDF 模块、AuC 模块、SMFAgent 模块、OAMAgent 模块。其中，Manager 和 AuC 是可以独立启动的进程，而 SCDF、SMFAgent、OAMAgent 则无法独立运行，需要 Manager 拉起。

① Manager 模块在 HDU 子系统中是一个主要模块，是 HDU 的通信枢纽中心，它负责与

外部实体和内部模块进行通信、消息转发。HDU 中所有的消息（包括发出和接收的消息）都必须经过 Manager 模块转发，Manager 模块其实相当于一个通信模块。

② SCDF 模块是一个负责处理 MAP 消息的模块。SCDF 由多个程序进程组成，其进程数量取决于 HDU 硬件平台中 CPU 的个数（是 CPU 个数的 2 倍）。

③ AuC 模块负责发起和响应与鉴权相关的操作，由 AuCServer 和 AuC 进程组成。AuC 进程包括一个在主 HDU 中的 AuC 进程和多个运行在备用 HDU 中的 AuC 进程。备用 HDU 中的 AuC 进程的数量等于备用 HDU 小型机中的 CPU 个数。

④ SMFAgent 模块是一个负责处理来自 SMU 的信息的模块。

⑤ OAMAgent 是一个负责收集、转发操作维护、管理信息的模块。

HDU 系统结构图如图 1-10 所示。

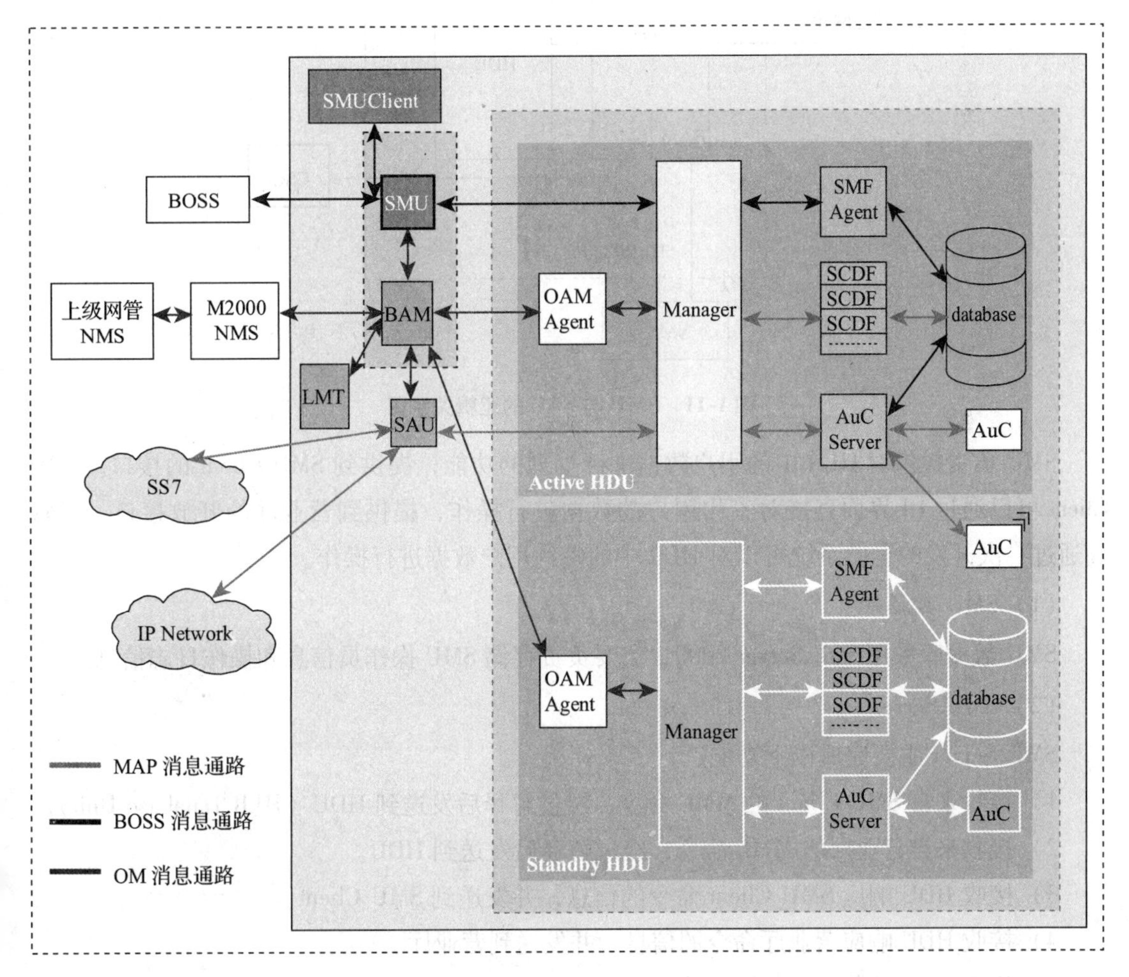

图 1-10　HDU 系统结构图

2）外部接口。

① 与 SAU 接口：通过 TCP/IP 承载的 TCAP 消息接口与 SAU 交互，并进一步接入 7 号信令网，完成基于 TCAP 的各种协议接入，从而完成与 MSC、SGSN、GMLC 等各个网元物理实体的交互，完成业务逻辑的执行。

② 与 SMU 接口：通过标准的 TCP/IP 的 socket 接口与 SMU 交互，接受 SMU 对用户数据的管理。

③ 与 BAM 接口：通过标准的 TCP/IP 与标准的 OMC 和网管中心通信，接受它们的管理。

3. SMU

SMU 只是一个逻辑实体，功能由软件实现；SMU Server 程序安装在 SAU 的 BAM 里。SMU 与 SAU 的逻辑关系如图 1-11 所示。

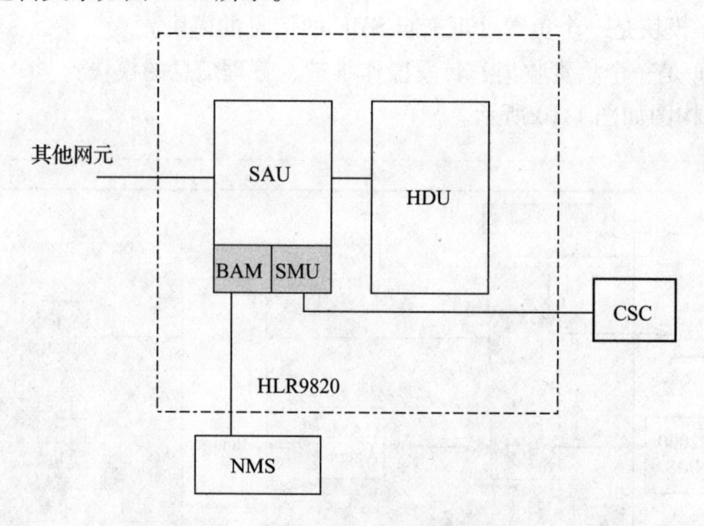

图 1-11 SMU 与 SAU 的逻辑关系图

SMU 负责提供对 HLR 中的用户数据进行管理的功能，提供到 SMU Client 的接口。SMU Client 可以通过 UI 界面直接对签约用户的数据进行操作，提供到营业厅的开放接口。运营商通过二次开发的运营系统可以对 HLR 中的签约用户数据进行操作。

（1）SMU 数据库

SMU 数据库采用 SQL Server 2000，主要负责存储 SMU 操作员信息和操作日志信息。

（2）SMU Server

SMU Server 主要完成以下功能：

1）接收来自 SMU Client 的 MML 命令，经过解释后发送到 HDU（HLR Database Unit）。

2）接收来自营业厅的 MML 命令，经过解释后发送到 HDU。

3）接收 HDU 响应 SMU Client 命令的信息，并发送到 SMU Client。

4）接收 HDU 响应营业厅命令的信息，并发送到营业厅。

5）将 SMU 的报警信息上报到 BAM。

（3）SMU Client

SMU Client 主要完成以下功能：

1）接收用户输入的 MML 命令，然后发送给 SMU Server。

2）显示用户的操作结果。

SMU Client 包括以下管理功能：系统管理（System Management）、用户管理（Subscriber Management）、配置管理（Configuration Management）、鉴权数据管理（Authentication Data Management）、全局数据管理（Global Data Management）和容灾管理（Redundancy Management）。

4. O&M

HLR9820 的操作维护在 BAM 和客户端 LMT 实现，也可以通过 M2000 统一维护。

客户端（本地维护终端 LMT 软件）安装在一台计算机上，可以对 HLR 所有子系统进行维护、报警管理、性能管理、设备管理。通过 SAU 子系统提供的本地维护台对 HLR 所有设备进行管理操作。网管系统 M2000 通过 BAM 对 HLR 设备的各部分进行管理。操作员通过 BAM 的客户端提供的维护台对 HLR 设备进行管理。整个系统结构为 Server/Client 模式，Server 端功能软件集成在 BAM 中，Client 端作为 LMT 安装在计算机上。

5. 华为 HLR 的系统指标与特性

（1）华为 HLR 的功能

1）同时支持 2G 和 3G 的特性。

2）支持 3GPP R4 版本，兼容 R99 版本。

3）同时兼容 GSM 的 HLR 功能。

4）支持 IP、TDM、ATM 三种组网方式。

5）在 HDU 中集成了 AuC 的功能。

（2）丰富的业务

传统业务包括电话业务、承载业务、补充业务、GPRS、智能业务和 USSD 业务。

3GPP R99、R4 规定的 3G 业务包括预寻呼业务、支持 LCS（Location services）位置业务、CAMEL3 支持、支持 UMTS 用户。

（3）操作维护功能

1）支持网管集中管理功能。

2）提供 GUI 客户端、Web 操作维护接口、MML 等多种维护方式，支持近端、远端多客户同时访问。

3）人性化的图形界面，使用方便。

4）完善的信令跟踪、接口跟踪、用户跟踪。

5）完善的消息解释功能。

6）灵活、丰富的话务统计。

7）完善的联机帮助，使用户能迅速熟悉设备的操作和维护。

（4）性能指标

华为 HLR 的系统指标见表 1-2。

表 1-2 华为 HLR 的系统指标

参数	指标
用户最大容量	200 万个
支持的承载组网方式	TDM、IP
对外最大信令带宽	100Mbit/s
支持 64kbit/s 信令链路数	640
支持 2Mbit/s 信令链路数	20
单个用户开户/销户时间	小于 1s
批操作开户/销户时间	每秒大于 50 个

（5）可靠性指标

华为 HLR 的可靠性指标见表 1-3。

表 1-3 华为 HLR 的可靠性指标

参数	指标
整机返修率	0.3
可用度	99.999%
MTBF（平均故障间隔时间）	≥25000h
MTTR（平均修复时间，不包含在途时间）	≤15min
系统从上电到对外服务的启动时间	≤10min
系统已经上电，从启动应用到对外服务的时间间隔	≤1min

六、课后巩固

1） HLR 到 MSC、VLR、SCP、SGSN、GGSN 的接口分别是什么接口？

2） MAP 信令及业务的处理在哪里完成？

3） 营业厅接口由哪部分提供？

4） 用户数据存放在哪里？

5） 如果 BAM 或 SMU 故障，会出现什么现象？

任务二 核心网 MSOFTX3000 系统介绍

一、任务目标

1） 了解机框总线种类及各类总线功能。

2） 掌握单板的功能、对外接口、线缆连接、拨码开关设置。

3） 掌握各单板间信号流程。

4） 掌握相关线缆配置。

二、实训器材

华为 WCDMA 移动设备核心网设备：MSOFTX3000。

三、实训内容说明

1）通过现场实物讲解，让学生了解 MSOFTX3000 的结构。

2）掌握 MSOFTX3000 硬件组成中的机框单板的作用。

四、知识准备

1. MSOFTX3000 简介

MSOFTX3000 也叫媒体网关控制器，通过控制 UMG8900 通用媒体网关实现对外接口。MSOFTX3000 在 WCDMA 网络中主要完成位置管理、呼叫控制、媒体网关控制等功能，可以同时作为 MSC Server、TMSC Server、GMSC Server、VLR、SSP、STP 等功能实体进行组网。

MSOFTX3000 在 WCDMA 网络中的地位如图 1-12 所示。

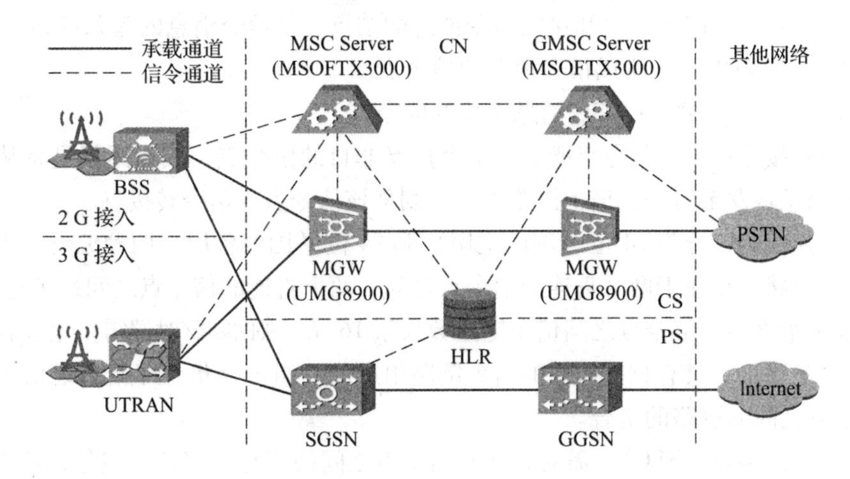

图 1-12　MSOFTX3000 在 WCDMA 网络中的地位

2. 名词解释

1）信令：通信设备（包括用户终端、交换设备等）之间传递的除用户信息以外的控制信号。在通信网中，除了传递业务信息外，还有相当一部分信息在网上流动，这部分信息不是传递给用户的声音、图像或文字等与具体业务有关的信号，而是在通信设备之间传递的控制信号，如占用、释放、设备忙闲状态，被叫用户号码等，这些都属于控制信号。按照工作区域分，信令分为用户线信令和局间信令；按照信令的传送方式分，信令分为随路信令和共路信令。通信网络中的信令关系图如图 1-13 所示。

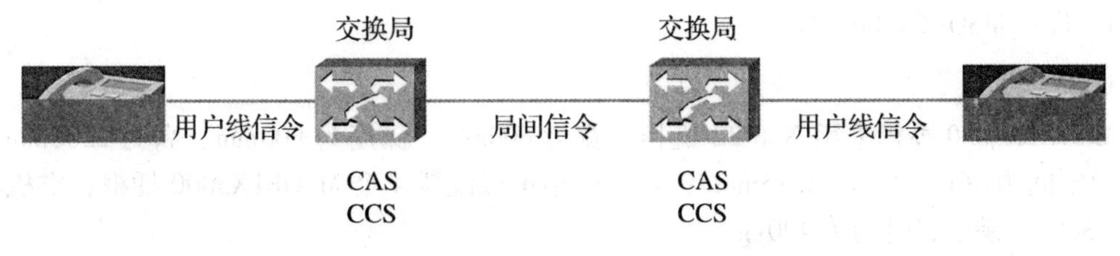

图 1-13　通信网络中的信令关系图

2）信令网：7 号信令网是电信网中用于传输 No. 7 信令消息的专用数据网。它由信令点 SP、信令转接点 STP 和信令链路 Link 组成。信令网是独立于电话网的一个支撑网。No. 7 信令网结构如图1-14所示。我国No.7信令网由三级结构组成：高级信令转接点HSTP、低级信令转接点LSTP和 信令点SP。

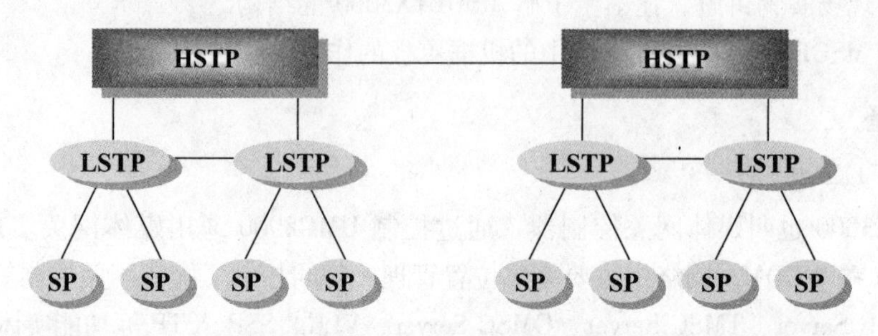

图1-14　No.7信令网结构图

3）信令点：信令网上产生和接收信令消息的结点，是信令消息的起源点和目的点。

① 源信令点（OPC）：生成信令消息的信令点。

② 目的信令点（DPC）：信令消息发往的信令点。

4）信令转接点：若某信令点既非源信令点又非目的信令点，其作用仅是将从一条信令链路接收的消息转发至另一条信令链路中去，则称该信令点为信令转接点。

5）信令点编码：分为24位（国内主用）和14位（国内备用）两种编码方式。

6）信令链路：存在于两个直连的信令点之间，两个直连的信令点之间最多有16个信令链路；如果两个直连的信令点之间信令链路数大于16条，则本端/对端需要增加新信令点。

7）信令链路集：具有相同属性的信令链路组成的一组链路集。即指本地信令点与一个相邻的信令点之间的链路的集合。

8）信令链路编码（SLC）：需对相邻两信令点之间的所有链路统一编号，称为SLC。它们之间的编号应各不相同，而且两个直连的信令点之间应一一对应。SLC由4个二进制位组成，故SLC的取值范围为0~15。

9）链路号：是本局用来区分信令链路的标志，只在本局某范围内有效。两个直连信令点之间，链路号不一定一一对应。

10）MAP：MAP是公用陆地移动网（PLMN）在网内以及与其他网间进行互联的移动网特有的信令协议规范。MAP使GSM网络实体可以实现移动用户的位置更新、鉴权、加密、切换等功能，使移动用户可以正确地接入网络、发起和接收呼叫。

五、实训内容

1. 认识MSOFTX3000整机

（1）机柜型号

MSOFTX3000整机采用N68-22机柜，宽为600mm、深度为800mm、高为2200mm；机柜有效空间为46U（1U=44.45mm）；每个机柜可以配置4个MSOFTX3000插框；空机柜质量为130kg，满配置时约为400kg。

（2）机柜

MSOFTX3000机柜包括综合配置机柜、业务处理机柜两种。综合配置机柜必须配置，业务处理机柜根据业务量大小选配；MSOFTX3000满配置3个机柜，1个综合配置机柜，两个业务处理机柜。

（3）插框

MSOFTX3000 满配置共 10 个插框，主要分为以下两类。

1）基本框：必配插框，固定在综合配置机柜中，可以提供时钟、E1、IP、ATM 等外部接口，并可以进行完整的业务处理。

2）扩容框：选配插框，根据用户容量进行选配，可以认为是对基本框的出接口（E1、IP、ATM）能力及业务处理能力的扩充。

MSOFTX3000 设备的机框结构示意图如图1-15 所示。

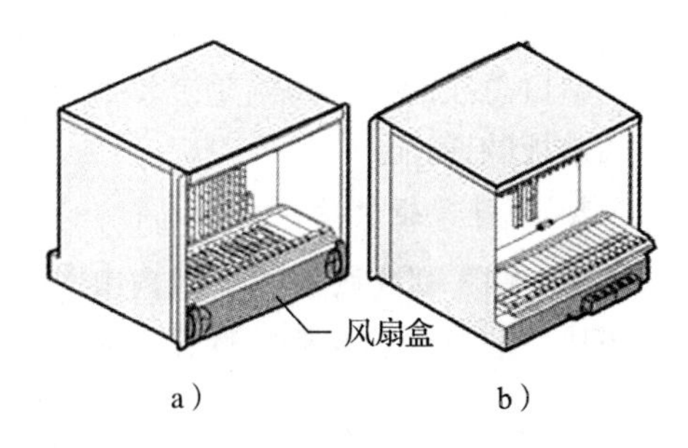

a）　　b）

图 1-15　MSOFTX3000 设备的机框结构示意图

a）机框前视图　b）机框后视图

（4）机框槽位

图 1-16 所示为 MSOFTX3000 的机框槽位配置图，图中除明确有单板名称槽位及配有“空拉手条”的槽位为固定槽位外，“空拉手条”槽位一般不建议配置槽位，其他槽位为通用槽位。

配单板时，需要注意前后插板的对应关系。在全 IP 承载网组网情况下，基本框 CKI 所占的槽位也可以配置其他接口板。

基本框

	0	1	2	3	4	5	6	7	8	9	10	11	12	13	14	15	16	17	18	19	20
后插	通用槽位	通用槽位	通用槽位	通用槽位	通用槽位	通用槽位	WSIU	WHSC	WSIU	WHSC	通用槽位	通用槽位	空拉手条	WCKI		WCKI		UPWR		UPWR	
背板																					
前插	通用槽位	通用槽位	通用槽位	通用槽位	通用槽位	通用槽位	WSMU	空拉手条	WSMU	空拉手条	通用槽位	通用槽位	通用槽位	通用槽位	通用槽位	通用槽位	WALU	UPWR		UPWR	
	0	1	2	3	4	5	6	7	8	9	10	11	12	13	14	15	16	17	18	19	20

扩容框

	0	1	2	3	4	5	6	7	8	9	10	11	12	13	14	15	16	17	18	19	20
后插	通用槽位	通用槽位	通用槽位	通用槽位	通用槽位	通用槽位	WSIU	WHSC	WSIU	WHSC	通用槽位	通用槽位	通用槽位	通用槽位	通用槽位	通用槽位	空拉手条	UPWR		UPWR	
背板																					
前插	通用槽位	通用槽位	通用槽位	通用槽位	通用槽位	通用槽位	WSMU	空拉手条	WSMU	空拉手条	通用槽位	通用槽位	通用槽位	通用槽位	通用槽位	通用槽位	WALU	UPWR		UPWR	
	0	1	2	3	4	5	6	7	8	9	10	11	12	13	14	15	16	17	18	19	20

图 1-16　MSOFTX3000 的机框槽位配置图

（5）机框总线

MSOFTX3000 设备的机框总线架构如图 1-17 所示。

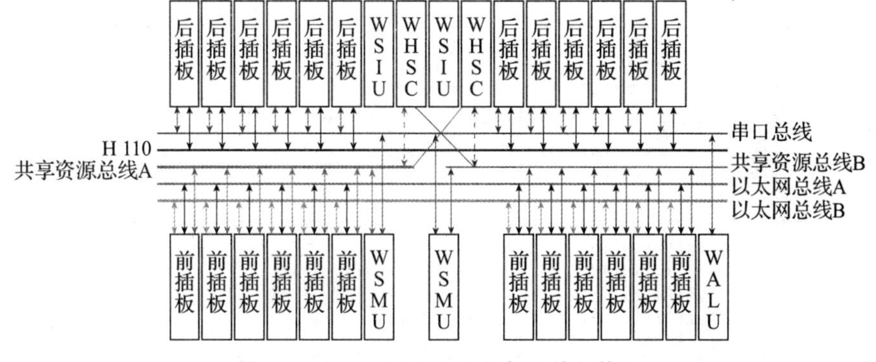

图 1-17　MSOFTX3000 机框总线架构图

共享资源总线又称为 OSTA（Open Standards Telecom Architecture）总线。通过共享资源总线，WSMU 板进行本框所有可加载单板的加载、管理和维护，同时也是计费信息传输通道。

以太网总线是机框中各信令处理单元、业务处理单元的板间业务的通信通道。

H. 110 总线主要完成 WCSU 主、备板业务倒换、框内基准时钟传输。

串口总线的主要作用是提供 SMU 控制业务处理框内由 CPU 控制且不挂在共享资源总线上的单板的通道。

2. 硬件逻辑结构

MSOFTX3000 硬件逻辑结构由 5 个模块组成，即系统支撑模块、接口模块、信令底层处理模块、业务处理模块和操作维护模块。MSOFTX3000 硬件逻辑结构图如图 1-18 所示。

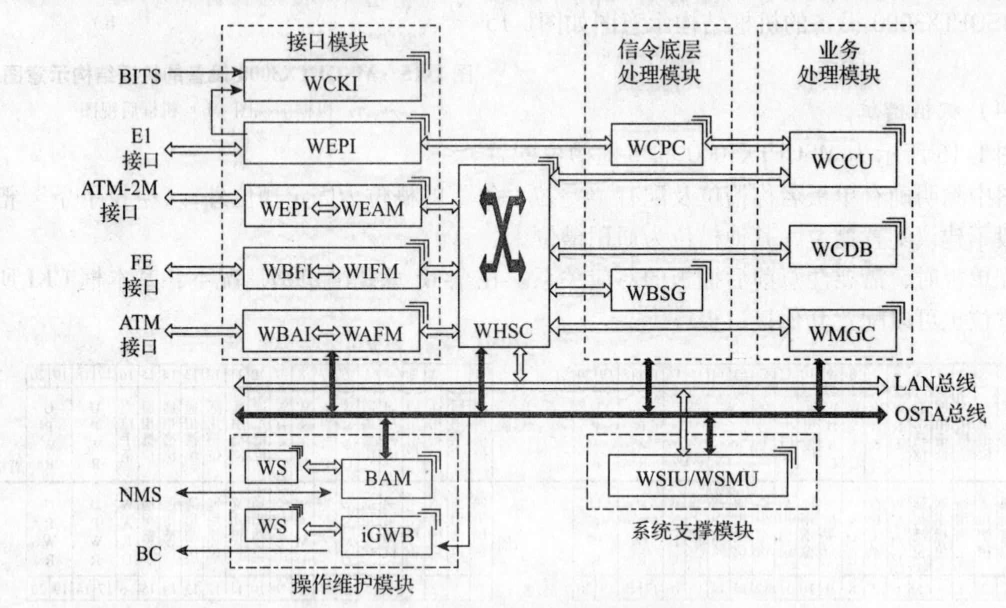

图 1-18　MSOFTX3000 硬件逻辑结构图

(1) 系统支撑模块

系统支撑模块实现软件、数据的加载，设备管理、维护及板间通信等功能。系统支撑模块包括系统管理板 WSMU、系统管理板后插接口板 WSIU、热插拔控制单元 WHSC、核心 LAN Switch 等几个部分。其中，WSMU、WSIU、WHSC 为每个插框的必配单板，其槽位如图 1-19 所示。

	0	1	2	3	4	5	6	7	8	9	10	11	12	13	14	15	16	17	18	19	20
后插	通用槽位	通用槽位	通用槽位	通用槽位	通用槽位	通用槽位	WSIU	WHSC	WSIU	WHSC	通用槽位	通用槽位	空拉手条	WCKI		WCKI		UPWR		UPWR	
前插	通用槽位	通用槽位	通用槽位	通用槽位	通用槽位	通用槽位	WSMU	空拉手条	WSMU	空拉手条	通用槽位	通用槽位	通用槽位	通用槽位	通用槽位	通用槽位	WALU	UPWR		UPWR	
	0	1	2	3	4	5	6	7	8	9	10	11	12	13	14	15	16	17	18	19	20

背板

图 1-19　WSMU、WSIU、WHSC 为单板配置槽位图

1）WSMU。WSMU 是业务处理框的主控板，其主要功能如下：

① 共享资源总线的配置及状态管理。

② 通过串口总线、共享资源总线对机框中所有单板进行管理并将其状态反馈给后台，控制 WALU 面板指示灯的状态。

③ 完成系统程序、数据加载和管理功能。

WSMU 为前插板，固定安装在每个业务处理机框的 6、8 槽位上；BAM 通过 WSMU 进行软件加载、状态管理和操作维护。WSMU 通过共享资源总线对本框所有可加载单板（如 WIFM、WAFM、WBSG、WSGU、WCCU、WCSU、WCDB、WVDB 等）进行软件加载、状态管理和操作维护。WSMU 通过主从串口总线对业务处理框内由 CPU 控制且不挂在共享资源总线上的单板进行状态收集（此类单板包括 WCKI、WEPI、WALU），并且可以对 WALU 用于指示后插板状态的指示灯进行控制。

WSMU 与 MSOFTX3000 各单板的数据交换关系如图 1-20 所示。

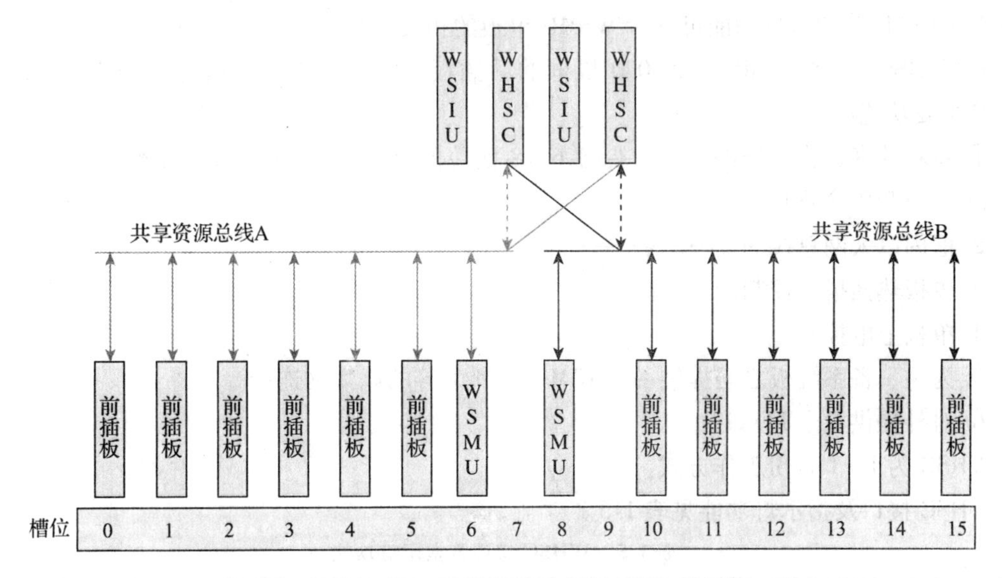

图 1-20　WSMU 与 MSOFTX3000 各单板的数据交换关系

WSMU 接口及指示灯功能见表 1-4。

表 1-4　WSMU 接口及指示灯功能

名称	含义	说明
ALM	故障指示灯	当此灯亮时，表明此板复位或此板发生故障
RUN	运行指示灯	加载程序闪烁频率：4Hz（亮 0.125s，灭 0.125s） 主用板正常运行闪烁频率：0.5Hz（亮 1s，灭 1s） 备用板正常运行闪烁频率：0.33Hz（亮 0.1s，灭 2.9s） 单板未正常启动：常灭
DOMA	总线域指示	灯亮指示 A 域 WSMU 控制共享资源总线
DOMB	总线域指示	灯亮指示 B 域 WSMU 控制共享资源总线

（续）

名称	含义	说明
LINK	网口连接指示灯	物理连接正常则常亮，其他情况下灭
ACT	网口数据流量指示灯	灯闪烁表示有数据收发，闪烁快慢指示数据流量大小
RST	复位开关	用于单板硬件复位
COM	RS232 串口	用于调试，提供面板 RJ45 插座，有带电插拔保护功能

2）WSIU。该板为 WSMU 板的后插板接口板，固定安装在各机框后插板的 6、8 槽位上。其主要作用如下：

① 为 WSMU 板提供以太网接口，与 WSMU 板一一对应配置。

② 对来自前插板的两个异步串口信号做电平转换，并提供两个异步串口的物理接口。

③ 通过拨码开关的设置，实现框号识别功能。

WSIU 接口及指示灯功能可参考 WSMU 单板的相关参数。

3）WHSC。该板为 MSOFTX3000 机框的后插板，固定安装在各机框后插板的 7、9 槽位。其主要功能如下：

① 左右共享资源总线的桥接，保证 6、8 槽位的 WSMU 可以分别进行本框前插板管理（WALU、UPWR 除外）。

② 框内以太网总线的交换。

③ 单板热插拔的控制。

④ 单板上电控制。

⑤ 为主、备系统板之间提供一个 10M/100M 兼容的以太网连接。

⑥ 对外提供 6 个 FE 口。

WHSC 为 1 +1 备份工作方式。

WHSC 接口及指示灯功能见表 1-5。

表 1-5　WHSC 接口及指示灯功能

名称	含义	说明
DOMA	总线域指示	灯亮指示 WSMU 控制 A 域共享资源总线
DOMB	总线域指示	灯亮指示 WSMU 控制 B 域共享资源总线
LINK	网口连接指示灯	物理连接正常，则灯常亮，其他情况下灯灭
ACT	网口数据流量指示灯	灯闪烁表示有数据收发。闪烁快慢指示数据流量的大小，快闪表示数据流量大，慢闪表示数据流量较小
10/100 BT1	FE 接口，RJ45 插座	通过网线与 WSIU 板互通
10/100 BT2	FE 接口，RJ45 插座	通过网线与 WSIU 板互通
10/100 BT3	FE 接口，RJ45 插座	空闲
10/100 BT4	FE 接口，RJ45 插座	空闲
10/100 BT5	FE 接口，RJ45 插座	空闲
10/100 BT6	FE 接口，RJ45 插座	通过与核心 LAN Switch 相连的网线与 BAM 及 iGWB 互通

WHSC与WSMU的对应关系如图1-21所示。图中，6槽WSMU与9槽WHSC配合工作，8槽WSMU与7槽WHSC配合工作。

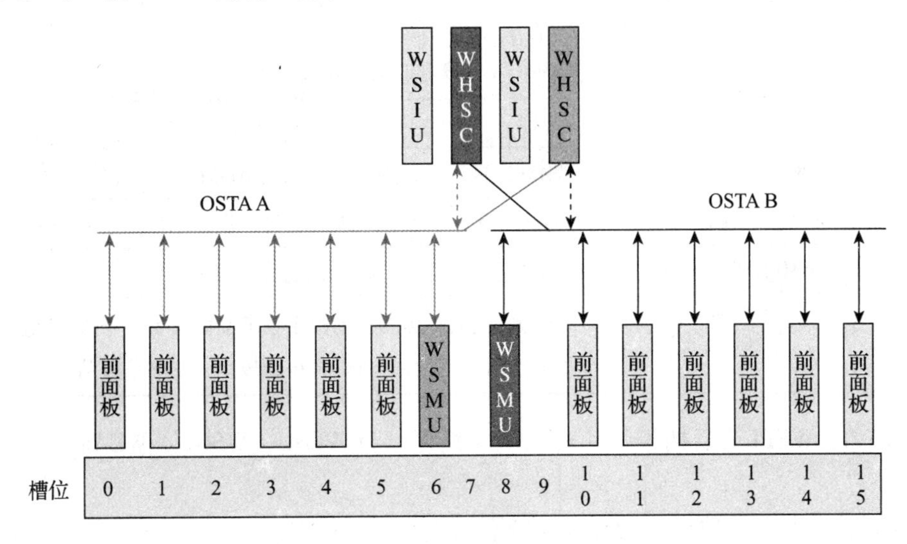

图1-21　WHSC与WSMU的对应关系

WHSC与WSIU之间的连线关系如图1-22所示。它们之间的连线既可以是直通网线，又可以是交叉网线。

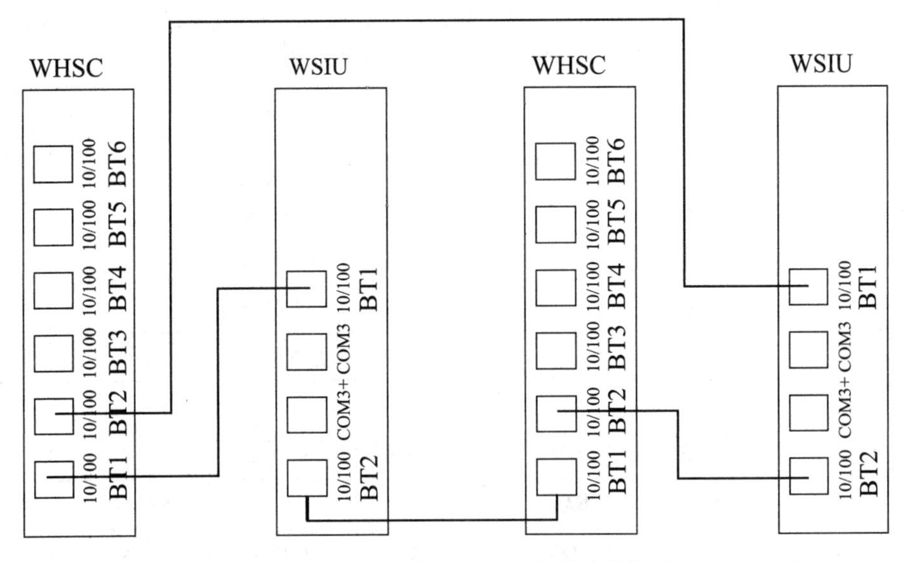

图1-22　WHSC与WSIU之间的连线关系

（2）接口模块

接口模块提供各类物理接口，以满足系统组网的需求，包括TDM接口单元、IP接口分发单元、ATM接口分发单元，通过扣在通用处理板上的PMC扣板和后插板配合实现各类接口。

1）WIFM/WBFI。WIFM为前插板，主要完成IP包的收发，并具有处理MAC（Media Access Control，网卡硬件地址）层消息、IP消息分发的功能，它采用1+1备份工作方式。

WBFI 为 WIFM 的后插接口板，可以进行 FE 驱动处理，为 WIFM 提供一个 FE 物理接口。

WIFM/WBFI 接口及指示灯功能见表 1-6。

表 1-6　WIFM/WBFI 接口及指示灯功能

名称	含义	说明
LINK	网口连接指示灯	物理连接正常，则常亮，其他情况下灭
ACT	网口数据流量指示灯	灯闪烁表示有数据收发。闪烁快慢指示数据流量大小
10/100 BT	10M/100M FE 接口	RJ45 插座，10M/100M 自适应 FE 接口
OFFLINE	插拔指示灯	单板拔出前，需要扳动拉手条下面的扳手，当蓝灯亮时，说明动态数据已经保存，可以将单板拔出，同时单板断电

2）WEPI。WEPI 为后插板，其对应前插板可以为 WCSU、WSGU、WEAM。WEPI 的主要功能如下：

① 通过拨码开关设置可以处理 E1/T1 信号。

② 处理 MTP1 物理层消息。

③ 可实现系统时钟的传递及提供框内时钟同步的功能。

④ 具有通过 H. 110 总线配合前插板 WCSU 实现主备倒换功能。

WEPI 接口及拨码开关功能表见表 1-7。WEPI 单板阻抗及拨码开关关系对应表见表 1-8。

表 1-7　WEPI 接口及拨码开关功能表

名称	含义	说明
2M-A	2M 时钟接口	WCKI 板通过此接口获取线路时钟
2M-B	2M 时钟接口	WCKI 板通过此接口获取线路时钟
8K-A	8kHz 时钟接口	通过此接口 WEPI 从 WCKI 得到时钟
8K-B	8kHz 时钟接口	通过此接口 WEPI 从 WCKI 得到时钟
1 ~ 8 接口	E1 接口	通过此接口对外提供 8 路 E1 接口

表 1-8　WEPI 单板阻抗及拨码开关关系对应表

	S1	S2	S3	S4	S5 [1]	S5 [2]
E1 75Ω	全 ON	全 ON	全 OFF	全 ON	ON	ON
E1 120Ω	全 OFF	全 OFF	全 OFF	全 OFF	OFF	ON
T1 100Ω	全 OFF	全 OFF	全 ON	全 OFF	ON	OFF

3）WCKI。WCKI 为后插板，每块单板占用两个后插板槽位，固定配置在基本框后插 13、15 槽位。WCKI 提供 2、3 级标准时钟同步信号。它也采用 1 + 1 主备用热备份工作方式。

WCKI 接口功能见表 1-9。

表 1-9　WCKI 接口功能表

名称	含义	说明
BITS1	BITS 时钟接口	用于取 BITS 时钟
BITS2	BITS 时钟接口	用于取 BITS 时钟
LINE1	线路时钟接口	用于取线路时钟
LINE2	线路时钟接口	用于取线路时钟
1 ~16 接口	时钟分发接口	用于通过时钟分发线向各框进行时钟分发

（3）信令底层处理模块

信令底层处理模块提供信令的底层协议处理功能，包括 7 号信令 MTP2 处理单元和 SCTP 处理单元。

1）WBSG。WBSG 为前插板，无后插接口板。其主要功能是在完成信令传输协议（UDP、TCP、SIGTRAN、MTP3、SAAL、MTP3b）和 H. 248 承载控制协议编解码等底层协议处理后，将消息二级分发到相应的业务处理板进行事务层/业务层处理。WBSG 符合分担工作方式，其业务处理关系图如图 1-23 所示。

2）CPC。CPC 板为扩展板卡，可以是 WSGU、WCSU 的扣板，其主要功能为处理 MTP2 层协议。

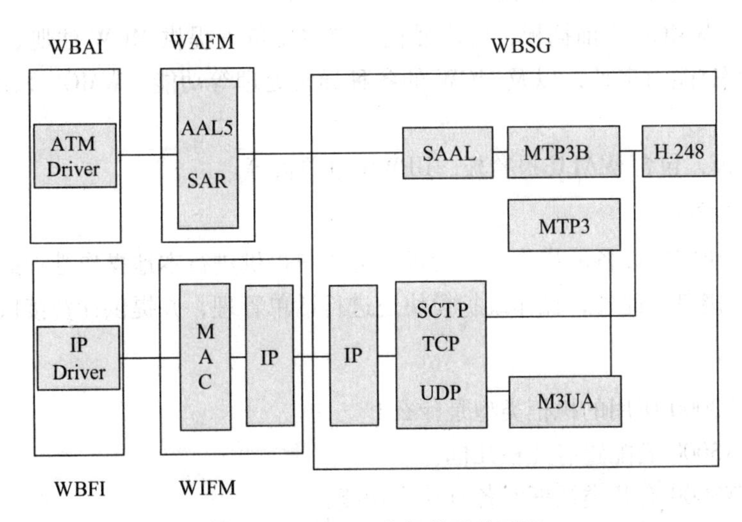

图 1-23　WBSG 业务处理关系图

（4）业务处理模块

业务处理模块由业务处理单元、中心数据库单元、VLR 数据库板、媒体网关控制单元构成。

1）WCCU/WCSU：均为前插板。其中，WCCU 没有后插板，WCSU 后插板为 WEPI。WCSU 有 CPC，可以处理 MTP2 协议；WCCU 没有 CPC，不可以处理 MTP2 协议。WCSU 和 WCCU 都具有话单池，可以产生、存储计费信息，且都采用 1 +1 备份工作方式。

业务处理模块信号处理流程如图 1-24 所示。

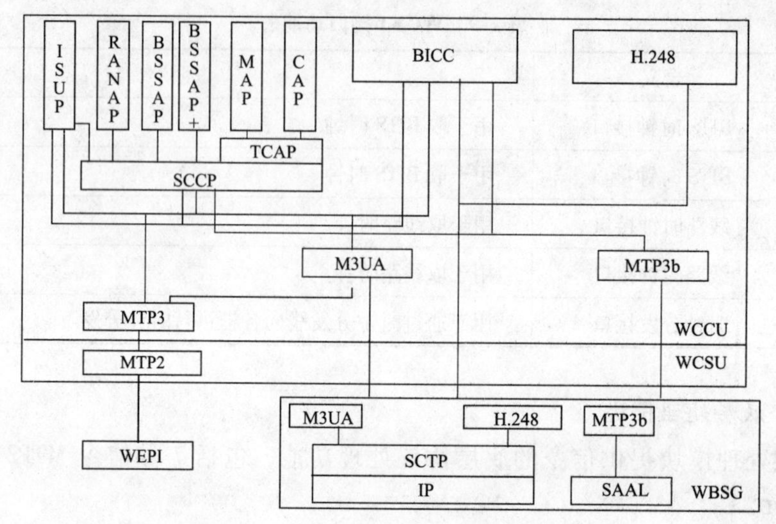

图 1-24　业务处理模块信号处理流程图

2）WCDB。WCDB 为前插板，没有后插板。作为 MSOFTX3000 中央数据库，它可以提供 MGW 资源管理、出局中继选路、WVDB 分布代理管理（MSRN 放号、WVDB 维护命令转发）等功能。WCDB 采用 1 +1 备份工作方式。

3）WVDB。WVDB 为前插板，无后插板。它提供 VLR 功能，最多可以存储 20 万个用户。WVDB 采用 1 +1 备份工作方式。

4）WMGC。WMGC 为前插板，无后插板。它主要负责提供 MGW 注册、内部链路状态维护、MGW 状态/能力审计，以及 MGW 的各种异常处理等功能。WMGC 采用 1 +1 备份工作方式。

5）其他单板，包含 WALU 报警板、UPWR 电源板等。

（5）操作维护模块

操作维护模块完成设备的操作维护管理，为用户提供进行本地操作维护的人机接口，并为网管系统提供接口。此外，操作维护模块还进行话单管理，并提供计费接口给计费中心。

六、课后巩固

1）MSOFTX3000 所用的机柜类型是什么？

2）MSOFTX3000 满配置有几柜几框？

3）MSOFTX3000 有几类插框？各有什么功能？

4）MSOFTX3000 插框的总线有几种？分别起什么作用？

5）MSOFTX3000 是如何实现系统互联的？在 BAM 正常的情况下，应急工作站与核心 LANSWITCH 是如何配线的？

6）MSOFTX3000 的 IP、ATM、TDM、时钟的接口板各是哪些？它们的对插板各是什么？

7）MSOFTX3000 中的每个框中必配的单板都有哪些？

8）与处理 H. 248 接口消息有关的单板有哪些？它们各完成什么功能？

9）MSOFTX3000 的插框由哪块板对外出口？

10）MSOFTX3000 在哪块板上设置框号？

任务三 核心网 UMG8900 系统介绍

一、任务目标

1）了解机框总线的种类和各类总线的功能。

2）掌握单板的功能、对外接口、线缆连接、拨码开关设置。

3）掌握各单板间信号流程。

二、实训器材

华为 WCDMA 移动设备核心网设备：UMG8900。

三、实训内容说明

1）通过现场实物讲解，了解 UMG8900 的结构。

2）掌握 UMG8900 硬件组成中的机框单板的作用。

四、知识准备

1. 媒体网关概述

媒体网关在 WCDMA 网络中的地位如图 1-25 所示。由图 1-25 可以看出，媒体网关主要用来接入 2G 的 BSS 基站控制器或者 3G 的 UTRAN 基站控制器，受控于 MSC Server（即 MSOFTX3000），二者之间通过 H. 248 协议互通。

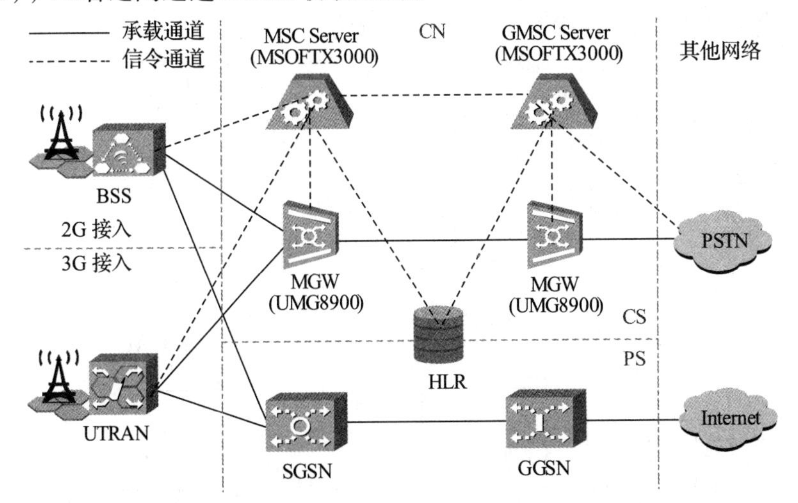

图 1-25 媒体网关在 WCDMA 网络中的地位

2. 媒体网关的作用

在实际组网应用中，UMG8900 设备可以同时作为 TG（中继媒体网关）、AG（接入媒体网关）、内嵌 SG（信令媒体网关）应用；在 WCDMA 组网中，UMG8900 作为核心网的一部分，通过 ATM 或者 IP 方式为 RNC 提供接口，同时将 UMG8900 作为内嵌 SG 应用。

3. 媒体网关控制协议

媒体网关控制协议用于媒体网关控制器（MGC）与媒体网关（MG）之间的通信。目前媒体网关控制协议主要包括 MGCP 和 H. 248/MeGaCo 两种，如图 1-26 所示。

H. 248 和 MeGaCo 是同一种协议，是 ITU-T 与 IETF 共同努力的结果，ITU-T 称为 H. 248，而 IETF 称为 MeGaCo。

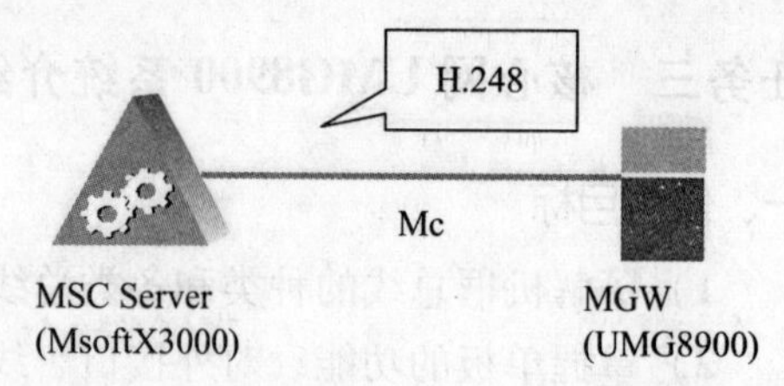

图 1-26 WCDMA 系统中的媒体网关控制协议

H. 248 协议是在 MGCP 的基础上，结合其他媒体网关控制协议特点发展而成的一种协议，是 MGC 与媒体网关 MGW 间的标准接口协议。它可以支持更多类型的接入技术并支持终端的移动性。

MGCP 描述能力有欠缺，限制了其在大型网关上的应用。H. 248 协议克服了 MGCP 描述能力上的欠缺，能够支持更大规模的网络应用，而且更便于对协议进行扩充，因而灵活性更强。对于大型网关，H. 248 协议是一个好的选择。

MGCP 消息传递依靠承载在宽带 IP 网络上的 UDP 数据包，而 H. 248 信令消息可基于 UDP/TCP/SCTP 以及 ATM 等多种承载。

H. 248 协议消息编码采用二进制（ASN. 1）或文本（ABNF）方式。其底层传输机制采用 UDP、TCP 或 SCTP（基于 IP 的信令传输），也可以基于 ATM 传输。

五、实训内容

1. UMG8900 概述

UMG8900 体系架构如图 1-27 所示，其内部分为 8 个子系统。

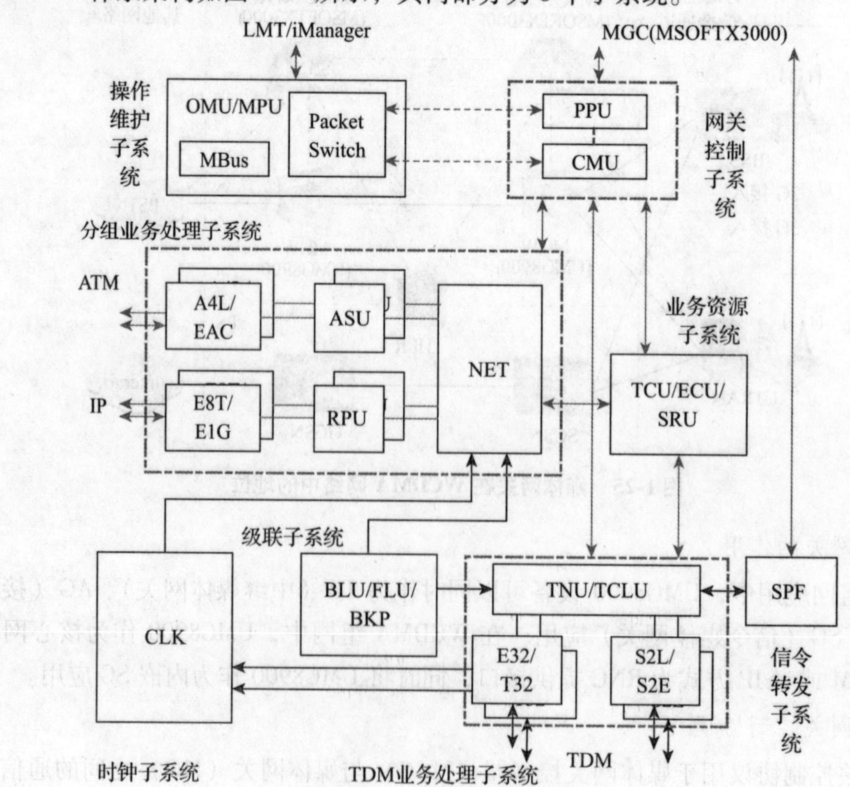

图 1-27 UMG8900 体系架构图

整机采用 N68-22 机柜，宽为 600mm、深度为 800mm、高为 2200mm；机柜有效空间为 46U；每个机柜可以配置 3 个 MGW 插框（3 柜配置）。UMG8900 机框配置见表 1-10。

表 1-10　UMG8900 机框配置表

电源配电框	电源配电框	电源配电框
业务框#2	业务框#5	扩展控制框#8
导风框	导风框	导风框
主控框#1	业务框#4	业务框#7
导风框	导风框	导风框
中心交换框#0	业务框#3	业务框#6
假面板	假面板	假面板
光纤卷绕盘	光纤卷绕盘	光纤卷绕盘

插框前面板槽位配置图如图 1-28 所示，插框后面板槽位配置图如图 1-29 所示。

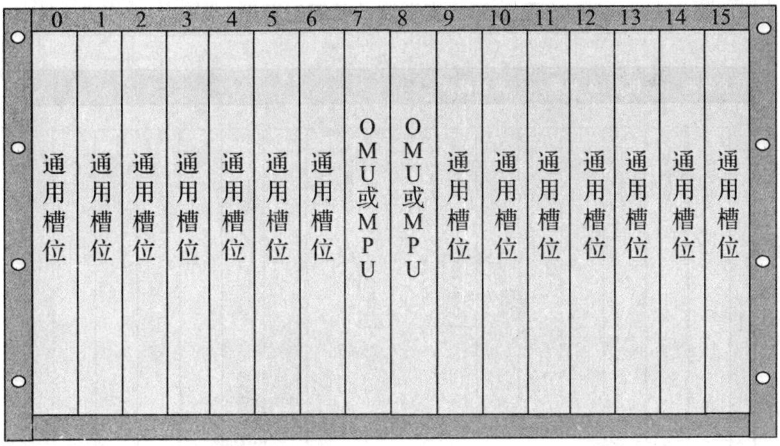

图 1-28　插框前面板槽位配置图

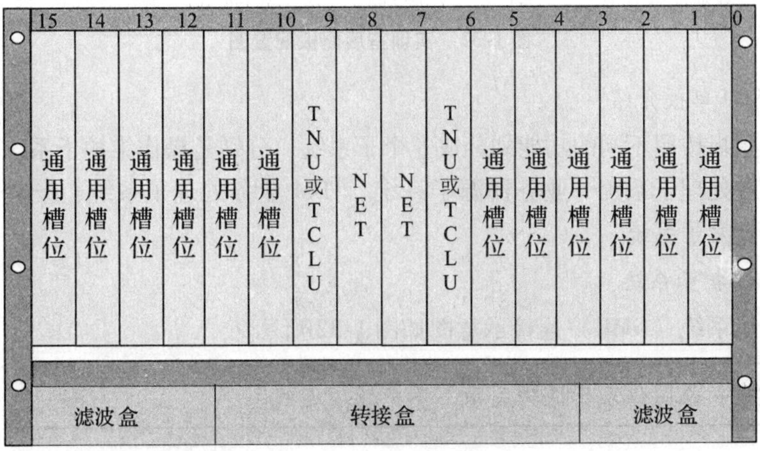

图 1-29　插框后面板槽位配置图

本实训室的前面板配置图如图 1-30 所示，后面板配置图如图 1-31 所示。

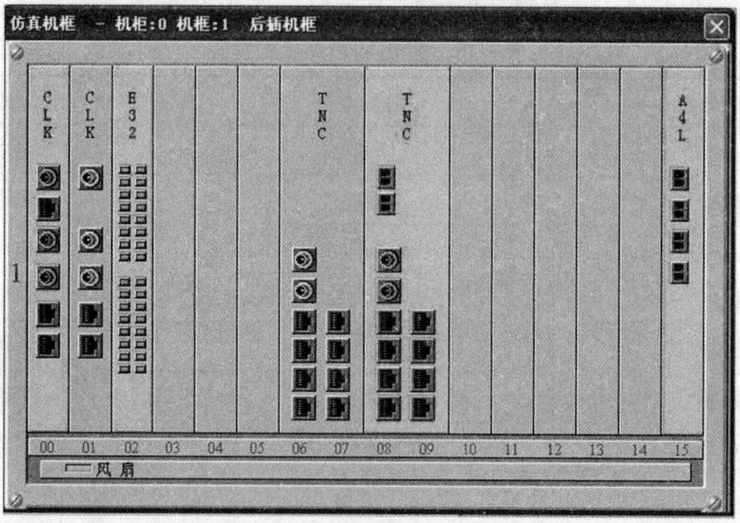

图 1-30　实训室前面板配置图

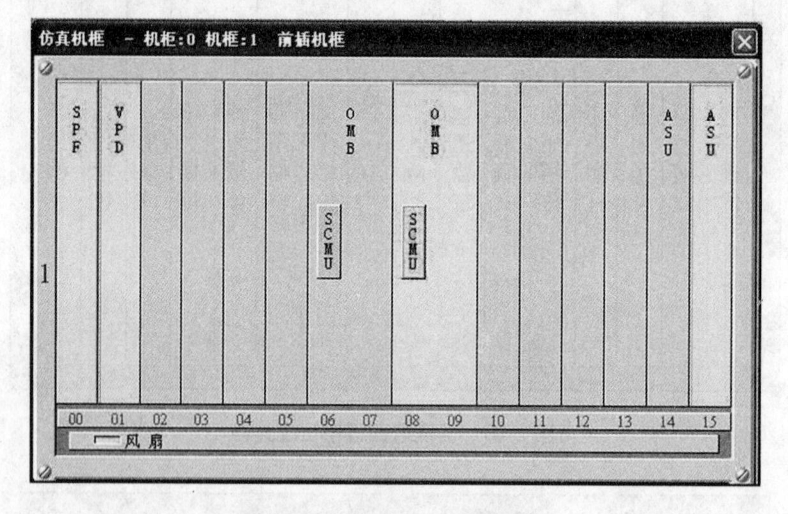

图 1-31　实训室后面板配置图

2. UMG8900 单板介绍

系统内的单板按照不同的功能划分成 8 个子系统，分别是操作维护子系统、网关控制子系统、分组业务处理子系统、业务资源子系统、TDM 业务处理子系统、级联子系统、时钟子系统、信令转发子系统。

（1）操作维护子系统

操作维护子系统（OMU）连接示意图如图 1-32 所示。

注意：此图仅表示逻辑关系，不是物理连线。

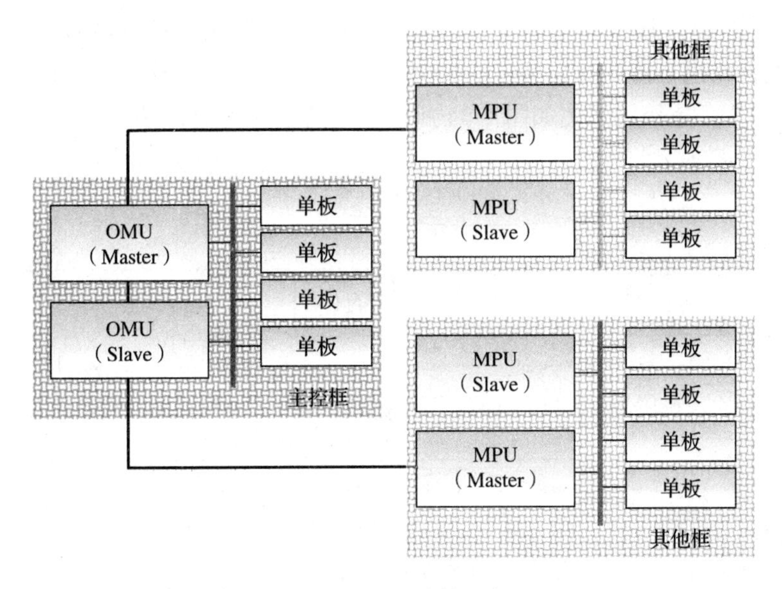

图 1-32　OMU 连接示意图

OMU 单板的功能如下：

1）提供控制平面交换功能，完成框内所有单板控制信息交互，完成多框级联情况下的框间控制信息的交互和接口管理。

2）完成设备所有单板状态的监控和管理。对于级联情况下，OMU 通过级联的控制平面查询和管理其他 MPU 板，完成主控框内各单板和其他 MGW 插框各单板的管理和监控。

3）内置 BAM，支持 MML 以及 Telnet 等接口，实现设备单板的配置管理和维护等，可以存储各种日志和报警信息文件。

4）通过专用的维护模块来实现设备的状态查询、监控和上下电管理，通过控制单板上电顺序，可以避免瞬间电流的影响。

（2）网关控制子系统

网关控制子系统逻辑结构图如图 1-33 所示。

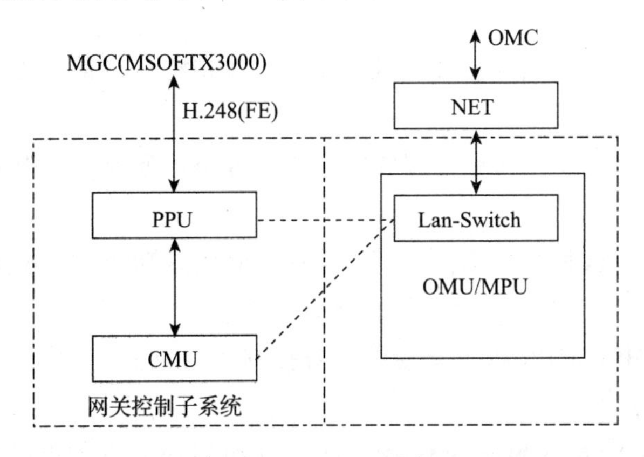

图 1-33　网关控制子系统逻辑结构图

1）PPU：提供到 MGC 的 Mc 接口；从 Mc 接口接收 H. 248 报文，完成 H. 248 消息的协议栈处理功能，然后将 H. 248 消息转换给 CMU 单板；组装从 CMU 板接收 H. 248 消息，按照 H. 248 报文格式进行协议适配后送给 MGC。

2）CMU：CMU 连接关系图如图 1-34 所示。它的主要功能如下：

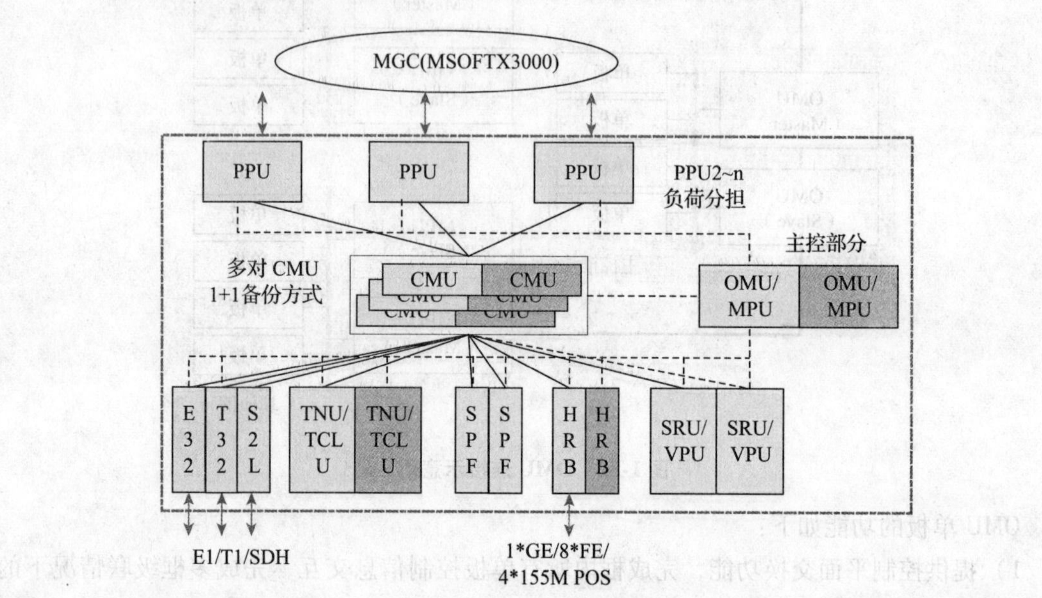

图 1-34　CMU 连接关系图

① 提供同 PPU 板之间的内部接口，完成类 H. 248 消息的交互。

② 提供同 HRU、VPU、TNU、TCLU 等业务板的接口，控制业务单板完成媒体流的转换。

③ 采用主备配置方式，0 和 1 槽位、2 和 3 槽位、4 和 5 槽位、10 和 11 槽位、12 和 13 槽位、14 和 15 槽位分别固定配对构成主备关系。

在实际组网中，可以使用 CMU 或者 CMF 来代替 PPU。本实训室采用 CMF 代替 PPU 组网。

（3）分组业务处理子系统

1）NET：UMG8900 设备全框的业务交换核心，完成框内各前插板的业务数据交换。它的主要功能如下：

① 提供框内分组业务交换通道，完成框内所有分组业务处理单板的业务数据平面信息的交换。

② 两框级联时可以代替级联单板，直接实现框间级联功能。通过集成在板内的级联模块实现 2 * GE 业务数据互连以及 1 * FE 的控制平面互连。

③ 为对插的 MOMU/MMPU 提供设备级业务控制和维护接口，实现对插结构下的后出线功能。

④ 对主控框中的 CLK 时钟输出信号进行检测和锁相分发，提供框内 TDM 以及 SDH（POS）接口和业务处理时钟。

2）ASU/HRU：前插分组业务处理板，两种单板硬件完全一样，根据不同后插板确定相应板类型。ASU 与 A4L 后插 ATM 接口板配合使用，提供 ATM 业务处理功能；完成对本板和对应后插 A4L 单板状态的监控和管理。HRU 与 E8T 后插 FE 接口板配合使用、提供 IP 分组业务处理功能；HRU 与 G1O 后插 GE 接口板配合使用、提供 IP 分组业务处理功能，完成对本板和对应后插 G1O、E8T 单板状态的监控和管理。

3）A4L：后插业务接口板，为前插 ATM 业务处理板 ASU 提供 4 路 155M 的 ATM 承载业务数据通道。它是无软件单板，由前插 ASU 通过背板提供的管理通道管理。

（4）业务资源子系统

VPU（Voice Processing Unit）为 UMG8900 设备的语音处理单元，用于完成 TDM 侧语音的分组化以及分组语音数据包的处理，实现编解码和回波抵消功能。VPU 同时完成语音业务的 IP 分组适配处理，包括 UDP、RTP、RTCP 和 IP 的处理等，然后将 IP 数据包送给指定的 HRB 单板，由 HRB 转发出去。

VPU 的主要功能包括同时支持放音、收号、混音等功能，支持 G.711A、G.711μ、G.723.1、G.726 和 G.729 语音编解码方式。

（5）TDM 业务处理子系统

TDM 业务处理子系统关系图如图 1-35 所示。

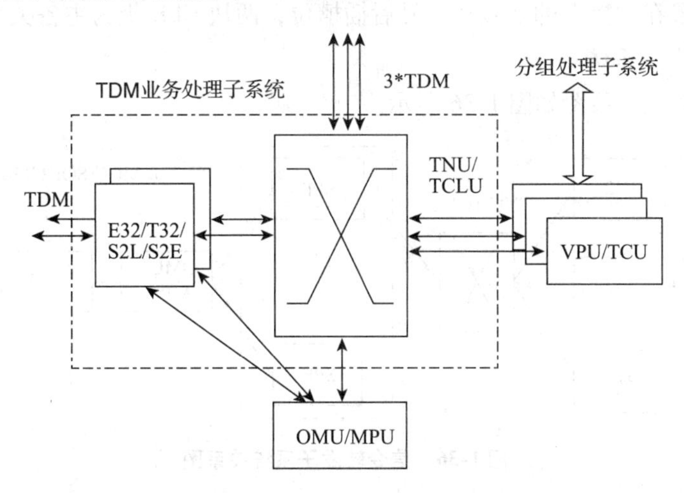

图 1-35　TDM 业务处理子系统关系图

1）TNU：UMG8900 设备 TDM 部分的核心交换单元，与 S2L 单板、E32/T32、TCU 等 TDM 接口和业务处理单板一起组成 T-S-T 三级交换网络。

TNU 的主要功能如下：

① 与接口板共同组成 T-S-T 三级交换网络，向每个接口板提供 8KB 时隙交换容量。

② 框间提供 24KB 时隙容量的级联链路，TNU 与 TCLU 通过多模光纤相连，完成 24KB 时隙的级联业务。

③ 单板实现 1+1 备份，级联光纤提供 1+1 保护。

TNU 是整个 TDM 的网控中心，实现对核心框内交换网络内资源的管理；TCLU 是级联框 TDM 的网控中心，实现其所在接入框内交换网络资源的管理和控制。TNU 上存放有所有 TDM 端点的位置信息，而 TCLU 上只有本框内 TDM 端点的位置信息。TNU 的交换是在 CMU

的控制下进行的，是对 CMU 下发的操作命令的响应结果；TCLU 的联网操作是在 TNU 的控制下进行的，是对 TNU 网操作命令响应的结果。

2）E32/T32（32*E1/T1 port tdm Interface Card）：UMG8900 设备的 TDM 业务接口板，支持 32 路 2M E1/T1 接入，其中“E”代表 2Mbit/s 的 E1 接口，“T”代表 1.544Mbit/s 的 T1 接口，“32”代表单板共支持 32 路 2ME1。

它的主要功能如下：

① 提供 32 路 E1/T1 接口。

② 提供 8kHz 线路时钟参考源。

(6) 级联子系统

本实训室无相关配置，不进行介绍。

(7) 时钟子系统

CLK 系统时钟板可以接受接口板提取的线路时钟信号和外同步时钟信号输入。系统通过配线从所有接口板中选择两块接口板，这两块接口板分别向两块时钟板送出两路 8kHz 时钟信号；每个框有两块网板，当单框应用时，时钟板通过背板总线给本框的网板提供 8kHz 时钟信号；当多框应用时，时钟板通过配线给各框的网板提供 8kHz 时钟信号，同时时钟板还输出外同步时钟信号。

CLK 固定配置在主控框的 0 号和 1 号后插槽位，两块 CLK 板为主备关系。

(8) 信令转发子系统

信令转发子系统关系图如图 1-36 所示。

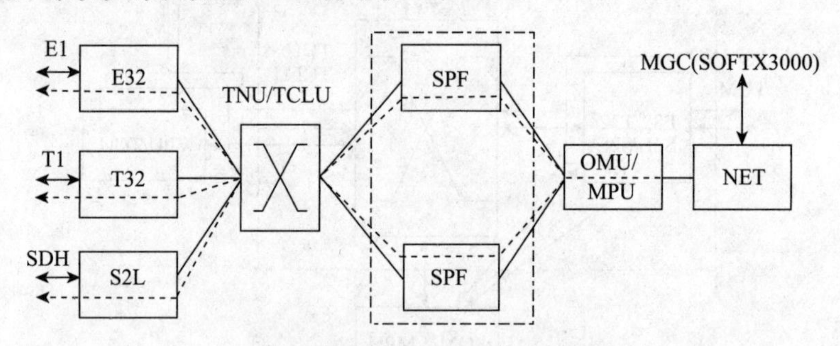

图 1-36　信令转发子系统关系图

信令转发子系统作为 UMG8900 设备内嵌信令网关功能的一部分，完成信令的适配处理和转发功能。

SPF（Signaling Processing Front Unit）是 UMG8900 设备的信令处理单元，为前插单板，不直接出接口，通过后插 NET 单板的 MIR 接口发送和接收 SIGTRAN 报文，满足后走线的结构设计。它可以完成 MTP2-M2UA、MTP3-M3UA 的适配。SPF 采用底板加扣板的方式，通过扣板接收由 TDM 交换单板转发过来的信令，完成 TDM 层信令的处理，通过底板完成 TDM 信令到 IP 分组方式的适配处理，提供内嵌信令网关功能，将 IP 分组适配处理后的信令发送给 MGC 设备。

3. 信号流程介绍

信号流程分为控制信号流程、业务信号流程、加载维护信号流程和时钟信号流程 4 种。

(1) 控制信号流程

控制信号流程分为网关控制信号流程和呼出控制信号流程两种。

1) 网关控制信号流程如图 1-37 所示。

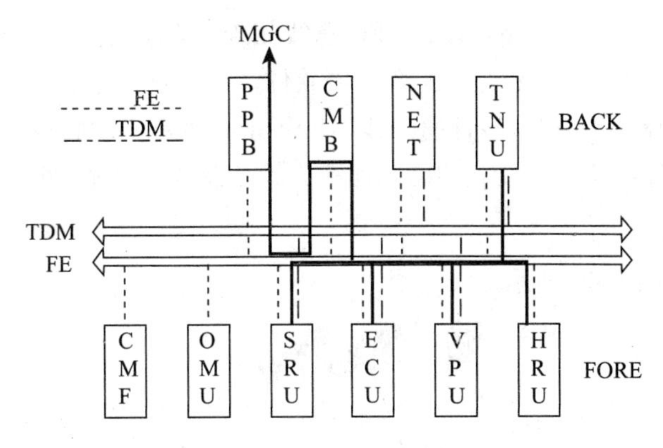

图 1-37　网关控制信号流程

2) 呼叫控制信号流程如图 1-38 所示。

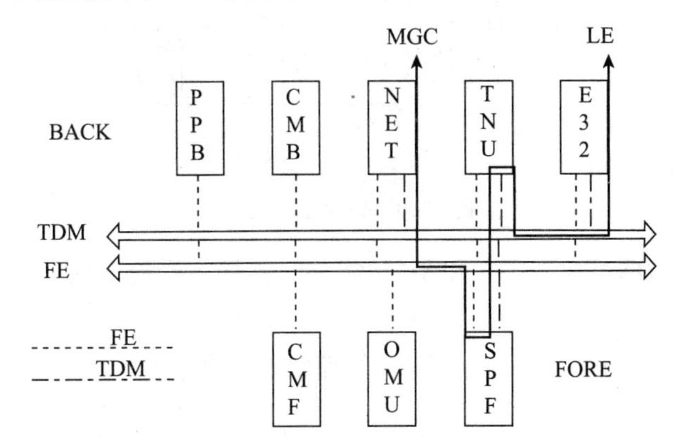

图 1-38　呼叫控制信号流程

(2) 业务信号流程

业务信号流程如图 1-39 所示。

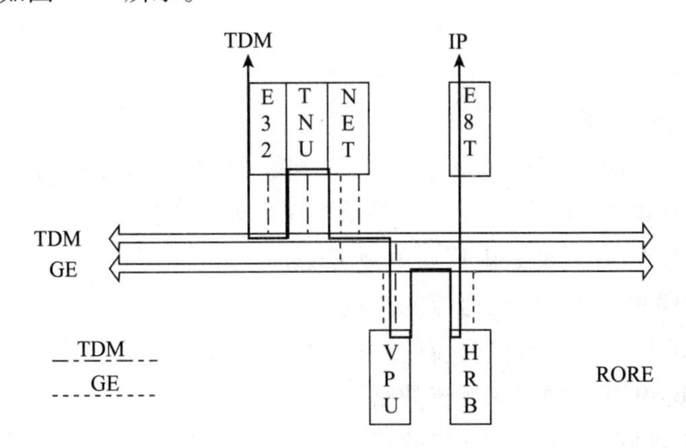

图 1-39　业务信号流程图

(3) 加载维护信号流程

软件加载包括 OMU 的手工加载和其他业务单板的自动加载两部分。需要加载高层软件的单板有 OMU、MPU、MNET、PPU、CMU、CLK、ASU、TNU、TCLU、MTCB、BLU、FLU、E32/T32 和 S2LM/A/B/C，它们都与内部 FE 总线相连；A4L 系列/A/B/C、P4L 系列/A/B/C、E1G 系列/A/B/C 和 ME8T 不需要加载高层软件，所以这些单板与内部 FE 总线无连接。

OMU 的手工加载路径：LMT→直通网线→LANSwitch→直通网线→MNET→MOMU 单板。

业务单板加载路径：从 OMU 内置 BAM 加载，通过设备内部提供的 1 + 1FE 控制通道完成。

(4) 时钟信号流程

时钟信号流程如图 1-40 所示。

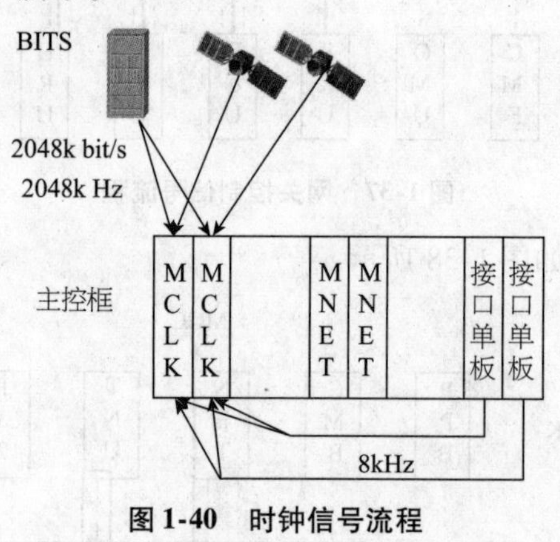

图 1-40　时钟信号流程

设备支持 GPS/GLONASS、BITS 和 8kHz 线路时钟接入功能，时钟信号的接入由 CLK 完成。其中：

1) 设备接收两路来自接口单板的 8kHz 线路时钟信号。

2) 接口单板可以是 E32/T32、S2LM/A/B/C、A4L 系列/A/B/C 和 P4L 系列/A/B/C。

3) 接收一路来自 GPS/GLONASS 系统的卫星定时信号输入，可以使用单 GPS 接收卡，也可以使用 GPS/GLONASS 双星接收卡。

4) 接收一路来自 BITS 同步时钟系统的 2048kbit/s 或者 2048kHz 的时钟信号，对输入信号类型进行设置。

六、课后巩固

1) UMG8900 有哪些子系统，各有什么功能?

2) UMG8900 FE、GE、TDM 交换各自是在哪块（些）单板完成的?

3) UMG8900 的 IP、TDM 接口是由哪些单板完成处理的?

4) UMG8900 内置 SG 功能是由哪块单板实现的?

5) 请描述 UMG8900 的控制信号流的路径。

6) 请描述 UMG8900 的业务信号流的路径。

7) 请描述 UMG8900 的维护信号流的路径。

8) 请描述 UMG8900 的时钟信号流的路径。

任务四　综合通信实训室网络介绍

一、任务目标

1）了解综合通信实训室网络的组成。

2）掌握综合通信实训室网络各网元的连接，接口种类、数量等。

二、实训器材

华为C&C08程控交换设备；光传输设备Metro1000、Metro3000；WCDMA核心网设备UMG8900、MSOFTX3000；接入网设备RNC、NodeB等。

三、实训内容说明

1）通过现场实物讲解，了解3G网络的设备功能。

2）掌握综合通信实训室主要网络设备的具体单板配置。

四、知识准备

WCDMA R4版本核心网结构示意图如图1-41所示。

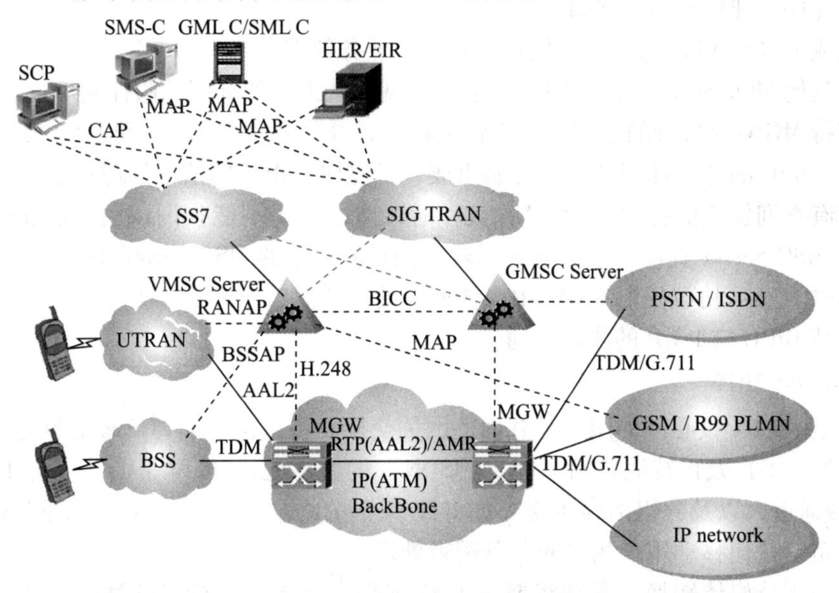

图1-41　WCDMA R4版本核心网结构示意图

WCDMA R4版本具有以下特性。

1）灵活的组网方式：TDM/ATM/IP组网。

2）承载网络融合：TDM/ATM/IP组网电路域与分组域采用相同的分组传输网络，可与城域网进行融合。

3）可扩展性：控制面MSC Server、承载面CS-MGW可分别扩展。

4）可管理性：控制面MSC Server集中设置在中心城市，承载面CS-MGW分散设置在边缘城市，更利于新业务迅速普及开展。

R4 IP承载的优势如下：

1）分组承载网络，减少了语音编解码的次数，提高了语音服务质量，节省了建网成本。

2）网络带宽的高效利用。

3）网络配置、扩容和维护简单，可大幅降低运营成本。

4）骨干网和数据网络可以共享，减少建设投入。

5）实现多网融合，提供综合业务。

WCDMA R4 设备具有以下优势：

1）业务个性化、多样化和开放的业务平台将产生越来越多的业务，也对设备提出了更高处理能力的需求。

2）分级化建设和组网使得设备越来越集中设置，提出了大容量建设的需求。

3）核心网络分组化使信令传输和内部交换带宽得到了质的提高。

4）控制和承载分离，以及网络构件化，使得各个业务实体分工明确，并且可以分别针对不同的技术方向发展。

（1）3G R4 MSC Server

1）继承了 R99 MSC 的所有电路域控制面功能，不在其内部实现承载面的交换功能（由 MGW 以多种承载方式实现）。

2）对外提供纯粹的信令接口。

3）集成了 R99 VLR 功能，以处理移动用户业务数据。

4）与其他 MSC Server 间通过 BICC 信令实现承载无关的局间呼叫控制。

5）支持 MGW 及自身的登记及故障恢复操作，并可要求 MGW 主动上报其终端特性。

6）由 GMSC 的呼叫控制和移动控制组成，只完成 GMSC 的信令处理功能。

7）具有查询位置信息的功能。MS 被呼时，网络如果不能查询该用户所属的 HLR，则需要通过 GMSC Server 查询，然后将呼叫转接到目前登记的 MSC Server 中。

8）通过 H.248 协议控制 MGW 中媒体通道的接续。

9）支持 BICC 与 ISUP 的协议互通。

（2）3G R4 MGW

MGW 是 3G R4 核心网的用户承载面的网关交换设备，位于 3G CS 核心网通往无线接入网（UTRAN/BSS）及传统固定网（PSTN/ISDN）的边界处；MGW 是 Iu 接口、PSTN/PLMN 接口的承载通道，以及分组网媒体流（如 RTP 流）的终结点。MGW 具有以下特性：

1）不负责任何移动用户相关的业务逻辑处理。

2）可以支持媒体转换、承载控制及业务交换等功能，如 GSM/UMTS 各类语音编解码器、回声消除器、IWF、接入网与核心网侧终端媒体流的交换、会议桥、放音收号资源等。

3）可通过 H.248 信令，接收来自 MSC Server 及 GMSC Server 的资源控制命令。

4）支持电路域业务在多种传输媒介（基于 AAL2/ATM、TDM 或基于 RTP/UDP/IP）上的实现，提供必要的承载控制。

（3）3G R4 SG

信令网关（SG）在基于 TDM 的窄带 SS7 信令网络与基于 IP 的宽带信令网络之间，完成 MTP3 用户的传输层信令协议栈的双向转换（SIGTRAN M3UA /SCTP/IP < = > SS7 MTP3/2/1）。

（4）H.248 协议基本概念

在 R4 网络连接模型中，对 MGW 内可被 MSC Server 所控制的实体或对象的描述，主要通过“上下文”和“终端”两个抽象概念来实现。

终端（Termination）：一个终端是 MGW 中媒体/控制流的起源或终结点，一个终端由一系列特征属性来描述，而相关特征属性则通过包含在命令中的一系列描述符来表征。每个终端都拥有一个唯一的标识符（Termination ID）。

终端属性（Property）：终端属性用来描述终端的功能特性，具有紧密关联的终端属性被封装在“描述符”内，每个终端属性都有自己的唯一标识符（Property ID）。

上下文（Context）：一个上下文是一组终端关联的抽象。若上下文关联中包含了多于一个的承载终端，则该上下文描述了终端间的拓扑关系、媒体混合或交换参数。

五、实训内容

综合通信实训网络主要由移动接入网、移动核心网、光传输、程控交换四大部分组成，其架构理念是以通信网络主流技术为核心，整合接入网、承载网、核心网的“全程全网”的通信综合实训架构。用于本次实训的设备的网络拓扑图及设备连接示意图如图 1-42 和图 1-43 所示。

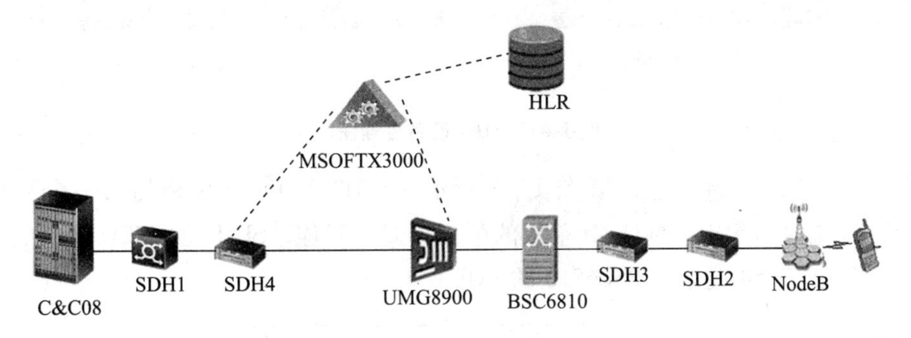

图 1-42　实训网络拓扑图

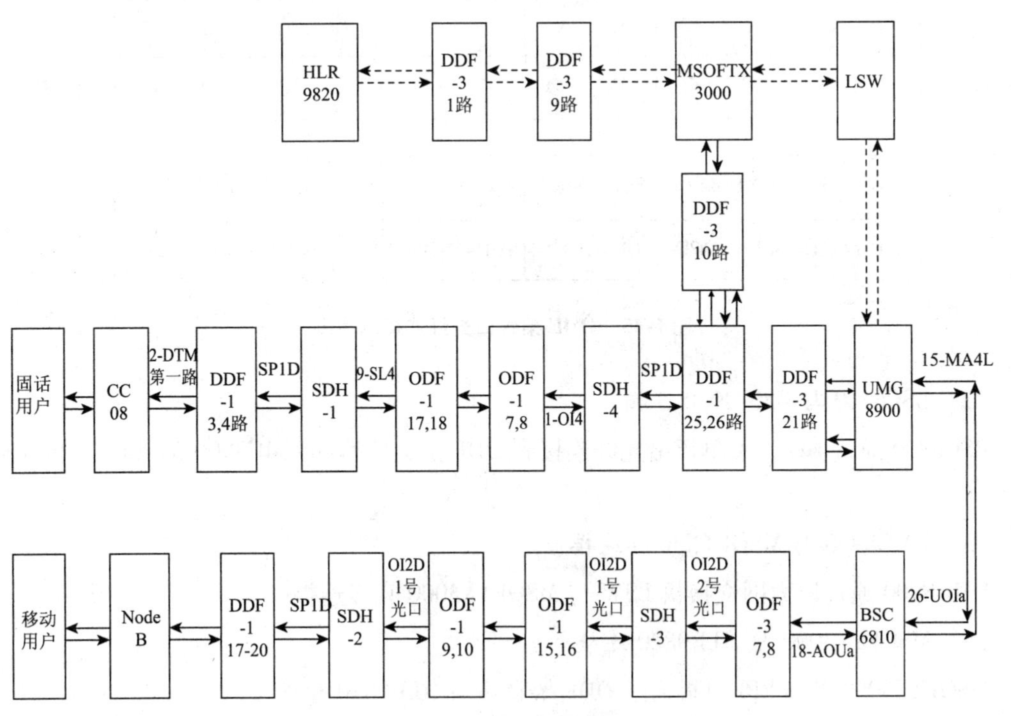

图 1-43　设备连接示意图

网络系统各部分的连接如下：

（1）移动接入网 NodeB 与 BSC6810 连接

NodeB 通过光传输设备与 BSC6810 连接，具体连接方法如下：基站 NodeB 通过 DDF 连接到 SDH2 的 SP1D 单板，再通过 SDH2 将电信号转换为光信号传输到 SDH3，SDH3 的 OI2D 单板通过 ODF 连接到 BSC6810 的 AOUa 单板。SDH2 与 SDH3 的光纤接口图如图 1-44 所示。

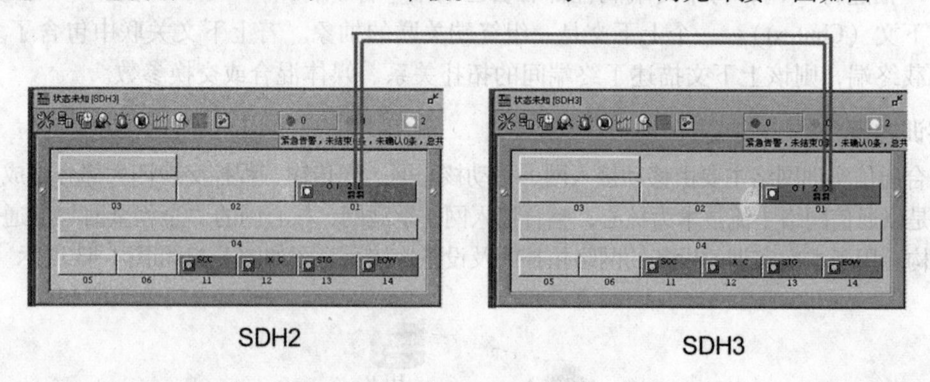

图 1-44　SDH 设备互连图

ODF 架端口光纤连接示意图如图 1-45 所示。SDH2 的 OI2D 单板的第一个光口通过 ODF1 的 9、10 端口与 SDH3 的 OI2D 单板的第二个光口互连；SDH3 的 OI2D 单板的第一个光口通过 ODF3 的 7、8 端口与 BSC6810 的 AOUa 单板互连。

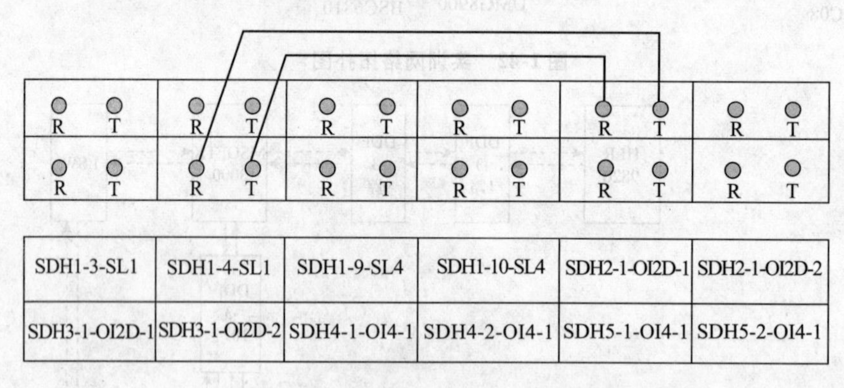

图 1-45　ODF 架端口光纤连接示意图

（2）BSC6810 与 UMG8900 连接

BSC6810 通过 UOI_ A 单板出光纤连接到 ODF 架，然后和 UMG8900 的 A4L 单板光口互通 IU-CS。

（3）UMG8900 与 MSOFTX3000 连接

UMG8900 通过以太网交换机 LSW 与 MSOFTX3000 直接连接。

（4）MSOFTX3000 与 HLR9820 连接

MSOFTX3000 的 WEPI 单板通过 DDF 架直接与 HLR9820 相连接。

(5) UMG8900 与 C&C08 程控交换机连接

UMG8900 通过 DDF 与 C&C08 程控交换机第二块 DTM 单板的第一个 2M 互连。UMG8900 与 C&C08 程控交换机连接有以下两种组网方式：第一种是光传输点对点组网，如图 1-46 所示；第二种是光传输环形组网。

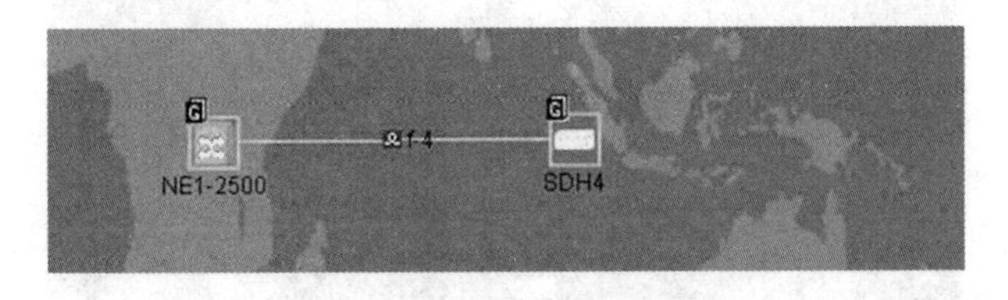

图 1-46　点对点组网拓扑图

对于第一种方式，UMG8900 的第一个 2M 通过 DDF3 的 21 路与 SDH4 的第二个 2M 互连，SDH4 的 OI4 单板通过 ODF1 的 25、26 端口与 SDH1 的 SL4 单板互连，SDH1 的 PD1 单板通过 DDF1 的 3、4 路与 C&C08 的第二块 DTM 单板的第 1、2 个 2M 互连，其设备连接图如图 1-47 所示。ODF 架端口光纤连接示意图如图 1-48 所示。

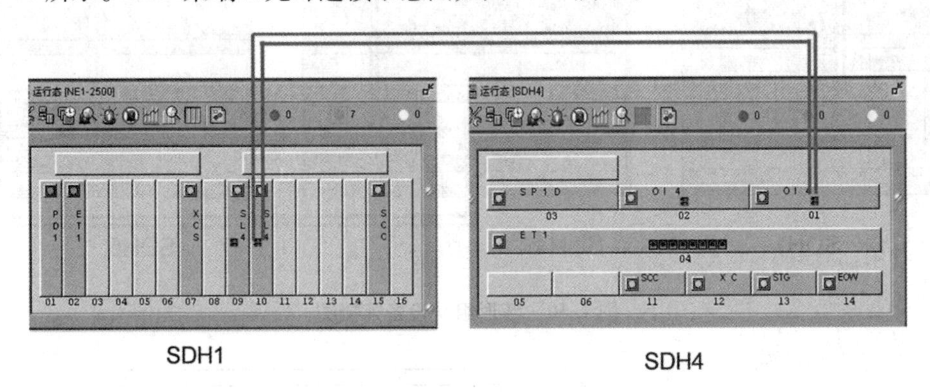

图 1-47　点对点组网设备连接图

R　T	R　T	R　T	R　T	R　T	R　T
R　T	R　T	R　T	R　T	R　T	R　T

SDH1-3-SL1	SDH1-4-SL1	SDH1-9-SL4	SDH1-10-SL4	SDH2-1-OI2D-1	SDH2-1-OI2D-2
SDH3-1-OI2D-1	SDH3-1-OI2D-2	SDH4-1-OI4-1	SDH4-2-OI4-1	SDH5-1-OI4-1	SDH5-2-OI4-1

图 1-48　点对点组网 ODF 架端口光纤连接示意图

第二种方式的组网图如图 1-49 所示。UMG8900 的第一个 2M 通过 DDF3 的 21 路与 SDH4 的第二个 2M 互连，SDH4 的第一块 OI4 单板通过 ODF1 的 7、8 端口与 SDH1 的 SL4 单板互连，SDH4 的第二块 OI4 单板通过 ODF1 的 19、20 端口与 SDH5 的第一块 OI4 单板相连，

SDH1 与 SDH4、SDH5 组成无保护环。SDH1 的 PD1 单板通过 DDF1 的 3、4 路与 C&C08 的第二块 DTM 单板的第 1、2 个 2M 互连。环形组网设备连接图如图 1-50 所示。ODF 架端口光纤连接示意图如图 1-51 所示。

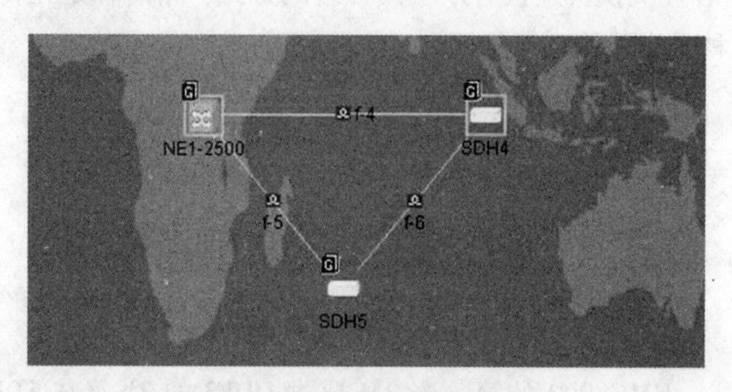

图 1-49　环形组网拓扑图

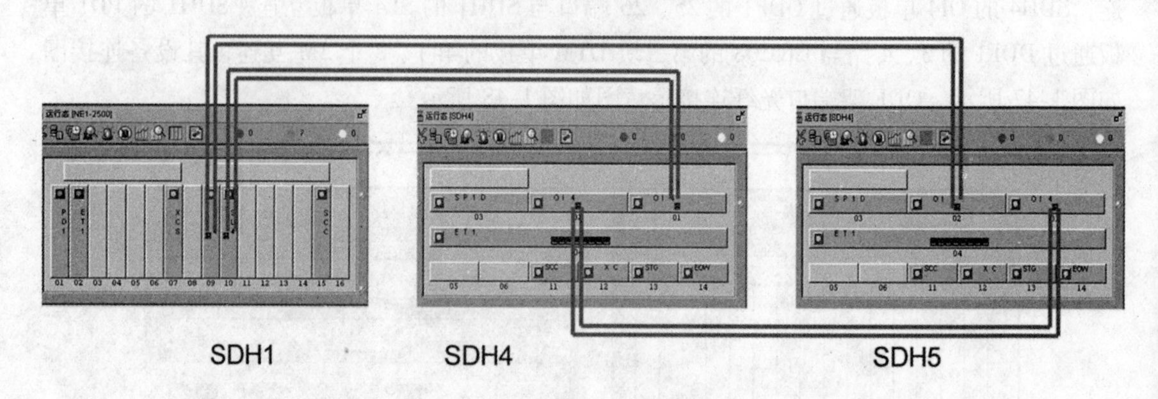

图 1-50　环形组网设备连接图

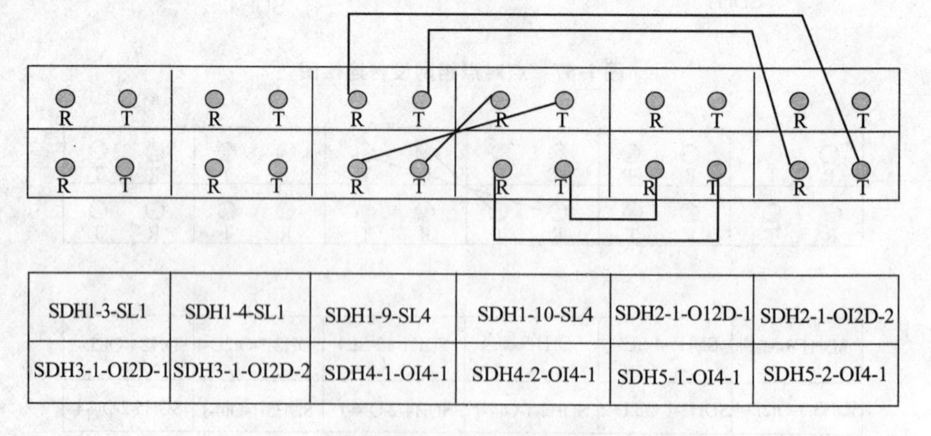

图 1-51　环形组网 ODF 架端口光纤连接示意图

（6）MSOFTX3000 与 C&C08 程控交换机连接

MSOFTX3000 通过 EPI 单板中的一个 2M 与 C&C08 程控交换机的第二块 DTM 单板的第一个 2M 互连。MSOFTX3000 与 C&C08 程控交换机连接有以下两种组网方式：第一种是光传输点对点组网，第二种是光传输环形组网。

六、课后巩固

1）WCDMA 核心网通过什么设备与 C&C08 程控交换机连接？

2）在实训室中，基站与 RNC 互连采用哪几套传输设备？

3）在实训室中，C&C08 程控交换机的哪块单板用来与 WCDMA 核心网连接？

4）WCDMA R4 版本与 WCDMA R99 版本的网络架构有何不同？

5）在实训室的组网中，如何理解核心网设备的“呼叫与承载的分开”？

情景二　HLR 数据配置

任务一　核心网 HLR 基本数据上机实训

一、任务目标

1）进一步了解 HLR9820 设备的结构。

2）掌握 HLR9820 的组成结构。

3）掌握 HLR9820 设备中 SAU 的基本配置。

4）了解 HDU 的对接方式及 HDU 的启动方式。

二、实训器材

1）华为 WCDMA 核心网设备：HLR9820。

2）学生终端 50 台。

三、实训内容说明

1）制作 HLR9820 的硬件配置数据。

2）掌握 HLR9820 设备的 SAU 数据配置的一般方法。

3）熟悉 SAU 和 HDU 的对接方式。

4）不要求掌握 HDU 的调试方法。

四、知识准备

华为 HLR9820 软件包含 SAU、HDU、SMU 三个部分，其中硬件部分包括 SAU 和 HDU 服务器，SMU 是纯软件功能包。SAU 采用通用 N68-22 机架，宽为 600mm、深度为 800mm、高为 2200mm；HDU 采用 SUN 公司生产的系列服务器，操作系统使用 Solaris 10，数据库使用 Oracle 9. 2 版本。

SMU 集成在 SAU 的服务器（简称 SAU-BAM）软件中，数据库使用 SQL Server 2000，操作系统使用 Windows 2000 Server。

1. 内部连线方式

SAU-BAM 是双网卡服务器，1#网卡配置双地址，其中 BAM 和 SAU 设备相连，进行程序数据加载的地址固定使用 172. 20. 200. 0 地址，并和 SAU 的 WHSC 板的 6#网口相连（通过 LS 转接），另一地址配置为 129. 9. 101. 200，作为 SMU 对外的地址和 HDU 互通。2#网卡配置单地址，使用 129. 9. 0. ××× 地址段，和所有的终端相连。

HDU 作为 SMU 的数据库单元、AUC 鉴权中心，使用的对外地址为 129. 9. 101. 191。

通过后续的数据配置，将 WCSC 板配置一个 MEMCFG 数据，将上述 3 个部分联机。

2. HDU 的启动和停止

HDU 要和 SAU、SMU 联机，需要启动 Oracle 数据库和 HLR 进程。

HDU 电源启动之后，在登录界面输入用户名“oracle”及密码“oracle”，登录完成之后启动进程。在当前命令行窗口输入：

```
oracle > sqlplus /nolog
SQL > connect sys /hlrora7 as sysdba
SQL > startup
SQL > exit
```

即可启动 Oracle 进程。在当前桌面单击鼠标右键，在弹出的快捷菜单中选择“tools”→“Terminal”命令，打开一个窗口，输入如下命令：

```
oracle > su - root
```

再输入密码“root”，然后输入下面的字符：

```
#/opt /hlr /tools /tmp /singlestart.sh
```

即可启动 HLR 进程。

停止 HLR 进程的命令如下：

```
#/opt /hlr /tools /tmp /singlestop.sh
```

停止 Oracle 进程的命令如下：

```
oracle > sqlplus /nolog
SQL > connect sys /hlrora7 as sysdba
SQL > shutdown
SQL > exit
```

注意： 1）启动时，先启动 Oracle 进程，然后启动 HLR 进程。

2）关闭时，先关闭 HLR 进程，然后关闭 Oracle 进程。

3. 单板介绍

单板名称及功能见表 2-1。

表 2-1　单板名称及功能

前插板		后插板	
WSMU	系统管理板	WSIU	系统接口板
WCCU	无线呼叫控制	—	—
WCSU	呼叫控制及信令处理板	WEPI	E1 接口板
WSGU	信令网关板	—	—
WBSG	宽带信令处理板	—	—
WIFM	IP 转发模块板	WBFI	后插 FE 接口板

（续）

前插板		后插板	
WAFM	ATM 转发模块板	WBAI	后插 ATM 接口板
WCDB	中心数据库处理板	—	—
WVDB	VLR 数据库处理板	—	—
WMGC	媒体网关控制板	—	—
WALU	报警板	—	—
UPWR	二次电源板	UPWR	二次电源板
—	—	WHSC	热插拔控制板
—	—	WCKI	时钟接口板

4. 设备编号

为了便于识别和定位 SAU 的各种设备，有必要对同种类型的设备进行统一编号。

（1）机架号

每个机架分配一个机架号；机架号在系统内统一编号；机架号与场地号的行号、列号位置一一对应，配置时机架编号应与实际设备位置保持一致，便于在设备运行过程中发出正确的报警信息。由于 SAU 最多配置 1 个机架，因此编号固定为 0。

（2）机框号

每个业务处理机框分配一个机框号；机框号在系统内统一编号，SAU 最多使用 3 个机框，编号为 0～2，其中基本框编号为 0，其他机框按照从下向上递增的原则编号。

SAU 机框号配置数据必须与其硬件设置一致，业务处理机框通过框内的 WSIU 单板拨码开关设置该框的机框号。

WSIU 8 位拨码开关的二进制数表示硬件设置的机框号。

（3）单板槽位号

槽位号用于识别和定位机框内所插单板，一个机框有 21 个槽位，从左到右依次编号为 0～20，从正面看没有插单板的槽位不配置槽位号。

单板与槽位有如下关系：

1）WSMU 及后插板 WSIU 槽位固定槽位号为 6 和 8。

2）WALU 槽位固定前插 16 号槽位。

3）WHSC 槽位固定后插 7 和 9 槽位，前面配置假面板。

4）每块 UPWR 单板占两个槽位，固定配置槽位号为 17 和 19，前后都为两块。

5）其他槽位（0～5、10～15）根据需要配置业务处理板，包括 WCCU、WCSU、WBSG、WIFM、WEPI，它们槽位兼容。

5. 模块编号

相同类型互为主备的单板具有相同的模块号。后插板和 WALU 板、UPWR 板没有模块号。模块号在系统内部使用，主要功能是系统根据模块号进行消息的分发，提供了一种单板的定位手段。

相同模块的单板一定在同一个框内。模块号的范围是 2 ~ 252。根据板类型的不同，规定了模块号区间：

1）WSMU 模块号 2 ~ 21。

2）WCCU/WCSU 模块号 22 ~ 101。

3）WIFM/WEPI 模块号 132 ~ 211。

6. 联机和脱机模式

在联机模式下数据配置的任何改变都会对设备有直接的影响。其命令如下：

```
LON
```

在脱机模式下数据配置的任何改变不会对设备有影响。其命令如下：

```
LOF
```

7. 数据配置流程

数据配置流程如图 2-1 所示。

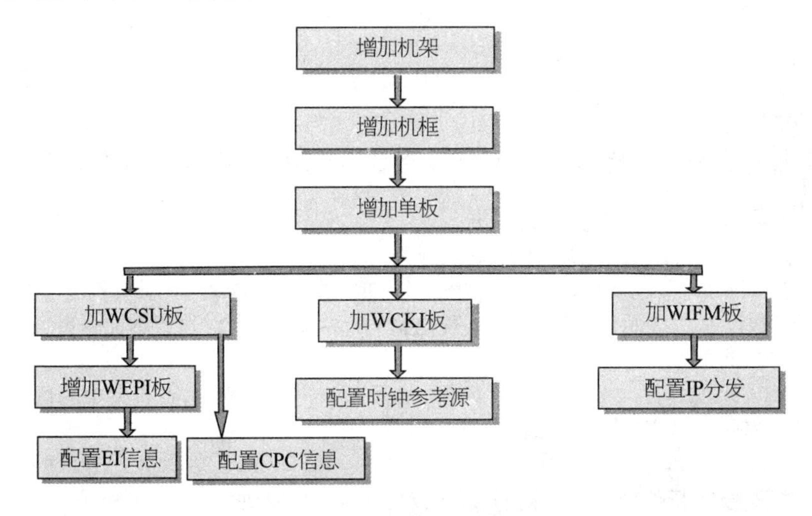

图 2-1　数据配置流程

机架、机框及单板的参数对应关系如图 2-2 所示。

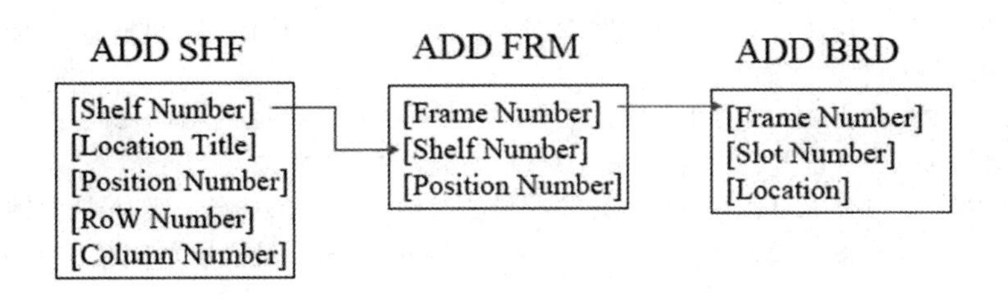

图 2-2　机架、机框及单板的参数对应关系

8. 常用命令

常用命令及含义见表2-2。

表 2-2　常用命令及含义

命令	含义
ADD	新增
MOD	修改
RMV	删除
LST	查看 BAM 数据库数据
DSP	查看前台主机数据或相关设备、资源状态
SET	设置数据或状态
LOF	脱机设定数据
LON	联机设定数据

注意： 使用命令辅助输入窗口输入命令时，命令窗口中的红色参数为必填参数。

五、实训内容

1. 数据准备

命令配置顺序：机架→机框→单板→EPI 配置→MEMCFG 配置。命令如下：

LOF:;　　//脱机

SET FMT: STS = OFF:;　　//关闭格式转换开关

ADD SHF: SN = 0, LT = "sau", PN = 0, RN = 0, CN = 0;　　//增加机架:机架号为 0。在此命令中,"PDB 位置"参数设为 2,表示该机架的 PDB(配电盒)由基本框控制。执行本命令后,系统自动加上去的板有 WSMU WALU 和 PSM

ADD FRM: FN = 0, SN = 0, PN = 2;　　//增加机框:基本框框号为 0,在机架中的位置号为 2; 对于综合配置机柜中的基本框而言,其框号固定为 0

ADD BRD: FN = 0, SN = 0, LOC = FRONT, BT = WCSU, MN = 22, ASS = 255, LNKT = LINK_64K; //增加单板,机框号 0,槽位号 0,位置前插板,单板类型 WCSU,模块号 22,互助板号 255(表示无互助), LNKT = LINK_64K,表示链路类型为 64k 速率

ADD BRD: FN = 0, SN = 0, LOC = BACK, BT = WEPI;　　//增加单板,机框号 0,槽位号 0,位置后插板,单板类型 WEPI

ADD BRD: FN = 0, SN = 13, LOC = BACK, BT = WCKI;　　//增加单板,机框号 0,槽位号 13,后插板,单板类型 WCKI

ADD EPICFG: FN = 0, SN = 0, E0 = DF, E1 = DF, E2 = DF, E3 = DF, E4 = DF, E5 = DF, E6 = DF, E7 = DF;　//增加 EPICFG 配置,EPI 板有 8 个端口,均配置成 DF 模式

SET CKICFG: CL = LEVEL3, WM = AUTO;　//设置时钟 CKICFG,选择 3 级时钟,时钟模式为自动

ADD BOSRC: FN = 0, SN = 0, EN = 0;　//增加单板时钟参考源:机框号为 0,槽位号为 0,E1 端口号为 0

ADD MEMCFG: MN = 22, LIP = "129.9.101.22", RIP1 = "129.9.101.191", RP = 16500, MSK = "255.255.0.0";　//配置 MEMCFG,模块号为 22,本地地址 = 129.9.101.22,即 WCSU 的地址;远端地址 = 129.9.101.191,即 HDU 的地址;RP = 16500,即双方联机端口号必须配置为 16500

```
SET FMT: STS = ON:;    //打开格式转换开关
FMT:;       //格式化数据
LON:;       //联机
```

2. 实训步骤

(1) 本地数据库模式

1）双击桌面上的“本地维护终端”图标，打开“用户登录”对话框。在“局向”下拉列表框中选择“LOCAL：127.0.0.1”，输入密码“HLR9820”，单击“登录”按钮，如图 2-3 所示。

图 2-3　登录本地数据库

2）进入本地维护终端的命令行输入界面，如图 2-4 所示。

注意：此时连入的是本地计算机的数据库系统。

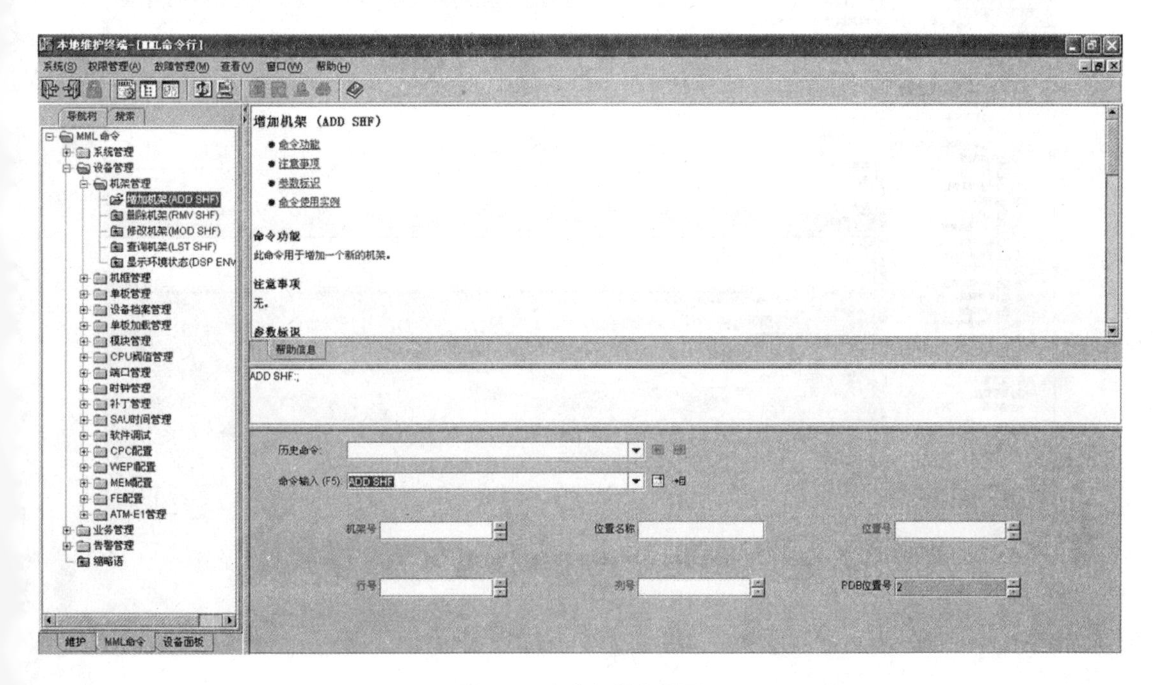

图 2-4　命令行输入界面

3）在“命令输入”文本框中，执行前面命令行准备中的数据。注意，红色字体部分必须要输入。必要参数输入完成后，按< F9 >键，执行成功，数据就保存进了数据库。

4）作为学生终端的计算机均带还原卡，如果做好的数据需要清除，则可以直接重启计算机。也可以使用一系列的操作，还原初始数据。

（2）联机验证模式

1）在学生终端同样双击桌面上的“本地维护终端”图标，打开“用户登录”对话框。在“局向”下拉列表框中选择“SERVER：129.9.0.1”，输入密码“HLR9820”，单击“登录”按钮，如图 2-5 所示。

图 2-5　联机登录验证

2）系统登录后，即进入联机模式，此时本地维护终端的命令行输入界面如图 2-6 所示。

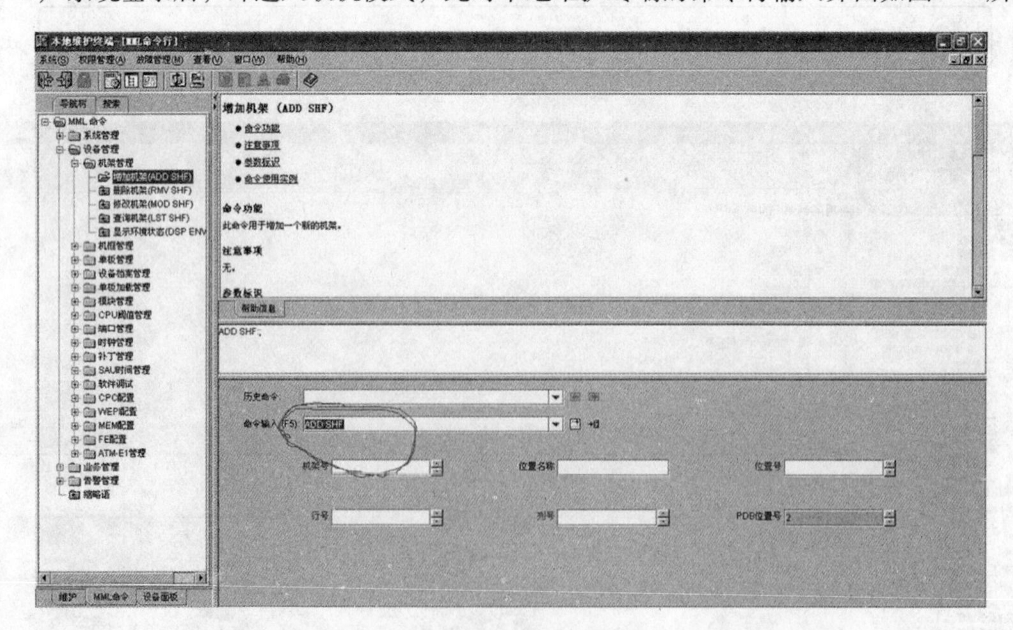

图 2-6　命令行输入界面

3）在“命令输入”文本框中输入命令。注意，此时连入的是 SAU-BAM 的数据库系统，学生终端作为操作终端，所有操作命令和结果保存于 SAU-BAM 上。教师机可以通过命令：

```
ADD WS: WS = "stu01", IP = "129.9.0.11";
```

和

```
SET WSCG: WS = "stu01", CG = G_OPERATOR;
```

增加学生终端的操作权限。

4）也可以在窗口模式下，在“系统”菜单中选择“批处理”命令（见图 2-7），打开如图 2-8 所示的“立即批处理”界面。

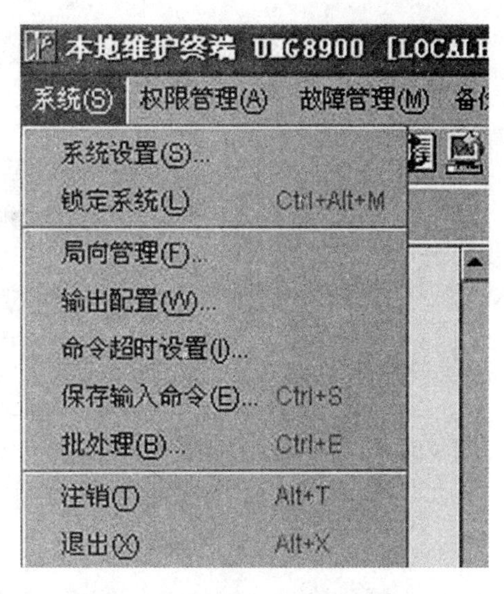

图 2-7　在“系统”菜单中选择“批处理”命令

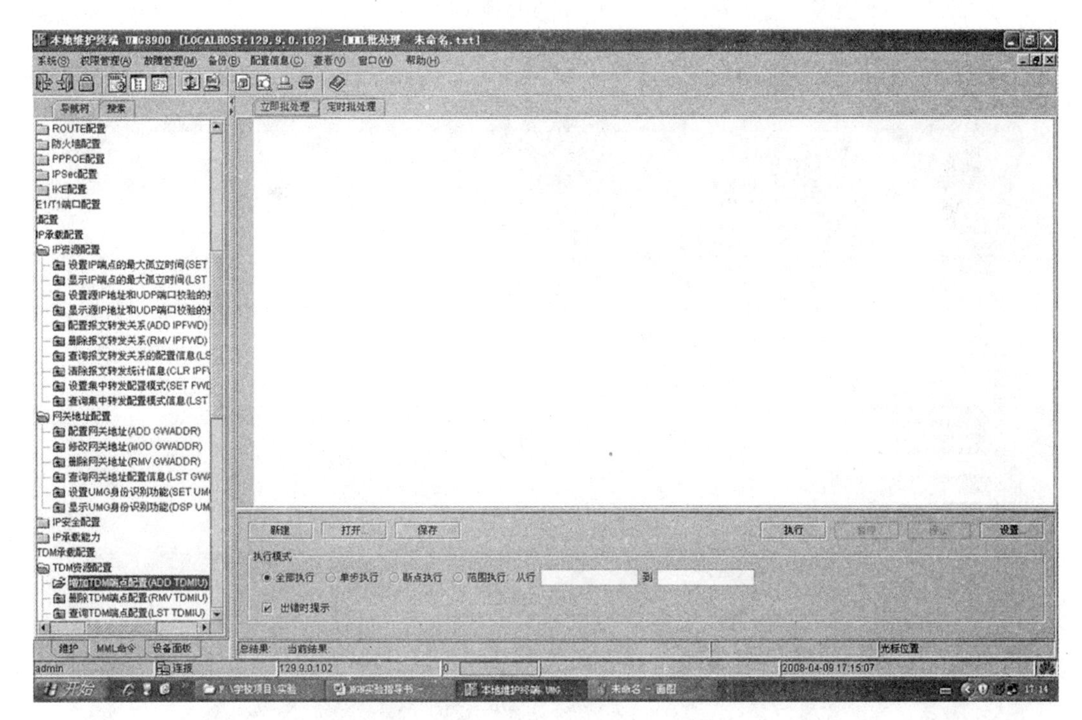

图 2-8　“立即批处理”界面

5）单击“打开”按钮，在弹出的“打开”对话框中选择存放命令脚本的目录及文件名，然后单击“确定”按钮，如图 2-9 所示。

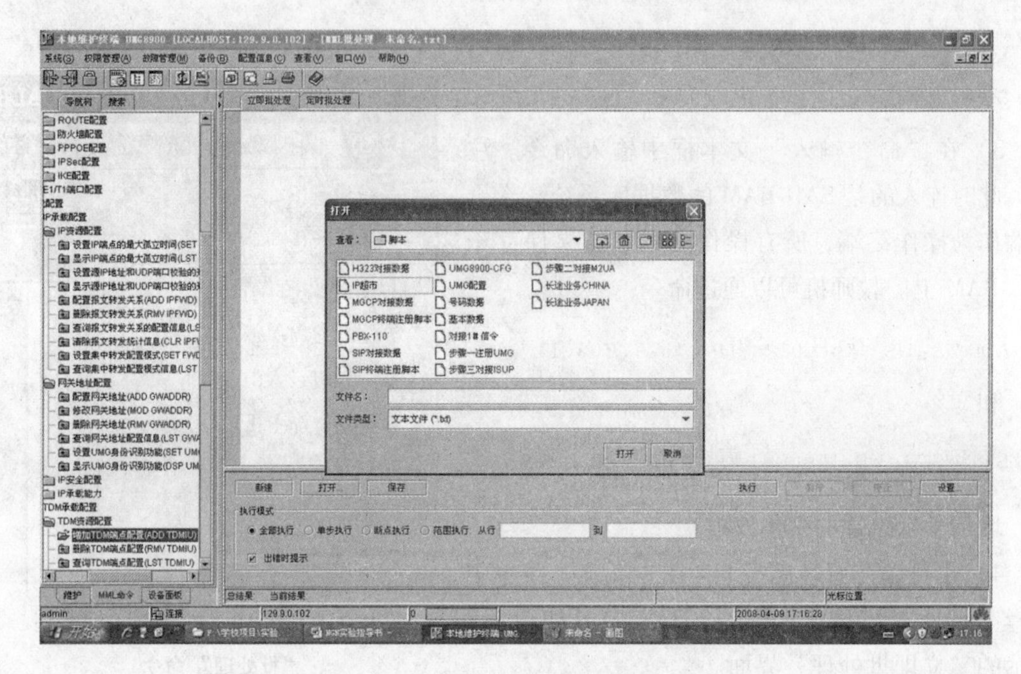

图 2-9　打开目标文件

6）单击“执行”按钮或按 < F9 > 键，执行脚本，如图 2-10 所示。

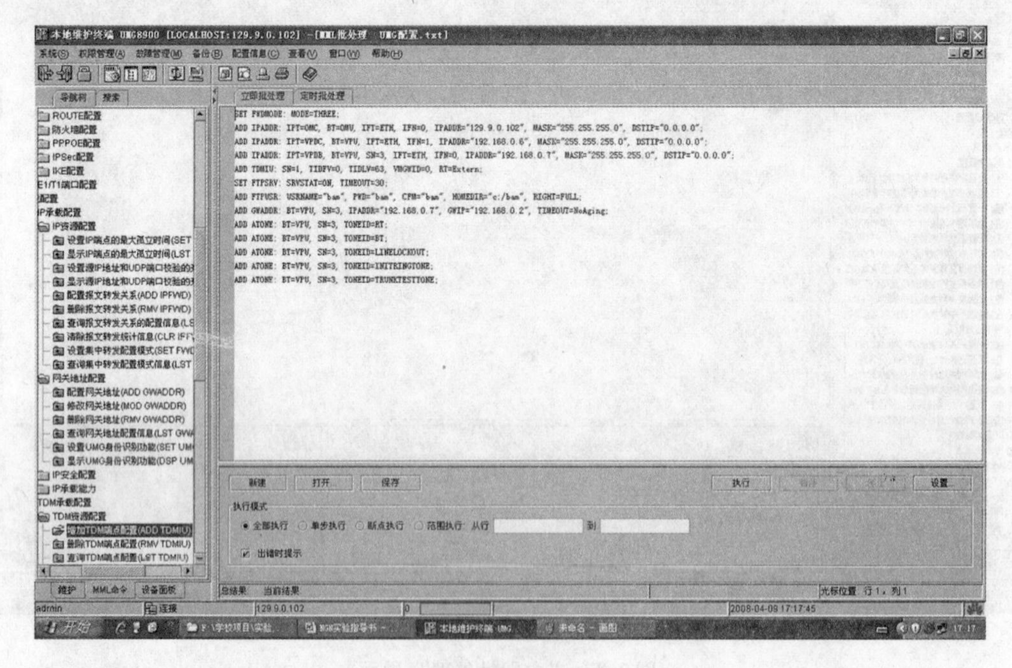

图 2-10　执行脚本

7）使用如下命令复位 HLR9820，等 3min 后，设备正常。

```
RST MDU: MN = 2, LEVEL = LVL3;
```

3．实训验证

1）设备前面板和后面板状态如图 2-11 和图 2-12 所示。

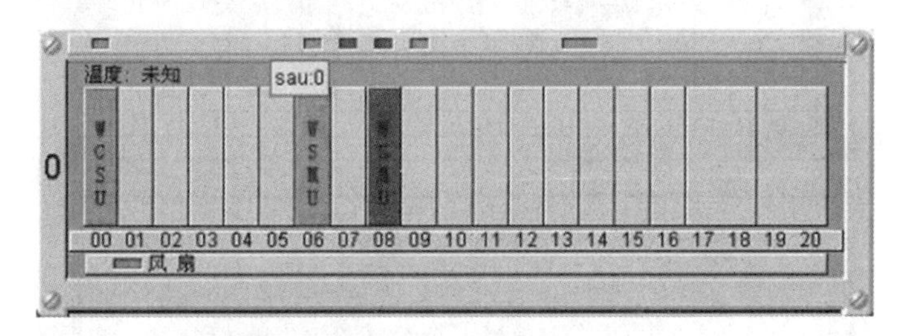

图 2-11 设备前面板

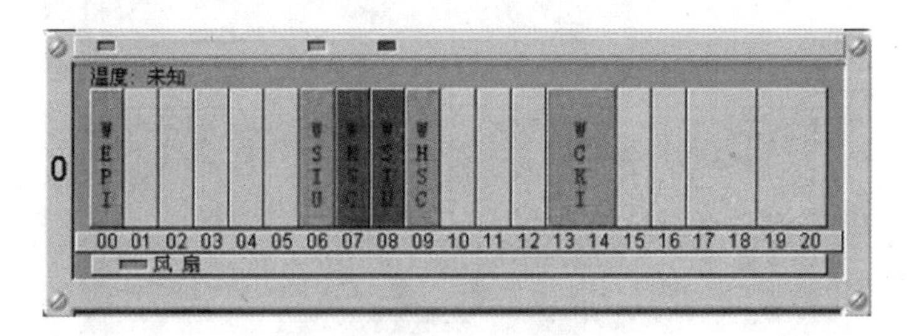

图 2-12 设备后面板

2）SAU 和 HDU 对接正常，如图 2-13 所示。

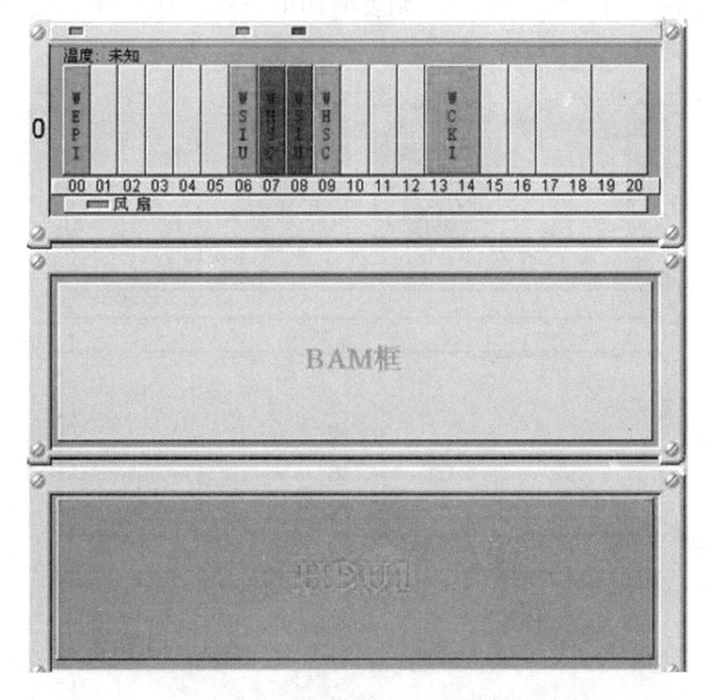

图 2-13 SAU 和 HDU 对接正常

3）如果出现如图 2-14 所示的错误，则表示 HDU 未开机，请启动 HDU。

图 2-14　对接异常 1

4）如果出现如图 2-15 所示的错误，则表示 HDU 开机，但是 ORACLE 和 HLR 进程未启动，启动相关进程即可。

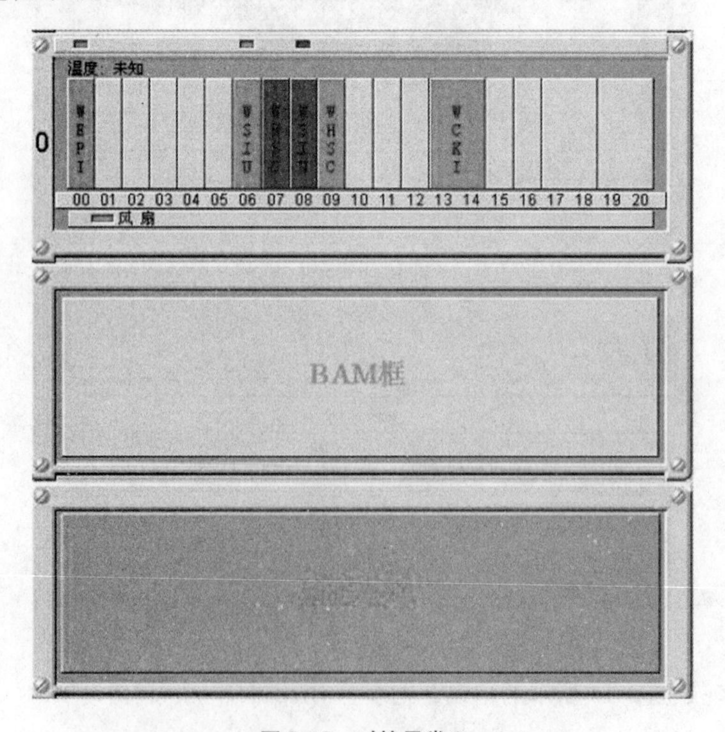

图 2-15　对接异常 2

六、课后巩固

1）SAU 的硬件模块化结构分为哪几个层次？
2）机架、机框、单板的编号原则是什么？
3）哪些单板具有模块号？相同模块的单板可以在不同框中吗？
4）联机设定与脱机设定有什么区别？
5）SAU 硬件配置的基本步骤是什么？
6）哪些板是系统自动加上去而不需要配置的？

任务二　核心网 HLR 本局数据上机实训

一、任务目标

1）掌握硬件数据配置的顺序原则。
2）掌握硬件与本局数据涉及的相关表格。
3）掌握 SAU 配置数据、单板程序加载路径与加载方法。
4）掌握信令数据配置的顺序原则。
5）掌握 MTP、SCCP 信令数据涉及的相关表格与配置方法。

二、实训器材

华为 WCDMA 核心网设备：HLR-SAU、HDU、MSOFTX3000。

三、实训内容说明

1）根据机房 HLR 的硬件配置，按照数据配置规范制作相关硬件、本局数据。
2）完成加载 SAU 的程序和数据，并观察是否加载成功。
3）请通过 SAU Client 来查看硬件配置数据和 HLR 的单板状态。
4）按照机房的具体组网情况，完成 HLR 信令数据的配置。

四、知识准备

SAU 的本局数据包含硬件数据、本局基本数据和信令数据。

C/D 接口信令是由 HLR 和 MSOFTX3000 的 7 号信令路由来实现的，通过 7 号信令链路、SCCPGT 翻译寻址和 SCCPSSN 子系统实现信令翻译等。

SAU 侧 7 号信令板由 WEPI 和 WCSU 提供。其中 WEPI 提供 2Mbit/s 接口，WCSU 提供 64kbit/s 的链路。

7 号信令的基本概念如下。

1）信令链路：信令网组成部分之一，是连接两个 7 号信令点之间的物理链路，是信令传递的载体。

2）信令链路集：一组平行的信令链路的集合，有相同的 OPC 和 DPC；通常两个相邻信令点间定义一个链路集。

3）信令链路编码 SLC：在同一链路集中的链路的 SLC 必须唯一，两局间同一链路的 SLC 必须相同。

4）信令路由：定义从本局到目的信令点的信令通路。

HLR 中的信令链路连接如图 2-16 所示。

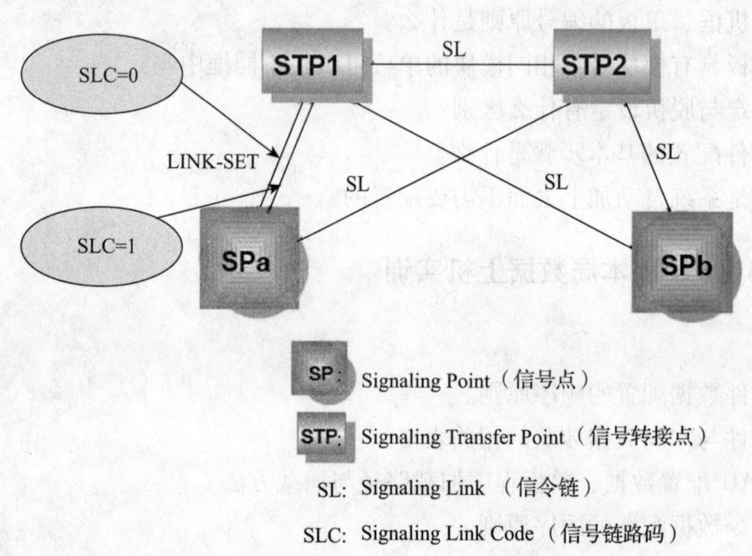

图 2-16　信令链路连接

DPC 和 OPC：DPC 为目的信令点，就是对端网元的信令点。在 GSM 中，HLR 一般和 MSC 对接，在本局 SAU 的 DPC 就是 MSC 的信令点。OPC 为源信令点，就是本端的信令点（即 SAU 的信令点）编码。

信令链路一般默认都在每个 2M 电路的 16 时隙。对接相关信令数据时，要确定和对方对接的 2M 位置和链路时隙，还有其他的 SLC、CIC 等。

64k 窄带信令在 SAU 中的路径如图 2-17 所示。

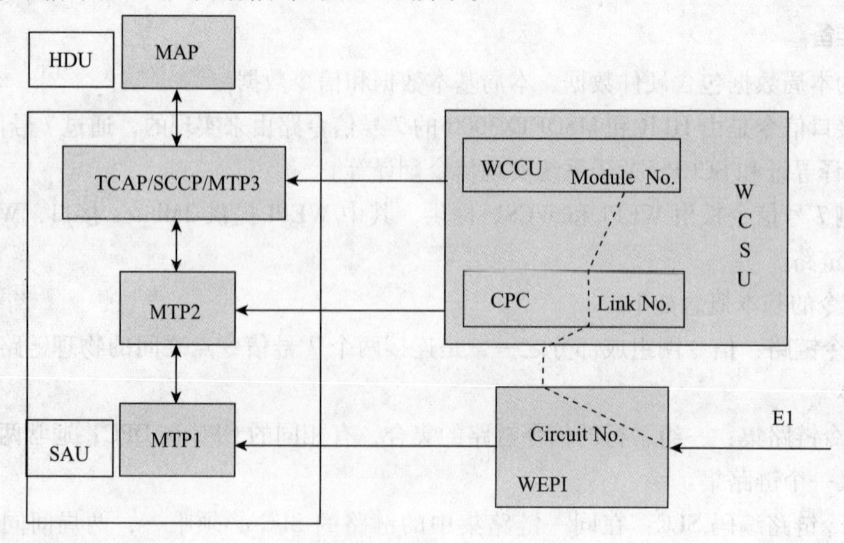

图 2-17　信令链路半固定连接

7 号 MTP 数据包含以下几类：ADD N7DSP、ADD N7LKS、ADD N7RT、ADD N7LNK。它们配置的顺序如图 2-18 所示。

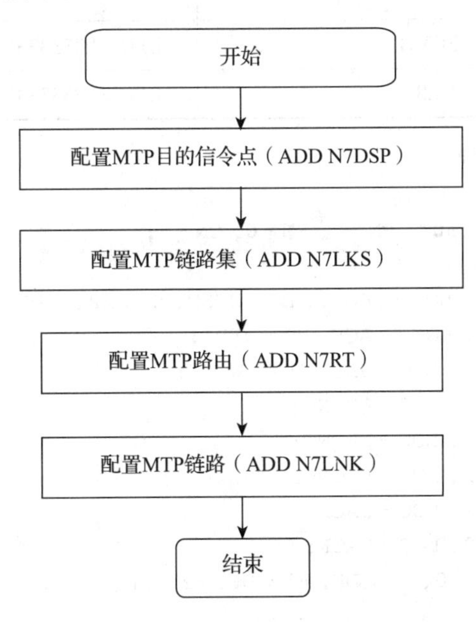

图 2-18　7 号 MTP 数据流程

五、实训内容

1. 数据准备

SCCP 信令数据规划见表 2-3。

表 2-3　SCCP 信令数据规划

数据项	值	说明
本局信令点	333333	DPC：111111
MSC 信令点	111111	DPC：333333
本局信令时隙	48	WEPI 板第二个 2M 的 16 时隙
SLC 和 SLCS	0（信令链路编码）	0（信令链路编码发送）
本局 HLR 号	8613907550000	一般标准 13 位长
MSC-DPC	111111	指向 MSC
HLR-DPC	333333	本局 DPC
SCCPGT	111111	8613900755
SCCPGT	333333	8613907550000
SCCPSSN	MSC	DPC =" 111111", OPC =" 333333";
SCCPSSN	VLR	DPC =" 111111", OPC =" 333333";
SCCPSSN	SCMG	DPC =" 111111", OPC =" 333333";

（续）

数据项	值	说明
SCCPSSN	SCMG	DPC = "333333", OPC = "333333";
SCCPSSN	HLR	DPC = "333333", OPC = "333333";

1）硬件配置如下：

ADD SHF: SN = 0, LT = "sau", PN = 0, RN = 0, CN = 0;

ADD FRM: FN = 0, SN = 0, PN = 2;

ADD BRD: FN = 0, SN = 0, LOC = FRONT, BT = WCSU, MN = 22, ASS = 255, LNKT = LINK_64K;

ADD BRD: FN = 0, SN = 0, LOC = BACK, BT = WEPI;

ADD BRD: FN = 0, SN = 13, LOC = BACK, BT = WCKI;

RMV BRD: FN = 0, SN = 16, LOC = FRONT;

RMV BRD: FN = 0, SN = 17, LOC = FRONT;

RMV BRD: FN = 0, SN = 19, LOC = FRONT;

RMV BRD: FN = 0, SN = 17, LOC = BACK;

RMV BRD: FN = 0, SN = 19, LOC = BACK;

ADD EPICFG: FN = 0, SN = 0, E0 = DF, E1 = DF, E2 = DF, E3 = DF, E4 = DF, E5 = DF, E6 = DF, E7 = DF;

SET CKICFG: CL = LEVEL3, WM = AUTO;

ADD BOSRC: FN = 0, SN = 0, EN = 0;

ADD MEMCFG: MN = 22, LIP = "129.9.101.22", RIP1 = "129.9.101.191", RP = 16500, MSK = "255.255.0.0";　//本条参数只能按照上述命令制作,是因为 HDU 数据库的地址是确定的 129.9.101.191,本端地址也因为属于 22 模块,所以地址为 129.9.101.22,端口号也和 HDU 默认端口相关

2）配置 SAU 本局数据。

SET OFI: OFN = "HLR", LOT = CMPX, NN = YES, SN1 = NAT, NPC = "333333", NNS = SP24, TADT = 0, LAC = K'755, LNC = K'86, LOCGT = "8613907550000";　//设置本局信息:OFN = "HLR"名字为 HLR; LOT = CMPX 表示本局类型为 CMPX,SN1 = NAT 表示国内主用信令,NPC = "333333"表示信令编码为 333333,NNS = SP24 表示编码类型为 24 位,LAC = K'755 表示本地区号 755,LNC = K'86 表示国家码 86,LOCGT = "8613907550000"表示本局 GT 码为 8613907550000。注意:本局 GT 码为 8613907550000,此参数在 MSC 需要引用,在 SMU 数据中也要引用,所以请注意数据的一致性

ADD N7DSP: DPX = 0, DPC = "111111", OPC = "333333", DPNAME = "HLR - MSX";　//增加 7 号局向:DPX = 0,DPC 地址为 111111,OPC = 333333

ADD N7LKS: LSX = 0, ASPX = 0, LSNAME = "HLR - MSX";　//增加 7 号链路号:LSX = 0 表示链路号 0,链路名 HLR - MSX

ADD N7RT: LSX = 0, DPX = 0, RTNAME = "HLR - MSX";　//增加 7 号路由,LSX = 0 表示链路号为 0,7 号局向为 0(即指向 MSC)

ADD N7LNK: MN = 22, LNKN = 0, LNKNAME = "HLR - MSX", LNKTYPE = 0, TS = 48, LSX = 0, SLC = 0, SLCS = 0;　//增加 7 号链路:MN = 22,模块 22 即 WCSU 板,LNKN = 0 表示链路号为 0(从 0 开始顺序编号),LNKNAME = "HLR - MSX"表示链路集名字,LNKTYPE = 0 表示链路类型选 0(请自行查看 0 的含义),TS = 48 表示链路所在的时隙号为 48,即第二个 2M 的 16 时隙。LSX = 0 表示链路集索引 0,SLC = 0 和 SLCS = 0 表示信令链路编码和编码发送号均为 0

/* 增加 SCCP 目的信令点 */

```
ADD SCCPDPC: DPX = 0, NI = NAT, DPC = "111111", DPNAME = "MSC", SHAREFLAG = NONE;  //增加 SCCPDPC 寻址:目的方向 MSC
ADD SCCPDPC: DPX = 1, NI = NAT, DPC = "333333", OPC = "333333", DPNAME = "HLR", SHAREFLAG = NONE;  //增加 SCCPDPC 寻址:目的方向 HLR
ADD SCCPSSN: SSNX = 0, NI = NAT, SSN = MSC, DPC = "111111", OPC = "333333";  //增加 SCCPSSN:本局到 MSC 的 MSC 寻址
ADD SCCPSSN: SSNX = 1, NI = NAT, SSN = VLR, DPC = "111111", OPC = "333333";  //增加 SCCPSSN:本局到 MSC 的 VLR 的寻址
ADD SCCPSSN: SSNX = 2, NI = NAT, SSN = SCMG, DPC = "111111", OPC = "333333";  //增加 SCCPSSN:本局到 MSC 的 SCMG 寻址
ADD SCCPSSN: SSNX = 4, NI = NAT, SSN = HLR, DPC = "333333", OPC = "333333";  //增加 SCCPSSN:本局 HLR 的 HLR 寻址
/* 增加 SCCP GT 码 */
ADD SCCPGT: GTX = 0, ADDR = K'8613900755, RESULTT = LSPC2, DPC = "111111";  //增加 SCCPGT 寻址:GTX = 0 表示索引号为 0,ADDR = K'8613900755 表示地址为 8613900755,即 MSC 的 MSC 号码,RESULTT = LSPC2 翻译类型为 SPC 信令点,DPC = "111111"为翻译后的信令地址
```

2. 实训步骤

本地数据库模式与联机验证模式的操作步骤与情景二任务一类似，请读者自行完成，此处不再赘述。

3. 实训验证

1）观察加载进度。

2）进行 BAM 数据恢复时，请考虑 BAM Service 及 BAM Manager 的关闭顺序。

3）如果单板不加载，请问问题可能出在哪里，应该如何解决？

4）检查 HLR 到其他网元链路的状态是否正常。

5）检查到 HDU 的状态。

6）检查 SCCPSSN 数据是否没有遗漏。

六、课后巩固

1）如何判断程序和数据已经加载成功？

2）MEMCFG 的配置依据是什么？

3）HLR 中一般要做哪些 GT 数据？

4）HLR 中的 LOCALGT 有何作用？在哪些地方会引用此数据？

5）HLR 中一般要做哪几条 SSN 数据？

任务三　核心网 HLR 与核心网对接 C/D/Gr 接口

一、任务目标

1）掌握新增 HLR 数据配置（MTP1/2/3 层）。

2）掌握目的信令点、路由、链路集、链路的概念及相互之间的关系。

3）掌握 E1 的对接，了解 DDF 架的功能。

4）掌握 SCCP 层以及 GT 表的数据配置。

5）掌握 C/D 接口故障的判断思路。

6）掌握 GT 寻址和 DPC 寻址的区别。

二、实训器材

华为 WCDMA 核心网设备：HLR9820、MSOFTX3000、SGSN9810。

三、实训内容说明

1）制作 HLR9820 的硬件配置数据。

2）制作 HLR9820 的本局数据。

3）制作 HLR9820 和核心网的接口数据。

4）调测 HLR9820 和核心网之间的接口，并验证接口数据的正确性。

四、知识准备

1．MAP 协议简介

MAP（Mobile Application Part，移动应用部分）协议是为完成移动台的自动漫游功能，在移动通信网络实体之间传递信息的信令。这里的网络实体包括 MSC Server、VLR、SGSN、HLR 和 SMC。UMTS 网络中，C、D、E、G 接口都可以传递 MAP 消息，在这里统称为 MAP 接口，如图 2-19 所示。

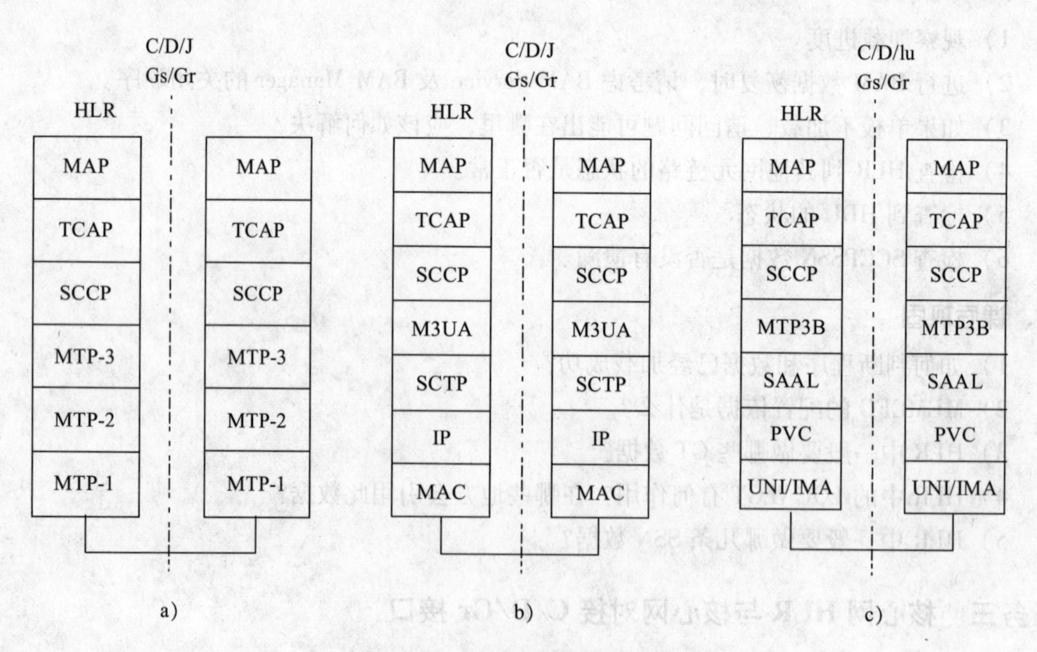

图 2-19　不同承载方式的 MAP 接口

a）基于 TDM　b）基于 TP　c）基于 ATM

2．HLR 简介

HLR（归属位置寄存器）在 WCDMA 系统中的位置如图 2-20 所示。

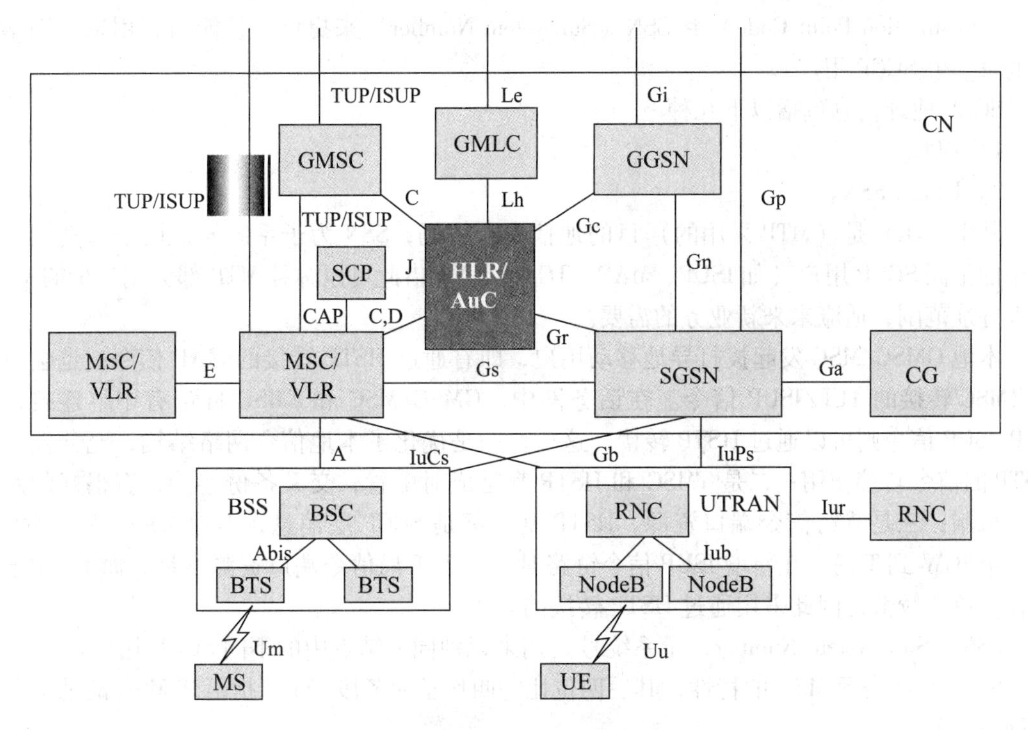

图 2-20 HLR 在 WCDMA 系统中的位置

与 HLR 相关的接口说明见表 2-4。

表 2-4 与 HLR 相关的接口说明

接口名称	相关实体	主要用途	物理接口类型
C	MSC/GMSC/SMC	在呼叫管理中提供必须的路由信息	E1/IP/ATM
D	VLR	电路域的移动性处理和鉴权处理	E1/IP/ATM
Gr	SGSN	分组域移动性管理	E1/IP/ATM
Gc	GGSN	分组域呼叫管理	E1/IP/ATM
J	SCP	CAMEL 消息处理	E1/IP/ATM
Lh	MLC	MAP 信令处理	E1/IP/ATM

注意： HLR 和 MSC、SGSN 一般对接 MAP 接口，传递 MAP 信令。常用 TDM 方式，在现网中因为引入 SG 信令网关的原因，可能不一样，道理均相同。

HLR 主要负责管理移动用户信息的数据库，主要包含一些业务参数、位置信息、用户信息。而 AuC（鉴权中心）负责产生和保存移动用户用于鉴权、加密的数据。

3. SCCP 寻址基本知识

SCCP（Signaling Connection Control Part）的目的是加强消息传递部分（MTP）的功能。MTP 的寻址功能仅限于向结点传递消息，只能提供无连接的消息传递功能；而 SCCP 则利用

DPC（Destination Point Code）和SSN（Subsystem Number）来提供寻址能力，用来识别结点中的每一个SCCP用户。

SCCP地址信息包括以下几种。

1）DPC。

2）DPC＋SSN。

其中，DPC是（MTP采用的）目的地信令点编码，SSN为子系统号，用来识别同一结点中的不同SCCP用户（如ISUP、MAP、TCAP等），借此可以弥补MTP部分用户少的不足，扩大寻址范围，适应未来新业务的需要。

本地GMSC/MSC发起拨打异地移动用户，即有通过HSTP转接的MAP信令，也会有通过TMSC转接的TUP/ISUP信令。在话务网中，GMSC/MSC和TMSC肯定有中继连接，而TUP/ISUP信令则可以通过HSTP转接。这样，一是优化了本地信令网络结构，充分发挥了HSTP的信令转接作用；二是TMSC和HSTP都是成对配置，交叉备份连接，有很好的路由保护机制；三是节约信令端口资源。HSTP基本都是SCCP层消息，本地有一个特殊情况：有一个IGW到T局，在新增ISUP信令链路时，由于T局信令端口资源不足，而HSTP至T局信令负荷较低，因此采用通过HSTP转接的方法。

SSN（Sub System Number，子系统号）用来识别同一结点中的不同SCCP用户。

SSF：SIO表示MSU的特性，其后四位比特叫作子业务段SSF，指出该MSU的消息和哪种网络有关。

00××（0～3）：国际网络（INT）。

01××（4～7）：国际备用（INT Spare）。

10××（8～11）：国内网络（NAT）。

11××（12～15）：国内备用（NAT Spare）。

五、实训内容

1. 数据准备

HLR和各相关网元接口（MSC/SGSN）数据规划见表2-5。

表2-5　HLR接口数据规划

	信令点编码	信令点编码	国家码	本地区号	移动国家码	移动网号	MSC/VLR号
MSOFTX3000	111111	HD10（备用网）	86	20	460	10	8613900755
	信令点编码	信令点编码	国家码	本地区号	移动国家码	移动网号	HLR号码
HLR9820	222222		86	20	460	10	8613907550000
	信令点编码	信令点编码	国家码	本地区号	移动国家码	移动网号	SGSN号码
	333333	HD13（备用网）	86	20	460	10	8613900756

接口单板及E1端口信息见表2-6。

表 2-6　接口单板及 E1 端口信息

接口	对接设备	对接单板框/槽号	单板类型	端口号	信令时隙	信令链路编码
Gr	HLR9820	0－0	EPI	4	16	0
	SGSN9810	0－2	UEPI	0	16	0
Gs	MSOFTX3000	0－2	EPI	4	16	0
	SGSN9810	0－2	UEPI	2 （信令原因，4 端口不能做信令）	16	0

本实训组网图如图 2-22 所示。

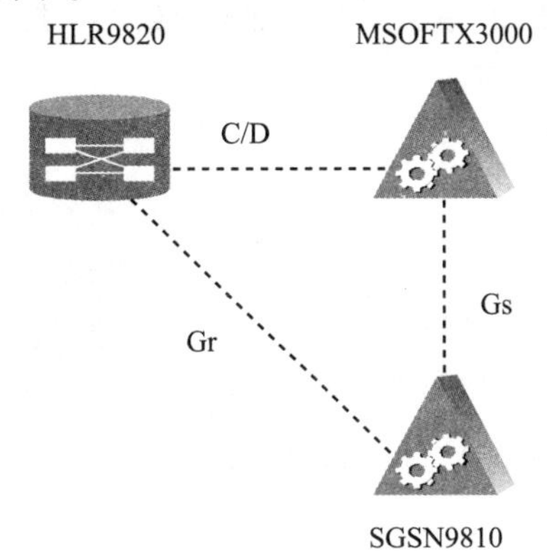

图 2-21　核心网组网图

命令脚本如下（见图 2-22～图 2-43）：

```
SET OFI: OFN = "HLR", LOT = CMPX, NN = YES, SN1 = NAT, NPC = "222222", NNS = SP24,
TADT = 0, LAC = K'20, LNC = K'86, LOCGT = "8613907550000";
```

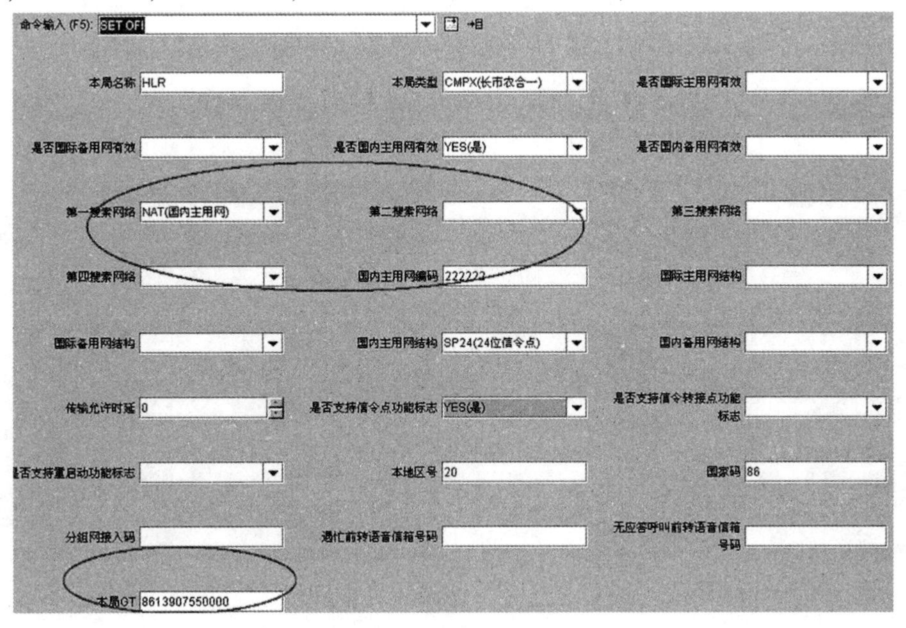

图 2-22　配置本局信息

 **注意：** 参数必须是国内主用信令点，本局 GT 要和规划数据一致。

图 2-23　配置 MTP 目的信令点（Gr 接口）

ADD N7DSP: DPX = 0, DPC = "111111", OPC = "222222", DPNAME = "TO - MSC";
ADD N7LKS: LSX = 0, ASPX = 0, LSNAME = "TO - MSC";

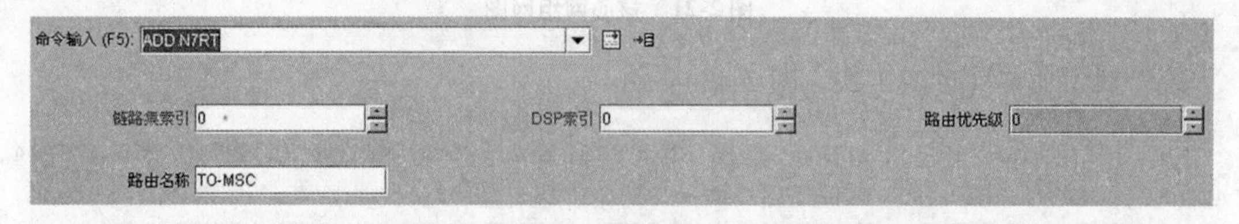

图 2-24　配置 MTP 链路集（Gr 接口）

ADD N7RT: LSX = 0, DPX = 0, RTNAME = "TO - MSC";

图 2-25　配置 MTP 路由（Gr 接口）

ADD N7LNK: MN = 22, LNKN = 0, LNKNAME = "TO - MSC", LNKTYPE = 0, TS = 16, LSX = 0, SLC = 0, SLCS = 0;

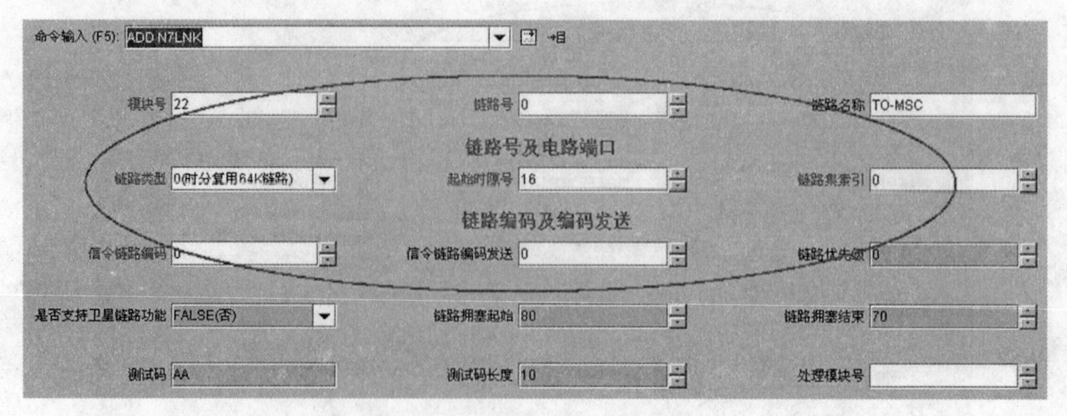

图 2-26　配置 7 号链路（Gr 接口）

注意：以上命令配置是 C/D 接口的 No. 7 配置部分，后续通过配置 SCCP 寻址等数据完成接口数据配置。

ADD N7DSP: DPX =1, DPC = "333333", OPC = "222222", DPNAME = "TO - SGSN";

命令输入 (F5): ADD N7DSP

DSP索引 1　NI NAT(国内主用网)　DPC 333333

OPC 222222　DSP名称 TO-SGSN　是否支持STP功能 FALSE(否)

是否相邻标志 TRUE(是)　链路集选择掩码 B1111　协议类型 ITUT(ITU-T)

图 2-27　配置 MTP 目的信令点（Gr 接口）

ADD N7LKS: LSX =1, ASPX =1, LSNAME = "TO - SGSN";

命令输入 (F5): ADD N7LKS

链路集索引 1　相邻DSP索引 1　链路集名称 TO-SGSN

链路选择掩码 B1111

图 2-28　配置 MTP 链路集（Gr 接口）

ADD N7RT: LSX =1, DPX =1, RTNAME = "TO - SGSN";

命令输入 (F5): ADD N7RT

链路集索引 1　DSP索引 1　路由优先级 0

路由名称 TO-SGSN

图 2-29　配置 MTP 路由（Gr 接口）

ADD N7LNK: MN =22, LNKN =16, LNKNAME = "TO - SGSN", LNKTYPE =0, TS =144, LSX =0, SLC =1, SLCS =1;

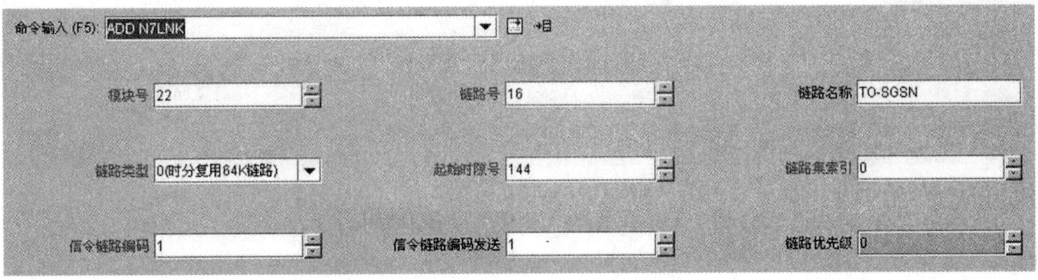

命令输入 (F5): ADD N7LNK

模块号 22　链路号 16　链路名称 TO-SGSN

链路类型 0(时分复用64K链路)　起始时隙号 144　链路集索引 0

信令链路编码 1　信令链路编码发送 1　链路优先级 0

图 2-30　配置 7 号链路（Gr 接口）

注意：以上为 Gr 接口的 No. 7 配置部分，后续通过对 SCCP 数据的完善，完成接口数据配置。

ADD SCCPDPC: DPX = 0, NI = NAT, DPC = "111111", OPC = "222222", DPNAME = "MSC", SHAREFLAG = NONE;

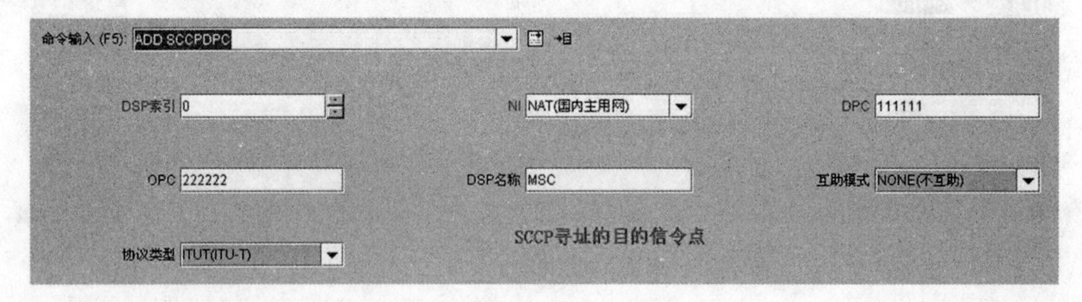

图 2-31　配置 SCCP DPC（C/D 接口）1

ADD SCCPDPC: DPX = 1, NI = NAT, DPC = "222222", OPC = "222222", DPNAME = "HLR", SHAREFLAG = NONE;

图 2-32　配置 SCCP DPC（C/D 接口）2

ADD SCCPDPC: DPX = 2, NI = NAT, DPC = "333333", OPC = "222222", DPNAME = "SGSN", SHAREFLAG = NONE;

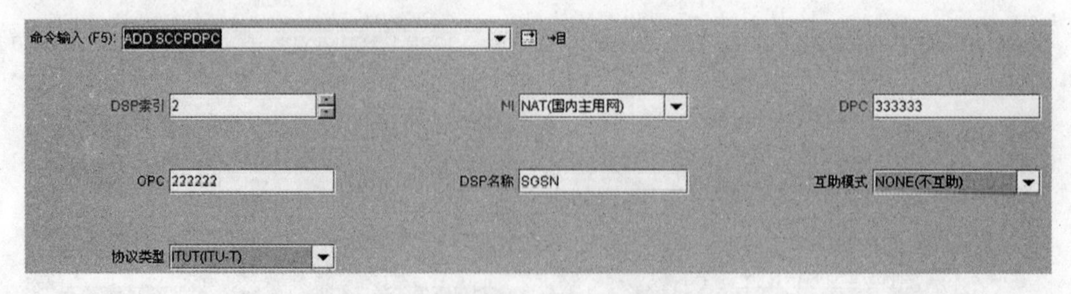

图 2-33　配置 SCCP DPC（C/D 接口）3

ADD SCCPSSN: SSNX = 0, NI = NAT, SSN = MSC, DPC = "111111", OPC = "222222";

图 2-34　配置 SCCP SSN（C/D 接口）1

ADD SCCPSSN: SSNX = 1, NI = NAT, SSN = VLR, DPC = "111111", OPC = "222222";

图 2-35　配置 SCCP SSN（C/D 接口）2

ADD SCCPSSN: SSNX = 2, NI = NAT, SSN = SCMG, DPC = "111111", OPC = "222222";

图 2-36　配置 SCCP SSN（C/D 接口）3

ADD SCCPSSN: SSNX = 3, NI = NAT, SSN = SCMG, DPC = "222222", OPC = "222222";

图 2-37　配置 SCCP SSN（C/D 接口）4

ADD SCCPSSN: SSNX = 4, NI = NAT, SSN = HLR, DPC = "222222", OPC = "222222";

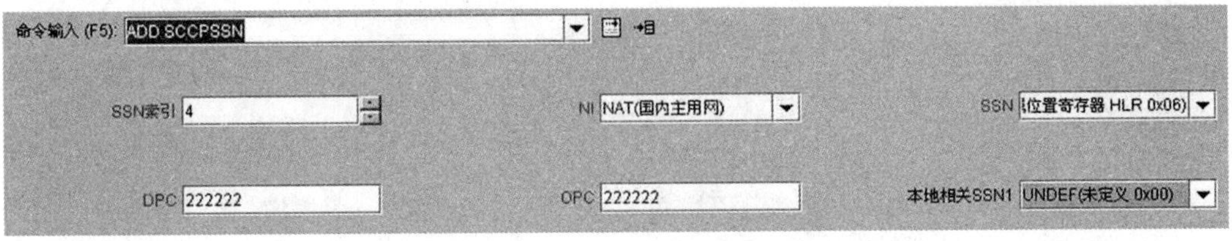

图 2-38　配置 SCCP SSN（C/D 接口）5

注意：以上 SCCP SSN 是 C/D 接口的子系统。

ADD SCCPSSN: SSNX = 5, NI = NAT, SSN = SCMG, DPC = "333333", OPC = "222222";

图 2-39　配置 SCCP SSN 1

ADD SCCPSSN: SSNX = 6, NI = NAT, SSN = SGSN, DPC = "333333", OPC = "222222";

图 2-40　配置 SCCP SSN 2

注意：以上 SCCP SSN 是 Gr 接口的子系统。

ADD SCCPGT: GTX = 0, ADDR = K'8613900755, RESULTT = LSPC2, DPC = "111111";

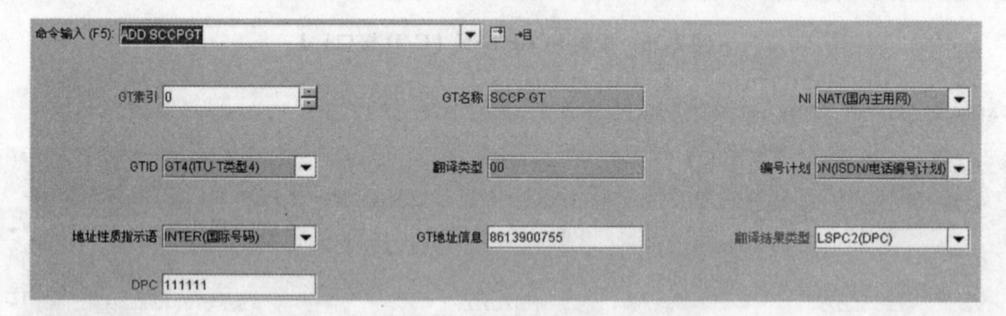

图 2-41　SCCPGT 寻址 1

ADD SCCPGT: GTX = 1, ADDR = K'8613907550000, RESULTT = LSPC2, DPC = "222222";

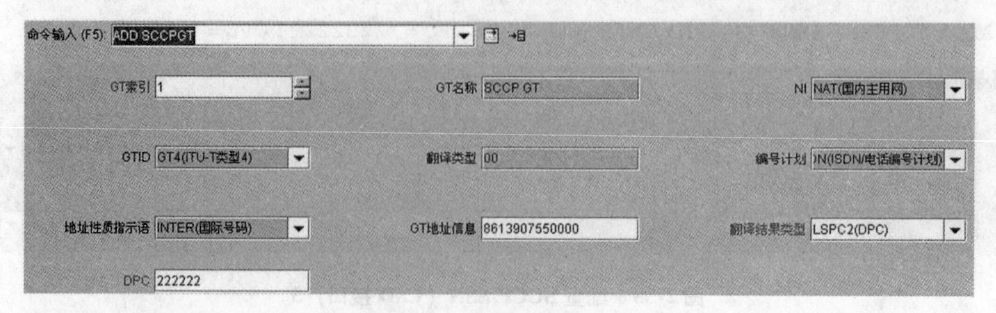

图 2-42　SCCPGT 寻址 2

ADD SCCPGT：GTX = 2，GTI = GT4，ADDR = K'8613900756，RESULTT = LSPC2，DPC = "333333"；

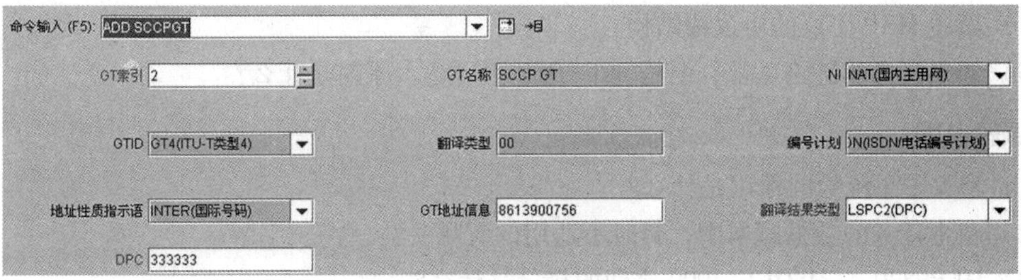

命令输入 (F5)：ADD SCCPGT
GT索引 2　GT名称 SCCP GT　NI NAT(国内主用网)
GTID GT4(ITU-T类型4)　翻译类型 00　编号计划 N(ISDN/电话编号计划)
地址性质指示语 INTER(国际号码)　GT地址信息 8613900756　翻译结果类型 LSPC2(DPC)
DPC 333333

图 2-43　SCCPGT 寻址 3

> **注意：** 以上 3 条 SCCPGT 寻址是在移动通信中常用的 SCCP + GT 寻址方式，主要是通过地址寻找 SPC（也就是信令点）。其目的是为了在漫游时能够找得到手机所在的位置。

2．实训步骤

本地数据库模式与联机验证模式的操作步骤与情景二任务一类似，请读者自行完成，此处不再赘述。

3．实训验证

1）核对 HLR 的 C/D 接口是否正常（见图 2-44）。

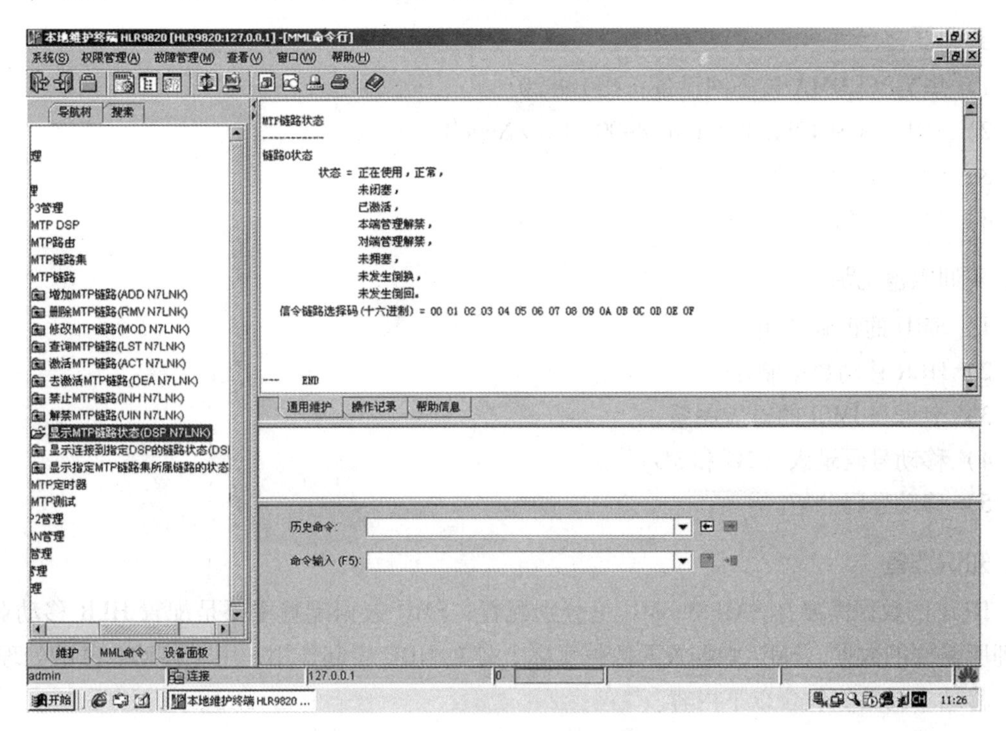

图 2-44　查询 MTP 状态图

2）核对 HLR 的 Gr 接口是否正常。

3）C 接口中，需要配置的命令有哪些？

4）简述 MAP 协议的协议栈结构。

5）如果接口的链路正常，但是 SCCPDSP 不可达，原因是什么？

六、课后巩固

1）SSN 子系统号的作用是什么？

2）在本任务的数据脚本中，暂时不适用的有哪些？

3）HLR9820 与 MSOFTX3000 之间的接口是什么？

4）HLR9820 端的信令点编码是什么？

5）HLR 的功能有哪些？

任务四　核心网 HLR 移动用户数据上机实训

一、任务目标

1）掌握 SMU 的使用方法。

2）掌握 HLR 的移动数据制作方法。

3）掌握 HLR 的用户数据制作方法。

4）掌握 HLR 的号码分析方法。

5）掌握卡号数据的分析方法。

二、实训器材

1）华为 WCDMA 核心网设备：HLR9820。

2）SMU、MSOFTX3000/UMG8900/RNC/NodeB。

3）读卡器、写卡器。

4）写卡软件。

三、实训内容说明

1）SMU 的正确使用。

2）HLR 移动数据制作。

3）卡号与 IMSI 的对应关系。

4）移动号码录入（2G 和 3G）。

5）移动号码分析。

四、知识准备

HLR 的数据需要在 SAU 和 SMU 里分别配置；SMU 数据配置主要是配置 HLR 移动业务处理所需要的数据。SMU 中配置的数据实际上是在 HDU 中起作用，用于移动业务的处理。

移动本局数据包含以下内容。

1）设置 SMU 本局信息。

2）增加国内长途区号。

3）增加国家及地区代码。

4）增加 VLR 类型。

5）增加 SGSN 类型。

6）设置 MAP 业务参数。

7）设置 MAP 功能流程配置参数。

8）增加禁止前转号码。

9）增加 MSISDN 与区号对应表。

10）增加 IMSI 与区号对应表。

11）增加 USSD 控制表。

12）增加被叫号码分析表。

13）其他跟呼叫限制与呼叫转移相关的参数、命令等。

①IMSI（International Mobile Subscriber Identity）号码结构如图 2-45 所示。

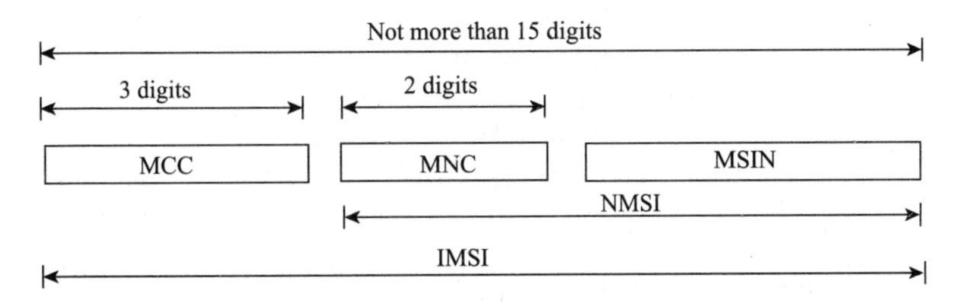

图 2-45　IMSI 号码结构

②MCC（Mobile Country Code，移动国家码）：3 位数字，如中国为 460。

③MNC（Mobile Network Code，移动网号）：两位数字，如中国移动的 MNC 为 00，中国联通的 MNC 为 01，中国电信的 MNC 为 03 等。

④MSIN（Mobile Subscriber Identification Number，移动用户识别号）：在某一 PLMN 内 MS 唯一的识别码，编码格式为“H1 H2 H3 S ××××××”。

⑤NMSI（National Mobile Subscriber Identification，国内移动台识别号）：在某一国家内 MS 唯一的 IMSI 是 GSM 系统分配给移动用户（MS）的唯一的识别号，最多包含 15 位数字（0 ~ 9）。MCC 在世界范围内统一分配，而 NMSI 的分配则是各国运营者内部分配。

注意： HDU 中 IMSI 号码为 15 位，SIM 中 IMSI 号码为 18 位。15 位 IMSI 和 18 位 IMSI 号码的相互转换规律如下：例如，15 位的 IMSI 号码是 460101234567890，在前面加上 809，变成 809460101234567890，然后从左开始两位两位颠倒，得到的新数字 084906012143658709 就是 18 位的 IMSI 号码，用于写入 SIM 卡中。

SIM 卡的主要内容：

KI = B6169DEF4B1EF0F30F3F3CAE8BCB96AE

IMSI = 08490600147181000

ICCID = 8986039007371FFFFFFF

SMSP = 8613800290500

其中，ICCID（SIM 卡号码）的 1 ~ 6 位为 IMSI，如 898600（中国移动）、898601（中国联通），在此之后的 7 ~ 20 位，移动和联通的定义是不同的，其意义在于卡号的出厂序号和 IMSI 号码进行绑定，用于营业厅录入。实验条件下该参数无意义。

USIM 卡参数介绍见表 2-7。

表 2-7　USIM 卡参数介绍

参数		值
algorithm		Milenage
OP		12345678901234567890123456789012
KI		11111111111111111111111111111110 11111111111111111111111111111111
IMSI		460101234567890 460101234567891
MDN		8613002001111 8613002002222
PIN	PIN1	1234
	PIN2	1234
PUK	PUK1	1234
	PUK2	1234
SQN	IND	5
	L	32
	Delta	2^{28}
	SQN Values	All value are equal to 0
Milenage constants（16bytes）	C1	0, 0, 0, 0, 0, 0, 0, 0, 0, 0, 0, 0, 0, 0, 0, 0
	C2	0, 0, 0, 0, 0, 0, 0, 0, 0, 0, 0, 0, 0, 0, 0, 1
	C3	0, 0, 0, 0, 0, 0, 0, 0, 0, 0, 0, 0, 0, 0, 0, 2
	C4	0, 0, 0, 0, 0, 0, 0, 0, 0, 0, 0, 0, 0, 0, 0, 4
	C5	0, 0, 0, 0, 0, 0, 0, 0, 0, 0, 0, 0, 0, 0, 0, 8
Bit rotation Constant	R1	64
	R2	0
	R3	32
	R4	64
	R5	96

关键参数：OP、IMSI、PIN、3G 鉴权号。IMSI 的含义与 2G 中的含义一样。

实验室中写卡只能对 2G 卡操作，3G 卡目前尚未有效破解，所以不能使用一般写卡器进行3G卡的操作。

写卡器按照卡的大小可以分为大卡（即包含了SIM卡的整卡）和小卡（即插入手机中的SIM卡）。写卡器分为串口和USB口类型，作用相同。

2G卡可以在3G手机中使用，也可以实现3G的部分业务，如果需要上网，则跟数据终端有关联。

五、实训内容

1. 数据准备

（1）移动本局数据准备

SET INTROFF: LHLRNO = "8613907550000", CCODE = "86";　//设置移动本局信息,确定 HLR 号码,需要和 SAU 的 HLR-GT 相同

ADD DAREA: AREACODE = "20", CNAME = "Guangzhou";　//增加国内长途区号:定义广州的区号是"20"

ADD CNTRCD: CNTRCODE = "86",CNAME = "China";　//增加国家代码

ADD VLRTYP: VLRPREFIX = "8613900755", VLRNAME = "vlr", TYPE = LOCAL;

SET MAPSERV: USSDSUPP = FALSE;　//定义 VLR 类型:VLR 号码和 MSC 定义一致

MOD CAMELROAMLIST: OPTYPE = ADD, VLRSGSNNP = "86139";　//增加 VLR 号码前缀

MOD CAMELROAMLIST: OPTYPE = ADD, VLRSGSNNP = "86138";　//增加 VLR 号码前缀

MOD CAMELINTERLIST: OPTYPE = ADD, GMSCNP = "86139";　//设置 GMSC 号码前缀

MOD CAMELINTERLIST: OPTYPE = ADD, GMSCNP = "86138";　//设置 GMSC 号码前缀

SET MAPCONF: MWISUPP = FALSE, CANCELSC = FALSE, ALERTSCREP = 3, FWDAREALIMIT = NORESTRICTION, NUMSTRUCTLIMIT = NORESTRICTION, MAPVER = GSMPHASE3, TIMEINTRSUPP = TRUE, GPRSSMSUPP = TRUE;　//设置 MAP 功能流程数据,在运营中影响很大,包括短消息限制以及 2G/3G 漫游,VP 视频电话的业务代码等功能

ADD FRFWDNO: FWDNO = "112";　//增加禁止前转号码(ADD FRFWDNO)

ADD ISDNARC: MSISDN = "1390755", AREACODE = "20";　//增加 MSISDN 与区号数据

ADD ISDNARC: MSISDN = "1300758", AREACODE = "20";　//增加 MSISDN 与区号数据

ADD IMSIARC: IMSI = "4601012345", AREACODE = "20";　//增加 IMSI 与区号数据(ADD IMSIARC)

ADD CALLEDNA: CALLPREFIX = "138", SERPROP = PLMN, INFOFLAG = FALSE, ENTERFLAG = FALSE;　//增加被叫呼叫字冠在 HLR 系统中,被叫号码分析数据主要用于分析前转号码、规整号码或检查号码属性

ADD CALLEDNA: CALLPREFIX = "139", SERPROP = PLMN, INFOFLAG = FALSE, ENTERFLAG = FALSE;　//增加被叫呼叫字冠

ADD CALLEDNA: CALLPREFIX = "117", SERPROP = LOCAL, INFOFLAG = TRUE, ENTERFLAG = FALSE;　//增加被叫呼叫字冠

ADD CALLEDNA: CALLPREFIX = "00", SERPROP = INTERNATIONAL, INFOFLAG = FALSE, ENTERFLAG = FALSE;　//增加被叫呼叫字冠

ADD SGSNTYP: SGSNPREFIX = "8613900756", NAME = "SGSN", TYPE = LOCAL;　//增加 SGSN 类型数据

（2）卡号制作数据准备（2G）

卡号制作数据准备见表2-8。

表 2-8　卡号制作数据准备

ICCID	15 位 IMSI	18 位 IMSI（809）	KI
8986000332576085l630	460101234567890	084906102143658709	11111111111111111111111111111110
8986000332576085l631	460101234567891	084906102143658719	11111111111111111111111111111111
8986000332576085l630	460101234567892	084906102143658729	11111111111111111111111111111112
8986000332576085l631	460101234567893	084906102143658739	11111111111111111111111111111113
8986000332576085l630	460101234567894	084906102143658749	11111111111111111111111111111114
8986000332576085l631	460101234567895	084906102143658759	11111111111111111111111111111115
8986000332576085l630	460101234567896	084906102143658769	11111111111111111111111111111116
8986000332576085l631	460101234567897	084906102143658779	11111111111111111111111111111117
8986000332576085l630	460101234567898	084906102143658789	11111111111111111111111111111118

（3）移动用户数据放号（2G/3G）

ADD OP: OPSNO = 1, OPVALUE = "12345678901234567890123456789012";　//增加 OP,注意不是 OPC,属于 3G 参数

ADD KI: IMSI = " 460101234567890 ", OPERTYPE = ADD, KIVALUE = " 11111111111111111111111111111110 ", K4SNO = 0, CARDTYPE = USIM, ALG = MILENAGE, OPSNO = 1;　//增加 KI,如果是 3G 卡,则是 USIM,鉴权算法为 MILENAGE,和 2G 有区别

ADD KI: IMSI = " 460101234567891 ", OPERTYPE = ADD, KIVALUE = " 11111111111111111111111111111111 ", K4SNO = 0, CARDTYPE = USIM, ALG = MILENAGE, OPSNO = 1;

ADD SUB: IMSI = "460101234567890", ISDN = "8613907550000", CARDTYPE = USIM, NAM = BOTH, DEFAULTCALL = TS11, TS = TS11, CLIP = TRUE, CLIPOR = TRUE, UTRANNOTALLOWED = FALSE, GERANNOTALLOWED = FALSE;　//增加移动号码。属于单独一个一个放号,如果批量放号,则可选用模板处理

ADD SUB: IMSI = "460101234567891", ISDN = "8613907551111", CARDTYPE = USIM, NAM = BOTH, DEFAULTCALL = TS11, TS = TS11, CLIP = TRUE, CLIPOR = TRUE, UTRANNOTALLOWED = FALSE, GERANNOTALLOWED = FALSE;

MOD GPRS: IMSI = " 460101234567890", PROV = TRUE, CNTXID = 1, PDPTYPE = IPV4, ADDIND = DYNAMIC, RELCLS = ACKALLPRODT, DELAYCLS = DELAY1, PRECLS = NORMAL, PEAKTHR = 256000 OCT, MEANTHR = 50000 OCT, TRAFFICCLS = CONVER, MAXBRUPL = 8640K, MAXEXTBRDWL = 16000K, MAXGBRUPL = 8640K, MAXEXTGBRDWL = 16000K, APN = "CACC", VPLMN = TRUE;　//增加 GPRS 权限,赋予号码 3G 业务的上下行速率

MOD GPRS: IMSI = " 460101234567891 ", PROV = TRUE, CNTXID = 1, PDPTYPE = IPV4, ADDIND = DYNAMIC, RELCLS = ACKALLPRODT, DELAYCLS = DELAY1, PRECLS = NORMAL, PEAKTHR = 256000 OCT, MEANTHR = 50000 OCT, TRAFFICCLS = CONVER, MAXBRUPL = 8640K, MAXEXTBRDWL = 16000K, MAXGBRUPL = 8640K, MAXEXTGBRDWL = 16000K, APN = "CACC", VPLMN = TRUE;

MOD GPRS: IMSI = " 460101234567892 ", PROV = TRUE, CNTXID = 1, PDPTYPE = IPV4, ADDIND = DYNAMIC, RELCLS = ACKRLCPRODT, DELAYCLS = DELAY1, PRECLS = NORMAL, PEAKTHR = 256000 OCT, MEANTHR = 100000 OCT, ARPRIORITY = NORMAL, MAXBRUPL = 8640K, MAXEXTBRDWL = 16000K, MAXGBRUPL = 8640K, MAXEXTGBRDWL = 16000K, APN = "cacc";

ADD GPRSTPL: TPLID = 1, TPLNAME = " gprs ", CNTXID = 2, PDPTYPE = IPV4, ADDIND = DYNAMIC, RELCLS = ACKALLPRODT, DELAYCLS = DELAY2, PRECLS = NORMAL, PEAKTHR = 64000 OCT, MEANTHR = 500000 OCT, APN = "cacc", VPLMN = TRUE, CHARGE = NONE;　//增加 GPRS 模板,可选

2. 实训步骤

(1) 移动本局数据实训

1）启动 SMU，打开“操作员登录”对话框，如图 2-46 所示。

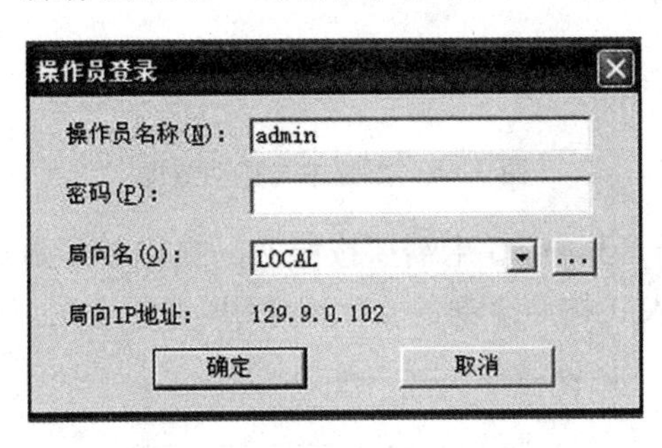

图 2-46　“操作员登录”对话框

2）单击“局向名”右侧的按钮，选择 SAU-BAM 所在的 IP 地址（SMU 的服务端所在计算机），然后输入密码“HLR9820”，如图 2-47 所示。

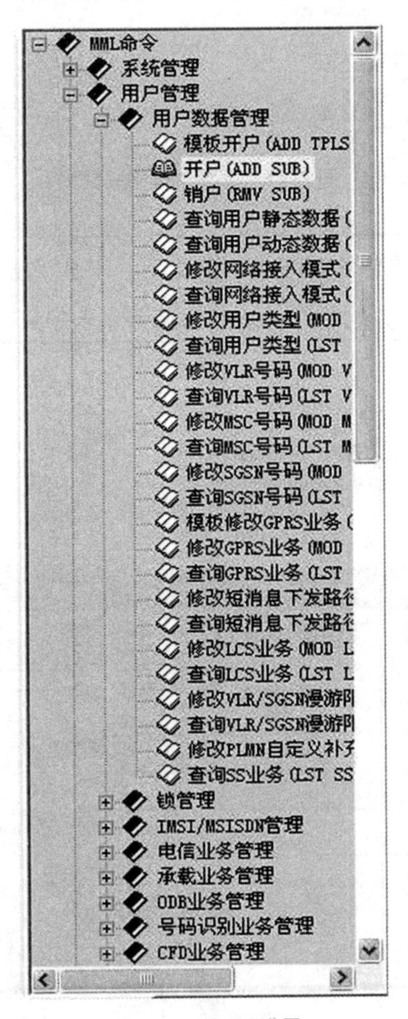

图 2-47　SMU 登录

3）按照前面数据准备中的命令行，在“命令行”文本框中输入相应的本局移动数据，如图 2-48 所示。

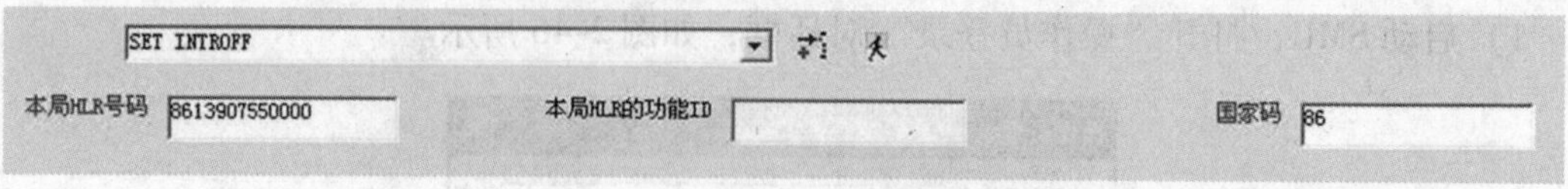

图 2-48　配置本局移动数据

4）输入卡号相关数据，其中 3G 卡需要按照实际提供的参数进行输入，2G 卡根据后续实训中的参数进行对应输入（按照全部的 OP/KI/SUB 等顺序），如图 2-49 所示。

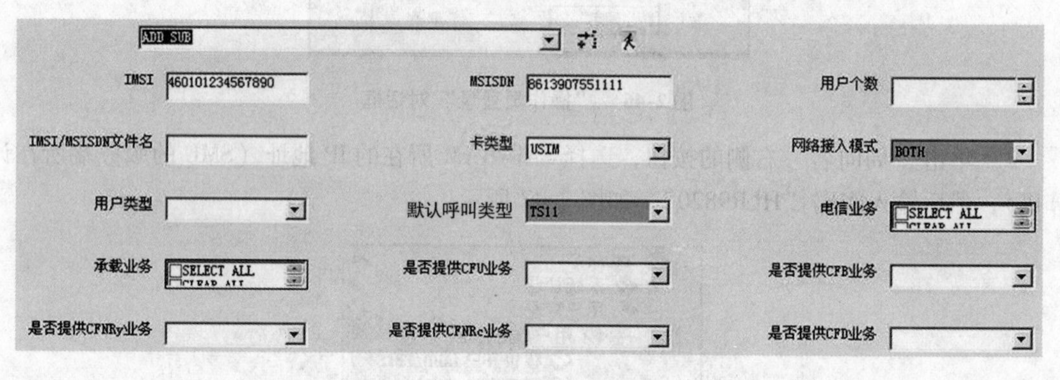

图 2-49　配置卡号相关数据

> **注意：**本命令中需要定义电信业务类型、承载业务类型（VP 业务即视频电话业务），以及其他的呼叫转移、来电显示等业务均在本命令中提供。

（2）烧卡及卡号制作实训（2G 卡）

1）连接写卡器到 USB 口或者串口并插入 SIM 卡，如果是小卡写卡器，则需要将 SIM 和卡片分离；如果是大卡，则不需要分离。

2）启动单号卡写卡软件，如图 2-50 所示。

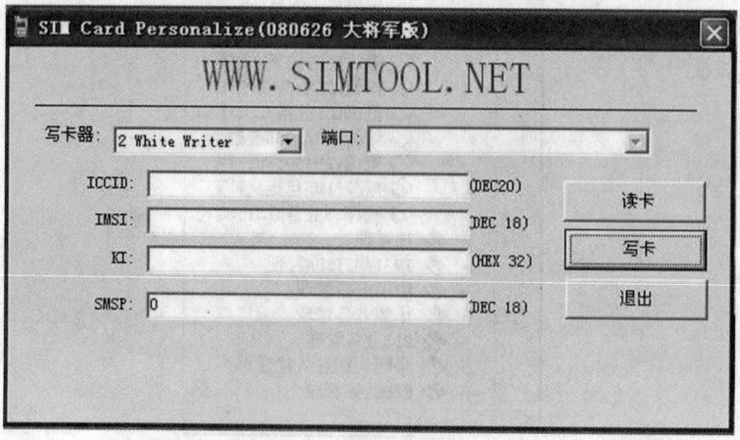

图 2-50　启动写卡软件

3）选择写卡器类型。如果是 USB 类型的 PC/SC 写卡器，则按照图 2-51 所示进行选择。

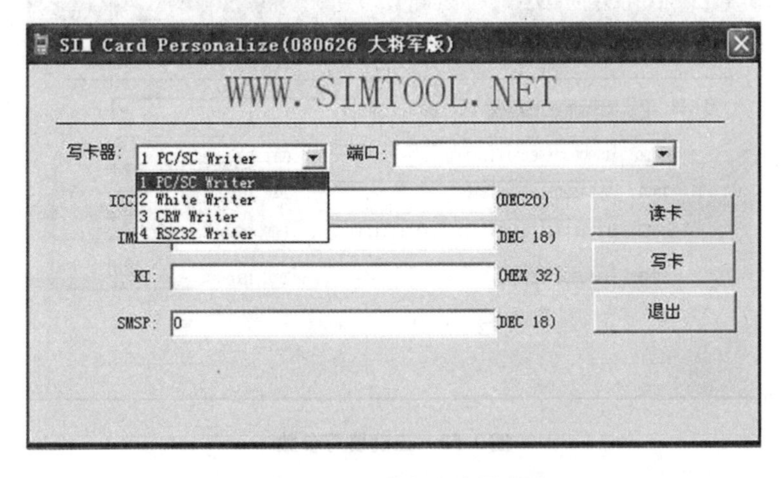

图 2-51　正确选择写卡器类型

如果是串口类型的写卡器，则按照图 2-52 所示进行选择。

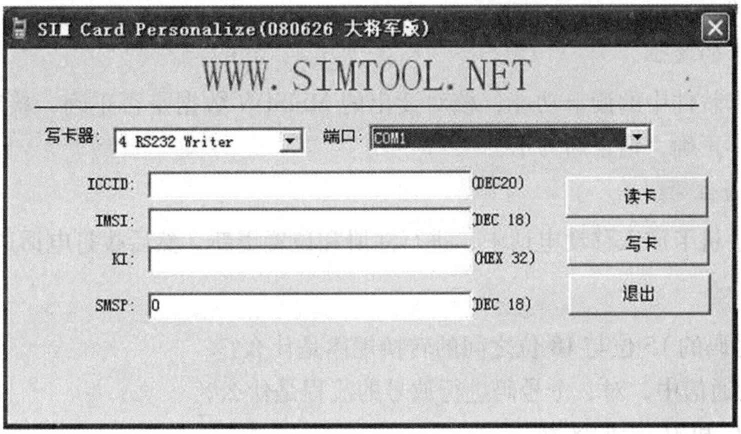

图 2-52　正确选择端口

> **注意：** 端口号要根据实际端口号进行选择。如要看端口号，请在计算机的设备管理界面查看（在系统中用鼠标右键单击“计算机”，在弹出的快捷菜单中单击“属性”命令，选择“硬件”→“设备管理器”选项，即可查看端口号）。

4）输入相应的 ICCID/IMSI/KI/短消息中心码，如图 2-53 所示。其中，ICCID 是 SIM 上的序号，属于出厂序号，默认为 20 位；IMSI 号码是 18 位；KI 码是 32 位；SMSP 在此处没什么用途，可以随意输入。

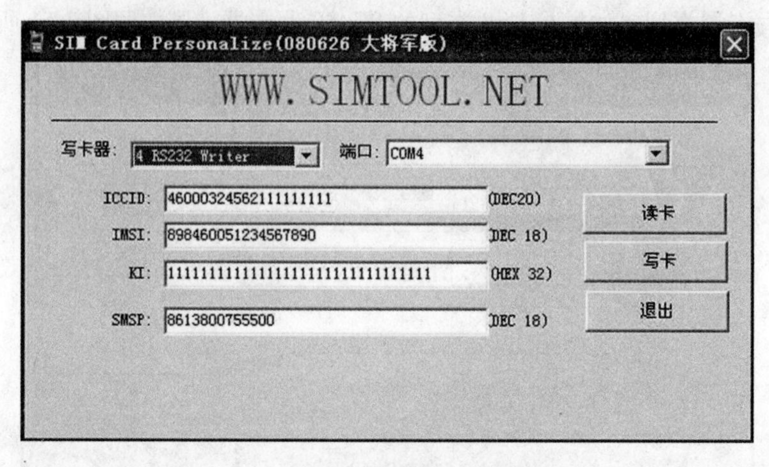

图 2-53　正确填写参数

5）单击“写卡”按钮，软件会自动进行写卡操作，将上述数据写入到 SIM 卡中，大约 2s 即可完成烧卡工作。

3. 实训验证

（1）SIM 卡的验证

通过单号卡软件中的读卡功能，核对读出的 MSISDN 数据是否正确，核对 IMSI 号码是否正确。如果不正确，请重新写卡。

（2）号码验证

将写好的手机卡放入移动电话中，进行注册和位置更新，然后拨打电话进行验证测试。

六、课后巩固

1）IMSI 号码的 15 位与 18 位之间的转换规律是什么？

2）在移动通信中，对一个号码进行放号的流程是什么？

3）简述 2G 和 3G 卡的区别。

4）简述 2G 和 3G 鉴权的区别。

情景三　MSOFTX3000 数据配置

任务一　核心网 MSOFTX3000 基本数据配置实训

一、任务目标

1）进一步了解 MSOFTX3000 设备的结构。

2）掌握 MSOFTX3000 的基本配置。

二、实训器材

1）华为 WCDMA 核心网设备：MSOFTX3000。

2）学生终端。

三、实训内容说明

1）制作 MSOFTX3000 的硬件配置数据。

2）学会基本数据配置流程。

四、知识准备

MSOFTX3000 分为硬件部分和软件部分，硬件部分是 N68－22 机柜，软件部分采用计算机服务器（BAM），安装 Windows 2000 Server 操作系统、SQL Server 2000 数据库和 MSOFTX3000 软件包。

1. 内部连线

MSOFTX3000－BAM 有双网卡，1#网卡配置为 IP 地址 172.20.200.0，和 WHSC 板的 6#网口相连，为程序和数据加载地址；2#网口作为对外连接学生终端的地址，学生操作设备时，通过此地址联机。

2. 设备编号

为了便于识别和定位 MSOFTX3000 的各种设备，有必要对同种类型的设备进行统一编号。

（1）机架号

每个机架分配一个机架号，机架号在系统内统一编号。机架号与场地号、行号、列号的位置一一对应。

配置时，机架号应与实际设备位置保持一致，便于设备运行过程中发出正确的报警信息。MSOFTX3000 最多配置 3 个机架，编号为 0～2，其中基本框所在的机架（综合配置机架）编号为 0。

（2）机框号

每个业务处理机框分配一个机框号，机框号在系统内统一编号。MSOFTX3000 最多支持 10 个机框，编号为 0 ~ 9，其中基本框编号为 0，其他机框按照从下向上递增的原则编号。

MSOFTX3000 机框号配置数据必须与其硬件设置一致，业务处理机框通过框内的 WSIU 单板拨码开关设置该框的机框号。

WSIU 8 位拨码开关的二进制数表示硬件设置的机框号。

 **注意：** 机框号由 WSIU 开关设置决定。

（3）单板槽位号

槽位号用于识别和定位机框内所插单板。一个机框有 21 个槽位，从左到右依次编号为 0 ~ 20（从正面看）。没有插单板的槽位不配置槽位号。

单板与槽位有如下关系：

1）WSMU（及后插板 WSIU）槽位固定，槽位号为 6 和 8。

2）WALU 槽位固定，前插 16 号槽位。

3）WHSC 槽位固定，后插 7 号和 9 号槽位，前面配置假面板。

4）每块 UPWR 单板占两个槽位，固定配置槽位号为 17 和 19（前后都为两块）。

其他槽位（0 ~ 5，10 ~ 15）根据需要配置业务处理板（包括 WCCU、WCSU、WBSG、WIFM、WAFM、WCDB、WVDB、WMGC），它们槽位兼容。

3. 设备逻辑模块编号

系统将 BAM、iGWB 与单板均看成模块，并对其进行编号，编号范围为 0 ~ 255。其中，0 固定分配给 BAM，1 固定分配给 iGWB。

后插板和 WALU 板、UPWR 板没有模块号。相同类型互为主备的单板有相同的模块号，负荷分担的单板各自有不同的模块号。

模块号在系统内部使用，主要功能是系统根据模块号进行消息的分发，提供了一种单板的定位手段。

相同模块的单板一定在同一个框内。模块号的范围为 2 ~ 252，根据板类型的不同规定了模块号区间。

1）WSMU 模块号：2 ~ 21。

2）WCCU/WCSU 模块号：22 ~ 101。

3）WCDB/WVDB 模块号：102 ~ 131。

4）WMGC/WAFM/WIFM/WBSG/WSGU 模块号：132 ~ 211。

五、实训内容

1. 数据准备

```
LOF:;  //脱机
SET FMT: STS = OFF:;    //关闭格式转换开关
ADD SHF: SN = 0, LT = "sau", PN = 0, RN = 0, CN = 0;    //增加机架:机架号为 0。在此命令中,
```

“PDB 位置”参数设为 2，表示该机架的 PDB（配电盒）由基本框控制。本命令执行后，系统自动加上去的板有 WSMU WALU 和 UPWR

ADD FRM：FN = 0，SN = 0，PN = 2；　//增加机框：基本框框号为 0，对于综合配置机柜（机架 0）而言，BAM 使用的位置号固定为 1，iGWB 使用的位置号固定为 0。因此，在综合配置机柜中，机框的位置号只能配置为 2、3，否则，机框的状态将不能在后台被显示。业务处理机柜的机框号则根据实际情况进行配置

ADD BRD：FN = 0，SLN = 0，LOC = FRONT，FRBT = WCDB，MN = 102，ASS = 255；　//增加单板，机框号 0，槽位 0，前插板，单板类型 WCDB，模块号 102，互助板 255

ADD BRD：FN = 0，SLN = 2，LOC = FRONT，FRBT = WCSU，MN = 22，ASS = 255；　//增加单板，机框号 0，槽位 2，前插板，单板类型 WCSU，模块号 22，互助板 255

ADD BRD：FN = 0，SLN = 4，LOC = FRONT，FRBT = WMGC，MN = 132，ASS = 255；　//增加单板，机框号 0，槽位 4，前插板，单板类型 WMGC，模块号 132，互助板 255

ADD BRD：FN = 0，SLN = 10，LOC = FRONT，FRBT = WIFM，MN = 133，ASS = 255；　//增加单板，机框号 0，槽位 10，前插板，单板类型 WIFM，模块号 133，互助板 255

ADD BRD：FN = 0，SLN = 13，LOC = FRONT，FRBT = WVDB，MN = 103，ASS = 255；　//增加单板，机框号 0，槽位 13，前插板，单板类型 WVDB，模块号 103，互助板 255

ADD BRD：FN = 0，SLN = 15，LOC = FRONT，FRBT = WBSG，MN = 134，ASS = 255；　//增加单板，机框号 0，槽位 15，前插板，单板类型 WBSG，模块号 134，互助板 255

ADD BRD：FN = 0，SLN = 13，LOC = BACK，BKBT = WCKI；　//增加单板，机框号 0，槽位 13，后插板，单板类型 WCKI

ADD BRD：FN = 0，SLN = 2，LOC = BACK，BKBT = WEPI；　//增加单板，机框号 0，槽位 2，后插板，单板类型 WEPI

ADD EPICFG：FN = 0，SN = 2，E0 = DF，E1 = DF，E2 = DF，E3 = DF，E4 = DF，E5 = DF，E6 = DF，E7 = DF，BM = NONBALANCED；//增加 EPI 配置，机框号 0，槽位号 2，全部端口类型 DF

SET CLKMODE：CL = LEVEL3，WM = AUTO；　//设置时钟

ADD FECFG：MN = 132，IP = 10.10.10.10，MSK = "255.255.0.0"，DGW = 10.10.10.10；　//增加 MEM 配置，设置和 HDU、SMU 对接的 IP 地址及端口号

SET FMT：STS = ON：；　//打开格式转换开关

FMT：；　//格式化全部数据

LON：；联机

2. 实训步骤

本地数据库模式及联机验证模式的操作步骤与情景二的任务一类似，请读者自行完成，此处不再赘述。注意，登录时输入密码“MSOFTX3000”。

3. 实训验证

设备单板运行状态如图 3-1 和图 3-2 所示。

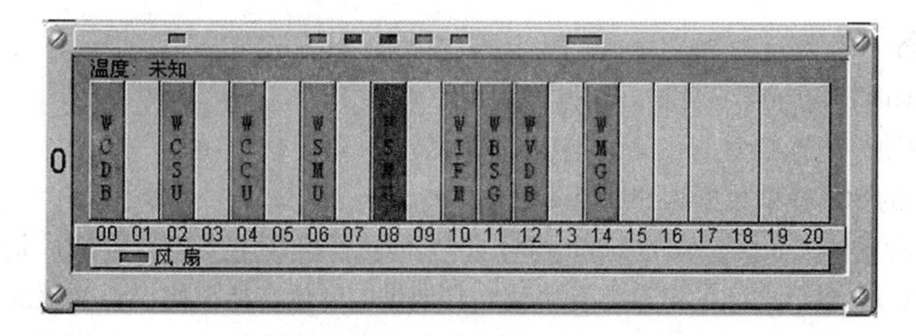

图 3-1　前面板

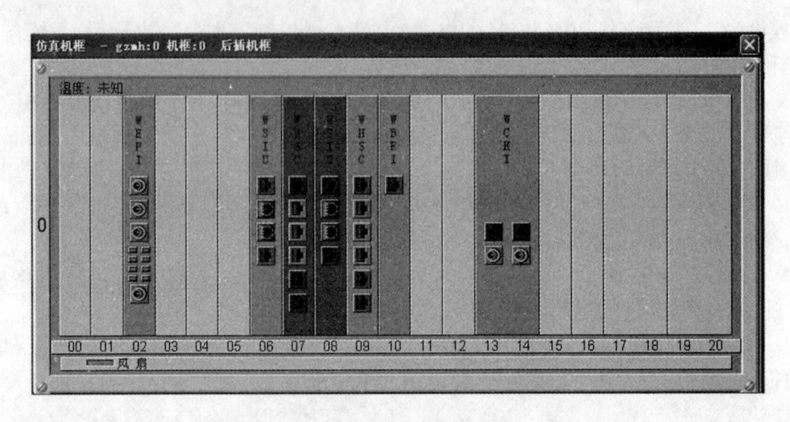

图 3-2　后面板

六、课后巩固

1）MSOFTX3000 的硬件模块化结构分为哪几个层次？

2）机架、机框、单板的编号原则是什么？

3）哪些单板有模块号？相同模块的单板可以在不同框中吗？

4）MSOFTX3000 硬件配置的基本步骤是什么？

5）新加一个机框后，哪些单板会自动添加？

6）如果是脱机配置数据，则完成后需要做的操作是什么，作用是什么？

任务二　核心网 MSOFTX3000 本局数据配置上机实训

一、任务目标

1）掌握本局数据配置方法。

2）掌握本局数据配置故障判断思路及方法。

二、实训器材

华为 WCDMA 核心网设备：MSOFTX3000。

三、实训内容说明

1）按照规范完成硬件配置、本局数据配置脚本。

2）在本地 BAM 验证数据配置的正确性。

四、知识准备

本局数据内容包含以下两类。

1）基础硬件配置数据。

2）本局的 SCCPGT 数据和 SCCPssn 数据。

其中，SCCP（Signaling Connection Control Protocol，信令连接控制协议）是用于思科呼叫管理及其 VOIP 电话之间的思科专有协议，其他供应商也支持该协议，为解决 VOIP 问题，要求 LAN 或者基于 IP 的 PBX 的终点站操作简单，且相对便宜。相对于 H. 323 推荐的相当昂贵的系统而言，SCCP 定义了一个简单且易于使用的结构。

类别：ITU-T。

SCCP 地址信息包括 DPC 和 DPC + SSN。其中，DPC 是（MTP 采用的）目的地信令点编码，SSN 为子系统号，用来识别同一结点中的不同 SCCP 用户（如 ISUP、MAP、TCAP 等），以弥补 MTP 部分用户少的不足，扩大寻址范围，适应未来新业务的需要。

本地 GMSC/MSC 发起拨打异地移动用户，既有通过 HSTP 转接的 MAP 信令，也会有通过 TMSC 转接的 TUP/ISUP 信令。在话务网中，GMSC/MSC 和 TMSC 肯定有中继连接，TUP/ISUP 信令可以通过 HSTP 转接。这样，一是优化了本地信令网络结构，充分发挥了 HSTP 信令转接作用；二是 TMSC 和 HSTP 都是成对配置，交叉备份连接，有很好的路由保护机制；三是节约信令端口资源。HSTP 基本都是 SCCP 层消息，本地有一个特殊情况：有一个 IGW 到 T 局在新增 ISUP 信令链路时，由于 T 局信令端口资源不足，而 HSTP 至 T 局信令负荷较低，因此通过 HSTP 转接。

 **注意：** 在 WCDMA 移动通信中，常使用 SCCP + GT 的寻址方式。

SCCP + GT 全局翻译码的解释如下：

例如，对于 040072048613 × × × × × ×。

1）× ×007204：第一、二位对应于参数“全局翻译码类型标识”，国内一般选取默认值“GT4”，这里的 04 即代表“类型 4”。

2）04 × ×7204：第三、四位对应于参数“翻译类型”，国内一般选取默认值“00”，这里的“00”与之对应。

3）0400 ×204：第五位对应于参数“编码计划”，在国内如采用 E. 164 编码，一般选择“ISDN/电话编号计划”，对应于该位的值为“1”；如果采用 E. 214 编码，则一般选择“ISDN/移动编号计划”，对应于该位的值为“7”。

4）04007 ×04：第六位对应于“全局翻译码地址信息”的位数。这里需要补充说明的是，在做 GT 数据时，系统会自动将设置的地址信息归整为偶数位，即如果有一奇数位地址“861391234”，则会被系统默认归整为“8613912340”。因此，对于末尾为“0”的地址信息，如果该位的值为“2”，则表示该地址确为偶数位，末尾“0”是 GT 码的一部分；如果该位为“1”，则表示该末尾“0”是通过补“0”得到的，原 GT 码没有末位“0”。

5）040072 × ×：第七、八位对应于参数“地址性质指示语”，国内一般选取默认值“国际号码”，这里的“04”与之对应。

信令点编码：本局使用国内主用和 HLR 对接 7 号信令，使用国内备用和 BSC6810 对接 7 号信令。

本局数据要点之一：MSC 号码和 VLR 号码。

五、实训内容

1. 数据准备

根据实训要求，按表 3-1 准备数据，该数据在后续的 HLR 对接和 BSC6810 对接中将会用到。

表 3-1　数据规划

本局信令点	国内主用	国内备用
	111111	1A1A
本局信息	MSC 号码	VLR 号码
	13900755	13900755
本局字冠	139 字冠	138 字冠
	139	138
SSN 子系统	子系统名	对局信令点
	SCMG	111111
	VLR	111111
	MSC	111111

（1）硬件配置脚本

```
ADD SHF: SHN=0, LT="SZZY", ZN=0, RN=0, CN=0;
ADD FRM: FN=0, SHN=0, PN=3;
ADD BRD: FN=0, SLN=0, LOC=FRONT, FRBT=WCDB, MN=102, ASS=255;
ADD BRD: FN=0, SLN=2, LOC=FRONT, FRBT=WCSU, MN=22, ASS=255;
ADD BRD: FN=0, SLN=4, LOC=FRONT, FRBT=WMGC, MN=132, ASS=255;
ADD BRD: FN=0, SLN=10, LOC=FRONT, FRBT=WIFM, MN=133, ASS=255;
ADD BRD: FN=0, SLN=13, LOC=FRONT, FRBT=WVDB, MN=103, ASS=255;
ADD BRD: FN=0, SLN=15, LOC=FRONT, FRBT=WBSG, MN=134, ASS=255;
ADD BRD: FN=0, SLN=13, LOC=BACK, BKBT=WCKI;
ADD BRD: FN=0, SLN=2, LOC=BACK, BKBT=WEPI;
RMV BRD: FN=0, SLN=16, LOC=FRONT;
RMV BRD: FN=0, SLN=17, LOC=FRONT;
RMV BRD: FN=0, SLN=19, LOC=FRONT;
RMV BRD: FN=0, SLN=17, LOC=BACK;
RMV BRD: FN=0, SLN=19, LOC=BACK;
ADD FECFG: MN=133, IP="10.10.10.1", MSK="255.255.0.0", DGW="10.10.10.1";
ADD EPICFG: FN=0, SN=2, E0=DF, E1=DF, E2=DF, E3=DF, E4=DF, E5=DF, E6=DF, E7
=DF, BM=NONBALANCED;
ADD CDBFUNC: CDBMN = 102, FUNC = TKAGT-1&VDB-1&CGAP-1&JUDGE-1&VEIR-1&AFLEX-
1&ECTCF-1&TK-1&LIC-1;
```

（2）本局配置脚本

```
SET OFI: OFN="SZY-MS3000", LOT=LOCMSC, NN=YES, NN2=YES, SN1=NAT, SN2=NATB,
NPC="111111", NP2C="1A1A", NNS=SP24, NN2S=SP14, LAC="755", LNC=K86, CNID=0;
```

// 设置本局信息：本局名称，本局类型，国内主用标识，国内备用标识。国内信令点编码 111111，国内备用信令点编码 1A1A，国内主用网结构 24 位，国内备用网结构 14 位，本地区号 755，本国代码 86，核心网标识 0

```
SET INOFFMSC: MSCN = K'8613900755, VLRN = K'8613900755, MCC = K'460, MNC = K'05,
INNATIONPFX=K'00, NATIONPFX=K'0;
```

//设置本局移动信息：MSC 号码 8613900755，VLR 号码 8613900755，移动国家码 460，移动网号 05，国际号码前缀 00，国内号码前缀 0

MOD INOFFMSC: SN = "local", ID = 0, BILLSERVEREXIST = FALSE;　//修改移动本局信息: server 名称 local,移动本局信息索引 0,不存在话单服务器

ADD VLRCFG: MAXUSR = 10000, MCC = K460;　//增加 VLR 配置:最大数 10000,MCC 为 460。本处增加的 VLR 配置主要是对 VDB 板的容量配置

SET MAPACCFG: IFCIPH = CIPH2G-0&CIPH3G-0, CIPHALG = NOCIPH2G-0&A5_1-0&A5_2-0&A5_3-0&A5_4-0&A5_5-0&A5_6-0&A5_7-0&NOCIPH3G-0&UEA1-0;　//设置 MAP 功能配置:主要可以修改有些移动的呼叫属性、接续属性等。其中 TMSI 分配与否就在本命令中设置

ADD NACODE: NAC = K139;　//增加移动接入码 139

ADD MHPREFIX: ID = 0, HPFX = K8613900755, SFXL = 3;　//增加漫游号码分配的前缀

ADD MHSUFFIX: ID = 0, PFXIDX = 0, SFXS = "0", SFXE = "999", MSRNT = MSRNHON;　//增加漫游号码分配的后缀

ADD MHMSCCFG: MSCN = K8613900755, PRESFX = 0;　//增加 MSC 号码与 MSRN/HON 号码的映射

ADD SCCPGTG: GTGNM = "MSC-GT", CFGMD = SPECIFIC, OPC = "111111";　//增加 SCCP GT 群,定义 MGS-GT 名字,选择非通配。目的信令点 111111

ADD SCCPSSN: SSNNM = "SCMG", NI = NAT, SSN = SCMG, SPC = "111111", OPC = "111111";　//增加 SCCPSSN:SOFTX3000 与对端设备的对接参数之一,用于在 MSOFTX3000 的配置数据库中定义一个 SCCP 子系统号,即定义某个子系统用户在 SCCP 消息中所对应的 SSN 编码。例如,MAP 的 SSN 编码为 0x05、HLR 的 SSN 编码为 0x06、MSC 的 SSN 编码为 0x08……此处定义 SCMG 子系统

ADD SCCPSSN: SSNNM = "MSC-VLR", NI = NAT, SSN = VLR, SPC = "111111", OPC = "111111";　//增加 SCCPSSN:此处定义 VLR

ADD SCCPSSN: SSNNM = "MSC-MSC", NI = NAT, SSN = MSC, SPC = "111111", OPC = "111111";　//增加 SCCPSSN:此处定义 MSC

注意: 上述 3 个子系统 SCMG/VLR/MSC 是本局配置中必须定义的,用于本局 SSN 寻址。

2. 实训步骤

(1) 脱机数据制作

1) 双击桌面上的“本地维护终端”图标，打开“用户登录”对话框。单击“离线”按钮，打开“选择版本”对话框，如图 3-3 所示。选择网元类型“MSOFTX3000”，单击“确定”按钮。

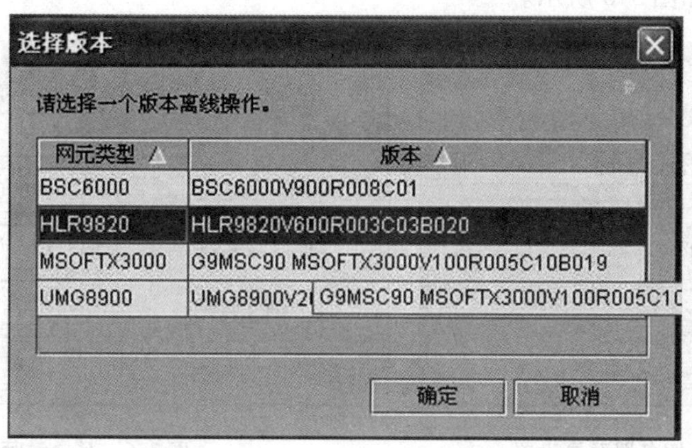

图 3-3　“选择版本”对话框

2）进入脱机命令模式，制作命令脚本，如图 3-4 所示。制作完成第一条命令后，单击“确定”按钮或者按 <F9> 键，保存命令行脚本到计算机的最后一个磁盘中，以免数据丢失。

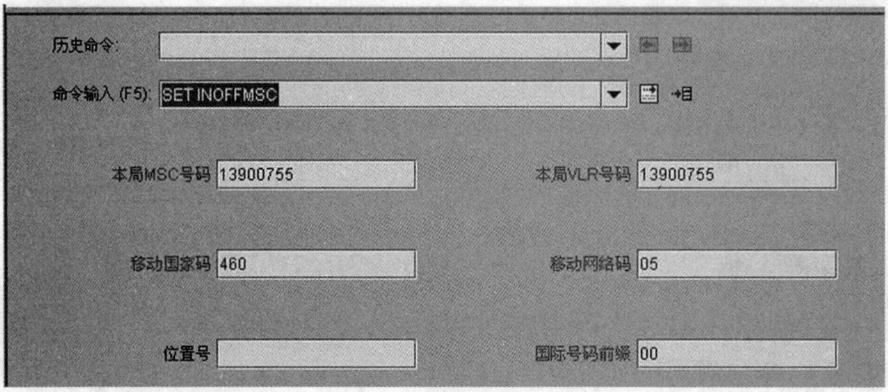

图 3-4　脱机命令窗口

3）完成所有脱机数据的制作。

本地数据库模式与联机验证模式的操作步骤与情景三任务一类似，请读者自行完成，此处不再赘述。

（2）实验软件操作

1）启动 EB-Server 服务器端。此步骤中包含学生的 IP 许可、实验时间长短设置，一次设定即可。该步骤由教师设定，与学生无关。服务端位于 MSC-BAM 机器上。

2）启动 EB-Teacher 控制端。此步骤用于教师控制、查看学生实验进程及浏览日志，与学生无关。该软件一般位于教师机上。连接服务端的 IP 地址为 MSC-BAM 的外 IP 地址 129.9.0.102。

3）启动学生终端。双击桌面上的“Ebridge_ Client”图标，打开服务器登录设置对话框，保持服务器地址是 129.9.0.102，如图 3-5 所示。

4）单击“确定”按钮，提示需要登录教师机上的控制器，请输入正确的用户名，即学生名字、学号、班级等个人信息，在“控制器 IP”文本框中输入教师机的地址“129.9.0.100”，如图 3-6 所示。

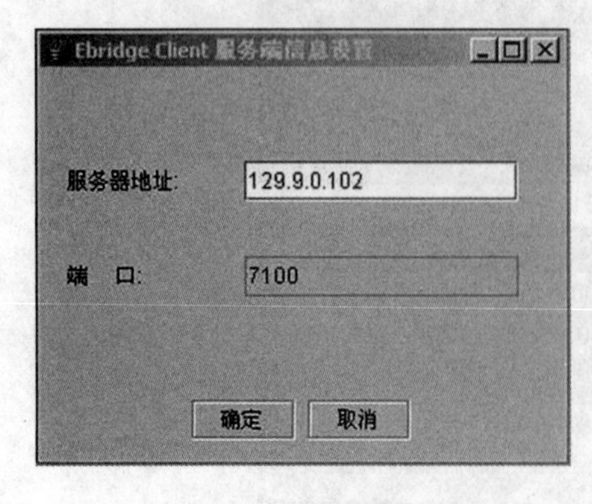

图 3-5　服务器登录设置

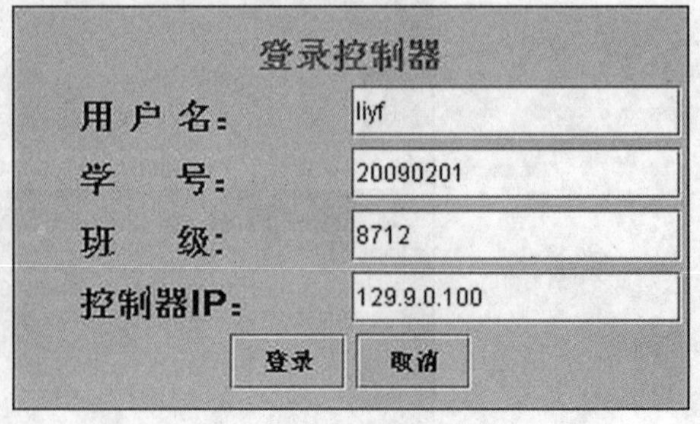

图 3-6　登录教师机

5）登录之后，就会出现如图 3-7 所示的界面。该界面为实验界面，通过在该界面上进行一系列操作，即可完成实验过程。

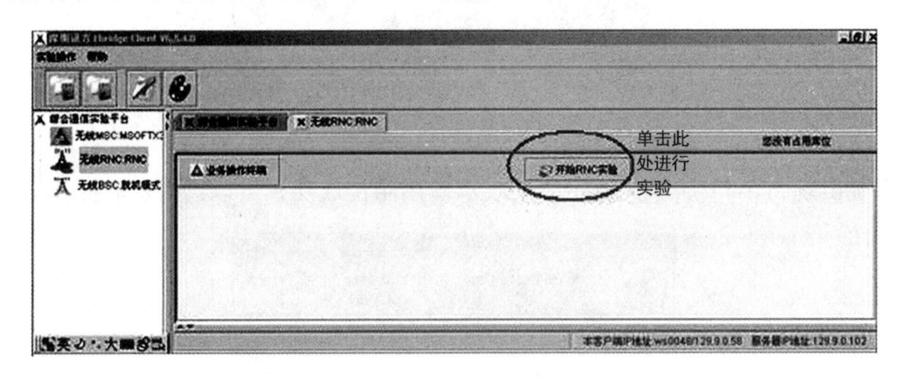

图 3-7　开始实验

6）学生终端在保持上述界面时，教师机看不到学生的登录状态，需要学生单击“开始 RNC 实验”按钮，如图 3-8 所示。

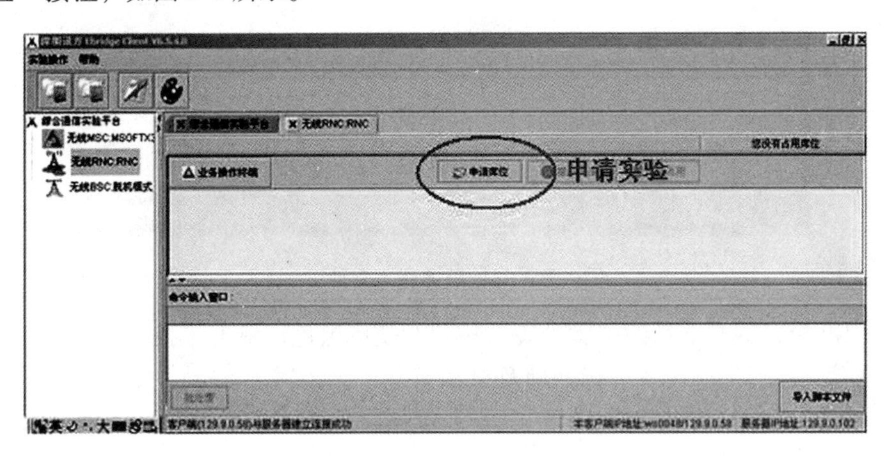

图 3-8　申请席位

7）系统会自动进行线程请求和数据预处理，界面切换为如图 3-9 所示，同时提示系统正在初始化数据，如图 3-10 所示。

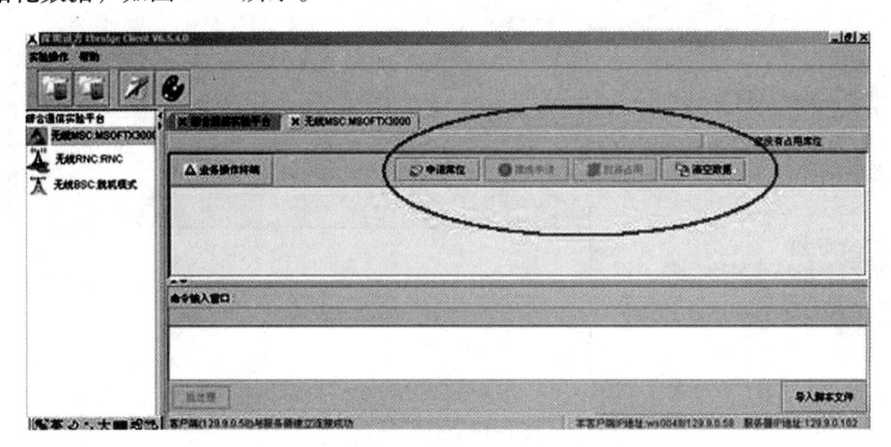

图 3-9　申请席位窗口

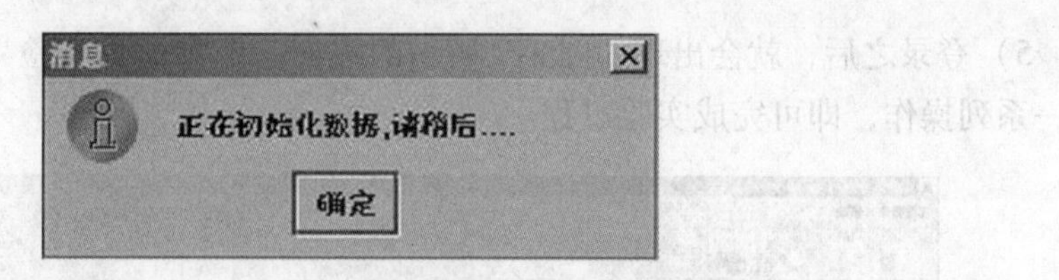

图 3-10　初始化数据

8）系统出现图 3-11 所示的提示，即表示占用席位成功，可以进行实验操作。

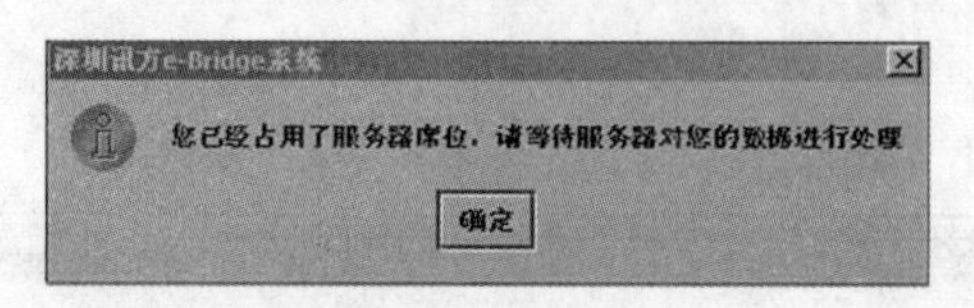

图 3-11　占用席位成功

9）席位占用成功之后，在 EB 窗口的右下角可以导入前面制作好的 MML 脚本文件，如图 3-12 所示。

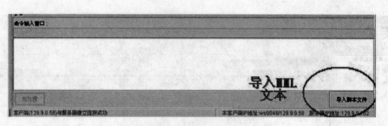

图 3-12　导入脚本文件

此时，EB 窗口的左下角的“批处理”按钮会变成黑色，单击“批处理”按钮即可自动导入脚本文件，然后等待设备进行处理及自动服务，大约需要 5min，就可以完成查看实验操作效果。

10）教师可以在教师机上通过查看日志来观察、判断学生在操作过程中出现的错误命令等，如图 3-13 所示。

图 3-13　查看日志

3. 实训验证

1）使用 LST OFI，查询本局信令配置是否正确。

2）使用 LST INOFFMSC，查询本局移动信息配置。

3）使用 LST VLRCFG，查询 VLR 配置。

4）使用 LST SCCPSSN，查询 SCCPSSN 配置是否完全。

5）如果少配置了 SCCPSSN，则可以使用 ADD SCCPSSN 增加；如果配置错误，则可以先使用 RMV SCCPSSN 删除配置，然后再增加。

六、课后巩固

1）SCCP SSN 的功能是什么？SCCP GT 的功能是什么？

2）漫游号码如何分配？

3）本局 SCCPSSN 有哪几个类型？

任务三　核心网 MSOFTX3000&UMG8900 对接 Mc 接口上机实训

一、任务目标

1）掌握 MSOFTX3000 Mc 接口数据配置方法及重要参数。

2）掌握判断 MGW 及 Mc 接口链路是否正常的方法。

3）掌握 Mc 故障的处理方法。

4）掌握创建 Mc 接口消息跟踪的方法。

二、实训器材

华为 WCDMA 核心网设备：MSOFTX3000、UMG8900。

三、实训内容说明

1）完成 MSOFTX3000 硬件、Mc 接口数据配置脚本。

2）在本地 BAM 验证 MSOFTX3000 数据配置的正确性。

3）在联机 MSOFTX3000 设备上进行如下操作：恢复一个空数据库，批量加载脚本。

4）检查前后台是否一致（STR CRC）。

5）检查 MGW 状态（DSP MGW）。

6）检查 Mc 接口链路状态是否正常（DSP H248LNK）。

四、知识要点

移动交换中心的组成分为 MSC Server 和 MGW。在实训室中上述设备分别为 MSOFTX3000 和 UMG8900，分别完成 MSC Server 和 MGW 的功能。

H. 248 和 MEGACO 是 ITU-T 与 IETF 共同努力的结果，ITU-T 称为 H. 248，而 IETF 称为 MEGACO，以下通称为 H. 248。H. 248 是一种媒体网关控制协议。在分离网关体系中，H. 248 协议用于媒体网关控制器（Media Gateway Controller，MGC）与媒体网关（Media Gateway，MG）之间的通信，实现 MGC 对 MG 的控制功能。在 UMTS 系统中，H. 248 协议应用于 Mc 接口上。

1. Mc 接口的定义

Mc 接口是 MSC Server（或 GMSC Server）与媒体网关 MGW 间的标准接口，其协议遵从 H. 248 协议，并针对 3GPP 特殊需求，定义了 H. 248 扩展事务交互（Transaction）及包（Package）。Mc 接口为 3GPP R4 新增接口，物理接口方式可选择 ATM 或 IP。

Mc 接口的协议消息编码采用二进制或文本方式，底层传输机制将采用 MTP3b（基于 ATM 的信令传输）或 SCTP（基于 IP 的信令传输）为其提供协议承载。

2. Mc 接口的功能

Mc 接口提供了 MSC Server（或 GMSC Server）在呼叫处理过程中控制 MGW 中各类传输方式（IP/ATM/TDM）的静态及动态资源的能力（包括终端属性、终端连接交换关系及其承载的媒体流）。该接口还提供了独立于呼叫的 MGW 状态维护与管理能力。

3. H. 248 在 MSOFTX3000 中的应用

MSOFTX3000 在 UMTS 系统中用作 MSC Server（或 GMSC Server），是核心网控制面设备，处于分离网关体系的控制地位。H. 248 协议应用于 MSOFTX3000 与媒体网关（MGW）之间的接口上，该接口在 UMTS 定义为 Mc 接口，如图 3-14 所示。

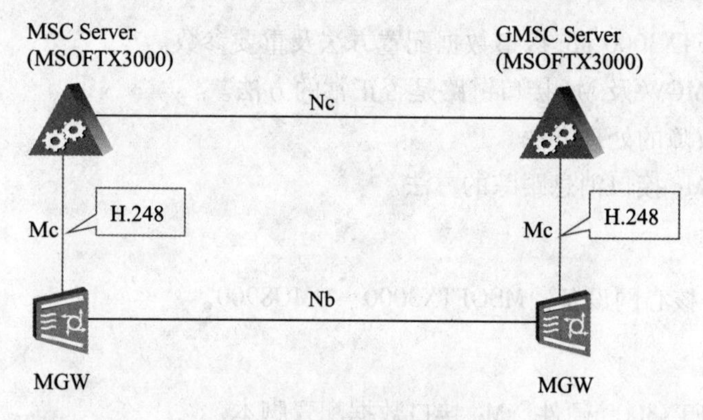

图 3-14　H. 248 接口应用

4. H. 248 协议栈结构

H. 248 协议栈结构如图 3-15 所示。目前的组网结构一般用于 IP 组网。

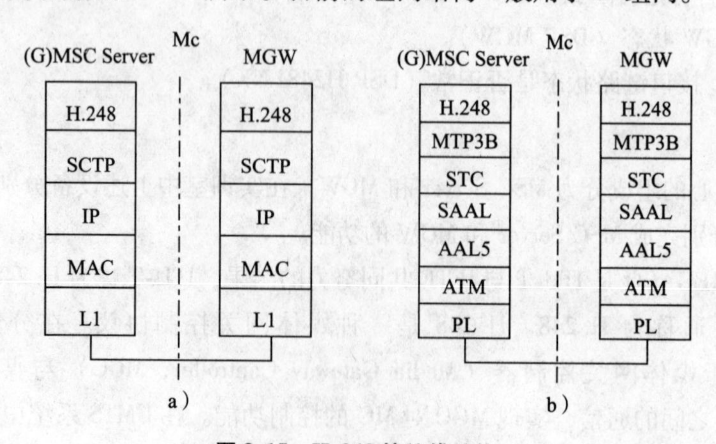

图 3-15　H. 248 协议栈结构

a）基于 IP　b）基于 ATM

5. H.248 协议介绍

(1) 基本概念

1) 媒体网关（MG）：将一种类型网络的媒体转换成另一网络所要求的格式，可以有能力分别对音频、视频和数据进行处理，并且能够进行全双工的媒体转换，也可以播放一些音频/视频信号，执行一些 IVR 功能，甚至具有提供媒体会议的能力。例如，媒体网关可能终结交换电路网的承载信道（如 PCM）和分组网络的媒体流（如 IP 网络中的媒体流）。

2) 媒体网关控制器（MGC）：负责对相关于 MG 内媒体信道连接控制的呼叫状态进行维护。

3) 多点控制单元（MCU）：控制多方会议（通常会包含对音频、视频和数据的处理）的建立和协调的实体。

4) 流（Stream）：作为呼叫或者会议的一部分，而被媒体网关发送/接收的双向媒体或控制流。

(2) 连接模型

协议的连接模型描述了能够被 MGC 所控制，位于 MG 内的逻辑实体或对象。连接模型的主要抽象是终端（Termination）和关联（Context）。图 3-16 所示为连接模型的一个图形化抽象表示。

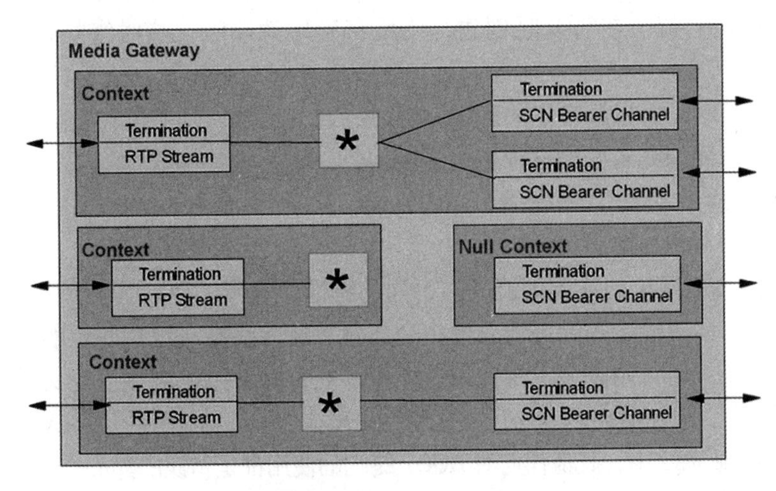

图 3-16　协议连接模型

在 H.248/Megaco 定义的连接模型中，包括关联和终端两个实体。一个关联中至少要包含一个终端，否则此关联将被删除。同时一个终端在任一时刻也只能属于一个关联。

1) 关联（Context）。关联描述一个终端集内部的关联关系。当一个关联涉及多个终端时，关联将描述这些终端所组成的拓扑结构以及媒体混合交换的参数，见表 3-2。NULL 关联为特殊关联，用于容纳当前不与任何其他终端处于关联状态的终端。当终端处于 NULL 关联中时，允许对其进行参数查询、修改，请求事件检测等操作。关联所允许包含的最大终端数目是个依赖于媒体网关实现的属性。

表3-2　关联表

关联	二进制编码表示	文本编码表示
NULL 关联	0	‘-’
CHOOSE 关联	0xFFFFFFFE	‘$’
ALL 关联	0xFFFFFFFF	‘*’

关联的属性主要包括以下几个。

① ContextID：32 位，在网关范围内唯一标识一个关联，特殊关联 ID 表示如0。

② 拓扑：用于描述一个关联内部终端之间的媒体流向。终端也存在一个称为 MODE 的属性，用于描述媒体的流向，但它描述的是相对于关联外部的流向。

③ 优先级：标识媒体网关对关联处理的优先级，取值范围为0~15，取值越小，优先级越大。

④ 紧急指示：用于在某些紧急情况下指示网关进行优先处理。

2）终端（Termination）。终端是位于媒体网关中的一个逻辑实体，可以发送/接收媒体和（或）控制流。终端特征通过属性来描述，这些属性被组合成描述符在命令中携带。终端被创建时，媒体网关会为其分配一个唯一标识。终端通常可分为两类：一类是半永久终端，用来表示物理实体，如 TDM 信道，只要这个 TDM 信道在媒体网关中被配置，就一直存在，只有当配置信息被删除时，与之对应的终端才会消失；另一类称为临时终端，代表临时性的信息流，如 RTP 流，在需要时创建，使用完毕后就删除。临时终端通过 ADD 命令创建，通过 SUBTRACT 命令清除。与此不同，当一个半永久终端被加入一个特定关联时，它从 NULL 关联中获取；而当从特定关联中删除时，它又被返回到 NULL 关联。

可以创建新的终端或者修改已存在终端的属性。常用的终端属性如下。

① 终端 ID：通过终端 ID 来引用不同的终端，终端 ID 是由 MG 自己设置的。终端 ID 有 ALL 和 CHOOSE 两种通配方式。

② 包：不同类型网关的终端可能具有不同的特性。为了获取媒体网关/媒体网关控制器之间良好的互操作性，将终端的可选属性组合成包，通常终端实现这些包的一个子集。

③ ROOT 终端：通常用来表示媒体网关本身，允许在 ROOT 终端上定义包，也可以拥有属性、事件、信号、统计和参数。ROOT 终端可以出现在 Modify、Notify、AuditValue、AuditCapability、ServiceChange 命令中，其他任何对 ROOT 终端的使用都是错误的。

④ 命令：协议提供了命令，以操作连接模型的逻辑实体——关联和终端。大多数命令由媒体网关控制器发起，媒体网关作为响应方。比较特殊的是 Notify 和 ServiceChange 两个命令，前者从媒体网关发往媒体网关控制器，后者则可以双向传递。命令含义请参考后面的命令解释部分内容。

⑤描述符：命令的参数表现为描述符，描述符包括一个名字和一个由子项构成的列表。描述符可以作为命令的输出在响应中返回，这些返回的描述符如果不存在任何内容，则用只包含描述符名和空子项的列表来表示。

6. 传输协议

SCTP（Stream Control Transmission Protocol，流控制传输协议）是提供基于不可靠传输业

务的协议（如 IP）之上的可靠的数据报传输协议。SCTP 的设计用于通过 IP 网传输 SCN 窄带信令消息。SCTP 对 TCP 的缺陷进行了一些完善，使得信令传输具有更高的可靠性。SCTP 的设计包括适当的拥塞控制、防止泛滥和伪装攻击、更优的实时性能和多归属性支持。

SCTP 被视为一个传输层协议，它的上层作为 SCTP 用户应用，下层为分组网络。

SCTP 具有如下特点：

1）基于用户消息包的传输协议。

2）支持流内用户数据报的顺序或无序传递。

3）可以在一个偶联中建立多个流，流之间数据的传输互不干涉。

4）通过在偶联的一端或两端支持多归属，提高偶联的可靠性。

5）建立偶联需经过 COOKIE 的认证，保证了偶联的安全性。

6）实时的路径故障测试功能。

五、实训内容

1. 数据准备

默认 UMG8900 侧数据按照表 3-3 所示制作完成，并在主机设备中已经运行。实训重点是制作并理解、掌握 MSOFTX3000 侧如何制作相关数据。

表 3-3　MSOFTX3000 侧数据规划

本端 FE 接口 IP	对端 H.248 接口 IP	承载协议	处理模块号	本端端口	对端端口
10.10.10.1	10.10.10.5	SCTP	132/134	2944	2944

（1）本局硬件数据配置

```
ADD SHF: SHN=0, LT="SZZY", ZN=0, RN=0, CN=0;
ADD FRM: FN=0, SHN=0, PN=3;
ADD BRD: FN=0, SLN=0, LOC=FRONT, FRBT=WCDB, MN=102, ASS=255;
ADD BRD: FN=0, SLN=2, LOC=FRONT, FRBT=WCSU, MN=22, ASS=255;
ADD BRD: FN=0, SLN=4, LOC=FRONT, FRBT=WMGC, MN=132, ASS=255;
ADD BRD: FN=0, SLN=10, LOC=FRONT, FRBT=WIFM, MN=133, ASS=255;
ADD BRD: FN=0, SLN=13, LOC=FRONT, FRBT=WVDB, MN=103, ASS=255;
ADD BRD: FN=0, SLN=15, LOC=FRONT, FRBT=WBSG, MN=134, ASS=255;
ADD BRD: FN=0, SLN=13, LOC=BACK, BKBT=WCKI;
ADD BRD: FN=0, SLN=2, LOC=BACK, BKBT=WEPI;
RMV BRD: FN=0, SLN=16, LOC=FRONT;
RMV BRD: FN=0, SLN=17, LOC=FRONT;
RMV BRD: FN=0, SLN=19, LOC=FRONT;
RMV BRD: FN=0, SLN=17, LOC=BACK;
RMV BRD: FN=0, SLN=19, LOC=BACK;

ADD FECFG: MN=133, IP="10.10.10.1", MSK="255.255.0.0", DGW="10.10.10.1";
ADD EPICFG: FN=0, SN=2, E0=DF, E1=DF, E2=DF, E3=DF, E4=DF, E5=DF, E6=DF, E7
=DF, BM=NONBALANCED;
ADD CDBFUNC: CDBMN = 102, FUNC = TKAGT-1&VDB-1&CGAP-1&JUDGE-1&VEIR-1&AFLEX-
1&ECTCF-1&TK-1&LIC-1;
```

SET OFI: OFN = "SZY-MS3000", LOT = LOCMSC, NN = YES, NN2 = YES, SN1 = NAT, SN2 = NATB, NPC = "111111", NP2C = "1A1A", NNS = SP24, NN2S = SP14, LAC = "755", LNC = K86, CNID = 0;

（2）Mc 接口对接数据

ADD MGW: MGWNAME = "MGW", TRNST = SCTP, CTRLMN = 132, BCUID = 1, ENCT = NSUP, CPB = TONE-1&PA-1&SENDDTMF-1&DETECTDTMF-1&MPTY-1&IWF-1, ECRATE = 300, IWFRATE = 300, TONERATE = 300, MPTYRATE = 300, DETDTMFRATE = 300, SNDDTMFRATE = 300, TC = GSMEFR-1&GSMHR-1&TDMAEFR-1&PDCEFR-1&HRAMR-1&UMTSAMR2-1&FRAMR-1&PCMA-1&PCMU-1&UMTSAMR-1&G7231-1&G729A-1&GSMFR-1;　//增加媒体网关:MGWNAME = "MGW"表示网关名 MGW,TRNST = SCTP 表示传输协议为 SCTP,CTRLMN = 132 表示承载模块号为 132,其余参数默认即可

ADD H248LNK: MGWNAME = "MGW", TRNST = SCTP, LNKNAME = "TOMGWH248", MN = 134, SLOCIP1 = "10.10.10.1", SLOCPORT = 2944, SRMTIP1 = "10.10.10.5", SRMTPORT = 2944, QOSFLAG = TOS;　//增加 H.248 链路,MGWNAME = "MGW"表示网关名 MGW,TRNST = SCTP 表示传输协议为 SCTP, LNKNAME = "TOMGWH248"表示链路名 TOMGWH248,MN = 134 表示 H.248 协议处理模块号为 134, SLOCIP1 = "10.10.10.1"为本端 IP 地址,SLOCPORT = 2944 表示本端协议处理端口号 2944, SRMTIP1 = "10.10.10.5"为对端 IP 地址,SRMTPORT = 2944 表示对端 H.248 协议端口

2. 实训步骤（本实验由 EB 软件 MSC 模块支持）

脱机数据制作、本地数据库模式及联机验证模式操作与情景三任务一类似，请读者自行完成，此处不再赘述。

3. 实训验证

1）检查前后台是否一致（STR CRC）。

2）检查 MGW 状态（DSP MGW）。

3）检查 Mc 接口链路状态是否正常（DSP H. 248LNK）。

4）跟踪 SCTP 消息，熟悉 SCTP 建立的四步握手机制。

5）跟踪 H. 248 消息，熟悉 H. 248 的命令，深刻理解端点、关联、命令的关系。

6）在 MSOFTX3000 的 LMT 上激活 MGW，查看 MGW 的状态，并跟踪 H. 248 消息，熟悉 MGW 注册流程。

六、课后巩固

1）基于 IP 承载的 Mc 接口协议栈是什么？

2）MSOFTX3000 哪个单板提供 Mc 物理接口？整个 H. 248 协议栈在 MSOFTX3000 中的信令处理流程是什么？

3）如果需要扩容一个 MGW，则 MSOFTX3000 侧维护人员需要收集哪些参数？

4）如果 DSP MGW 发现 MGW 是故障状态，则应该如何处理相关故障？解决的步骤是什么？

任务四　核心网 MSOFTX3000 和 HLR 信令数据对接上机实训

一、任务目标

1）掌握新增 MSOFTX3000 到 HLR 数据配置（MTP1/2/3 层）方法。

2）掌握目的信令点、路由、链路集、链路的概念及它们之间的关系。

3）掌握 E1 的对接，了解 DDF 架的功能。

4）掌握故障判断的思路及方法。

5）掌握 SCCP 层及 GT 表的数据配置方法。

6）掌握 C/D 接口故障的判断思路。

7）掌握 GT 寻址和 DPC 寻址的区别。

二、实训器材

华为 WCDMA 核心网设备：MSOFTX3000、HLR-SAU、HDU。

三、实训内容

1）完成硬件、Mc 接口、本局和到 HLR 的数据配置脚本。

2）检查链路、目的信令点、路由的状态（DSP N7LNK、DSP N7DSP、DSP N7RT）。

3）学会 E1 的对接，并会利用自环等办法检测 E1 硬件故障。

4）在本地 BAM 验证数据配置的正确性。

5）在报警台上看故障的报警信息。

6）掌握 SCCP 层和 MTP 层的关系，以及子系统和 GT 寻址的意义。

7）掌握 4 个 GT 的作用和区别，以及 E. 212、E. 214、E. 164 编码的区别。

四、知识要点

MAP 在 MSOFTX3000 中的应用如图 3-17 所示。

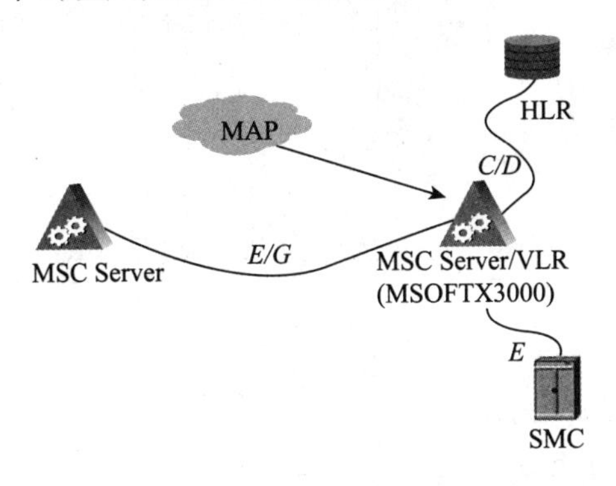

图 3-17　MAP 的应用

1. MAP 接口功能

（1）C 接口

C 接口指 MSC Server 与 HLR 之间的接口。在此接口上，MSC Server 使用 SS7 信令系统中的 MAP 协议传递信令。MSC Server 实现以下功能。

1）在移动终结呼叫（MTC）中，MSC/GMSC Server 通过 C 接口向 HLR 取路由信息，HLR 通过 C 接口向 MSC/GMSC Server 提供路由信息和用户管理信息（包括用户状态、用户位置、用户签约信息等）。

2）短消息业务（移动终止的短消息取路由过程）。

3）对于 CAMEL 应用，本接口用于获取移动用户终呼时的路由信息、用户状态、签约信息等。

(2) D 接口

D 接口指 VLR 与 HLR 之间的接口。该接口用于在 HLR 与 VLR 之间交换有关移动台位置信息及用户管理信息。在此接口上，VLR 使用 SS7 信令系统中的 MAP 传递信令，支持如下功能：

1）取鉴权集。

2）位置更新。

3）在移动被叫时提供漫游号码。

4）补充业务。

5）VLR 恢复。

6）用户数据管理功能。

2. MAP 的协议栈结构

MAP 的协议栈结构如图 3-18 所示。

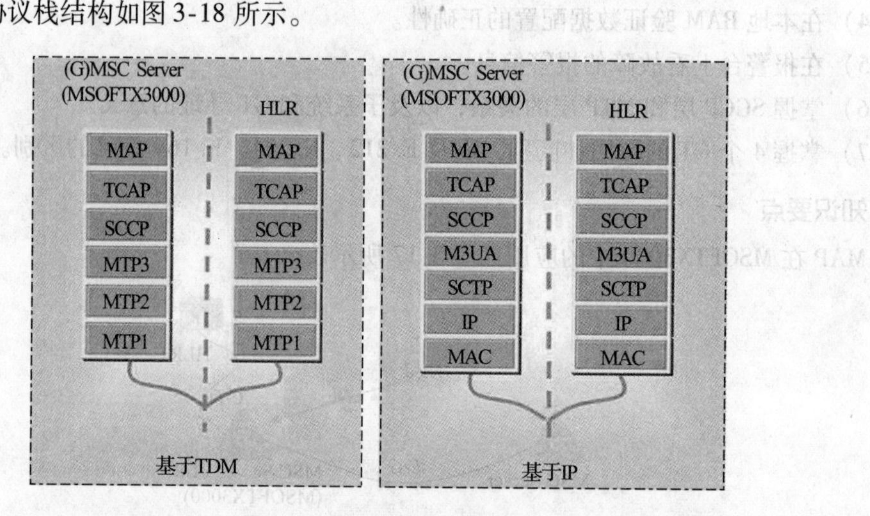

图 3-18　MAP 协议栈结构

3. 常见 MAP 操作类型（C/D 口）

常见 MAP 操作类型见表 3-4。

表 3-4　常见 MAP 操作类型

操作名称	用途
Updatelocation	用于发生跨 LR 位置更新或用户数据未被 HLR 证实时，LR 向 HLR 发起位置更新流程
Cancellocation	用于位置更新时 HLR 删除前，LR 的用户信息或用户数据修改引发的独立位置删除，以及操作人员删除用户位置信息
ProvideRoaming Number	用于用户被叫时，HLR 向用户漫游的 VMSC Server 取漫游号码，以便 GMSE Server 寻找到被叫所在位置建立呼叫
insertSubscriberData	用于位置更新时，HLR 向 VLR 插入用户的签约数据，以及修改用户数据时独立地插入用户数据过程
SendRoutingInformation	用于用户被叫时，GMSC Server 向 HLR 获取用户位置信息，包括漫游号码和前转号码

位置更新流程如图 3-19 所示。

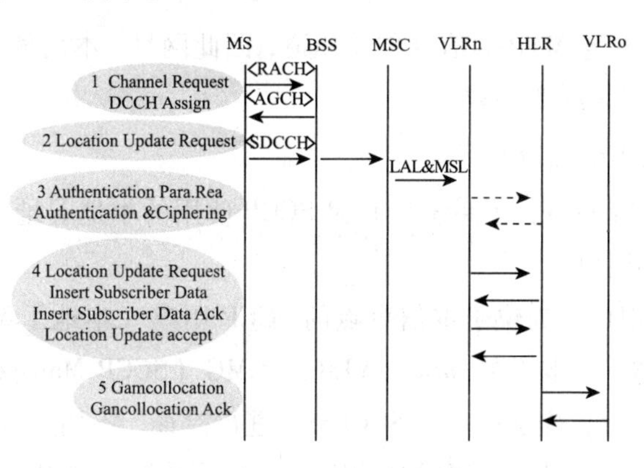

图 3-19 位置更新流程

被叫用户流程如图 3-20 所示。

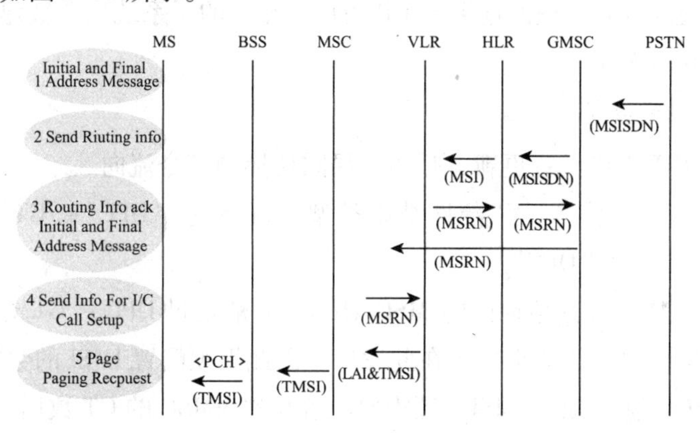

图 3-20 被叫用户流程

数据配置流程见表 3-5。

表 3-5 数据配置流程

配置步骤	相关命令
数据准备（需要协商的数据）： 信令点编码、网标识、信令链路编码（SLC）和信令链路编码发送、链路类型	
1. 配置 MTP 1）增加 MTP 目的信令点 2）增加 MTP 链路集 3）增加 MTP 路由 4）增加 MTP 链路	ADD N7DSP ADD N7LKS ADD N7RT ADD N7LNK
2. 配置 SCCP 1）增加 SCCP 远端信令点 2）增加 SCCP 子系统 3）增加 SCCP GT 码	ADD SCCPDSP ADD SCCPSSN （ADD IMSIGT） ADD SCCPGT

(1) SCCP DSP 数据配置原则

表 3-5 建立了 SCCP 与 MTP 的信令传输通道，因此网号、本局信令点编码和目的信令点编码必须与 MTP 信令点表配置一致。

(2) SCCP SSN 数据配置原则

SSN（Sub System Number，子系统号）是 SCCP 使用的本地寻址信息，用于识别一个网络结点中的多个 SCCP 用户。

1）可以将 SCCP 用户分为位于本信令点的 SCCP 用户（本地子系统）和位于其他信令点的用户（远端子系统）。本局的 MSC、VLR、SCMG（SCCP Management Subsystem）子系统已经在本局信息中配置，先运行 LST SCCPSSN 进行检查，不用重复配置。

2）对于不同的网络结点，需要根据用户分配子系统，如此处需配置本端和远端的 HLR SSN。

3）对需要本地 SCCP 管理的远端 SCCP 用户，相关的子系统也要被建立，如此处需配置本端和远端的 HLR SCMG。

(3) GT 数据配置原则

GT 数据主要用于手机位置更新、呼叫、局间切换的信令流向。

1）通过 STP 转接的信令，“翻译结果类型”配置为“DPC + GT”；有直达链路的，“翻译结果类型”配置为“DPC”。

2）本局到省内或省外其他地区的 MSC/HLR，一般通过 DPC + GT 寻址由 STP 转接。

3）对于 GMSC，由于位置更新不在此发生，因此无须配置 IMSI 的数据。

4）对于 VMSC，除了配置 IMSI，还需要配置相邻 VMSC 的 GT 数据，用于切换。

(4) GT 数据的编号方式和作用

GT 数据编号及作用见表 3-6。

表 3-6　GT 数据编号及作用

GT 名	编号计划	作用
IMSIGT	ISDNMOV	用于位置更新时，根据 IMSN 号码来寻址 HLR
HLR NO. GT	ISDN	用于位置更新时，VLR 根据 HLR 号码来寻址 HLR
MSISDN GT	ISDN	用于一次号码分析时，根据 MSI SDN 号码来寻址 HLR
LOCMSC GT	ISDN	用于其他局用 GT 方式寻找本局时

五、实训内容

1. 数据准备

在本实训室中，本地 HLR 与 MSOFTX3000 通过 WEPI 板的 E1 线直接相连。HLR 数据规划见表 3-7。

表 3-7　HLR 数据规划表

配置项目	配置数据				
基本信息		信令点编码	信令点网络标识	HLR. NO（E. 164 编码）		
		333333	国内主用	8613907550000		
信令链路	WCSU 模块	链路集	模块内链路号	信令链路编码（SLC）和信令链路编码发送	模块内电话号（E1 号时隙号）	链路类型
	22	0	0	0	48（1/16）	64kbit/s
SCCP GT 翻译	编码说明	编号计划	地址信息	DPC		
	IMSI GT	ISKMMOV	86139	333333		
	HLP NUMBER	ISDN	8613817550000	333333		
	MSIDSN	ISDN	861390755	333333		

MSC 的数据规划见表 3-8。

表 3-8　MSC 的数据规划表

配置项目	配置数据					
基本信息		信令点编码	信令点网络标识	MSC 信号	VLR 号	
		111111	国内主用	8613900755	8613900755	
信令链路	WCSU 模块号	链路集	模块内链路号	信令链路编码（SLC）和信令链路编码发送	模块内链路号（E1 号时隙号）	链路类型
	22	0	0	0	16（1/16）	64kbit/s

（1）HLR 数据模板

1）硬件配置脚本如下：

```
ADD SHF: SN =0, LT = "sau", PN =0, RN =0, CN =0;
ADD FRM: FN =0, SN =0, PN =2;
ADD BRD: FN =0, SN =0, LOC =FRONT, BT =WCSU, MN =22, ASS =255, LNKT =LINK_64K;
ADD BRD: FN =0, SN =0, LOC =BACK, BT =WEPI;
ADD BRD: FN =0, SN =13, LOC =BACK, BT =WCKI;
RMV BRD: FN =0, SN =16, LOC =FRONT;
RMV BRD: FN =0, SN =17, LOC =FRONT;
RMV BRD: FN =0, SN =19, LOC =FRONT;
```

```
RMV BRD: FN = 0, SN = 17, LOC = BACK;
RMV BRD: FN = 0, SN = 19, LOC = BACK;

ADD EPICFG: FN = 0, SN = 0, E0 = DF, E1 = DF, E2 = DF, E3 = DF, E4 = DF, E5 = DF, E6 = DF, E7 = DF;
SET CKICFG: CL = LEVEL3, WM = AUTO;
ADD BOSRC: FN = 0, SN = 0, EN = 0;
ADD MEMCFG: MN = 22, LIP = "129.9.101.22", RIP1 = "129.9.101.191", RP = 16500, MSK = "255.255.0.0";
```

2）配置 SAU 本局数据如下：

```
SET OFI: OFN = "HLR", LOT = CMPX, NN = YES, SN1 = NAT, NPC = "333333", NNS = SP24, TADT = 0, LAC = K755, LNC = K86, LOCGT = "8613907550000";
ADD N7DSP: DPX = 0, DPC = "111111", OPC = "333333", DPNAME = "HLR-MSX";
ADD N7LKS: LSX = 0, ASPX = 0, LSNAME = "HLR-MSX";
ADD N7RT: LSX = 0, DPX = 0, RTNAME = "HLR-MSX";
ADD N7LNK: MN = 22, LNKN = 0, LNKNAME = "HLR-MSX", LNKTYPE = 0, TS = 48, LSX = 0, SLC = 0, SLCS = 0;
/*增加 SCCP 目的信令点*/
ADD SCCPDPC: DPX = 0, NI = NAT, DPC = "111111", DPNAME = "MSC", SHAREFLAG = NONE;
ADD SCCPDPC: DPX = 1, NI = NAT, DPC = "333333", OPC = "333333", DPNAME = "HLR", SHAREFLAG = NONE;
ADD SCCPSSN: SSNX = 0, NI = NAT, SSN = MSC, DPC = "111111", OPC = "333333";
ADD SCCPSSN: SSNX = 1, NI = NAT, SSN = VLR, DPC = "111111", OPC = "333333";
ADD SCCPSSN: SSNX = 2, NI = NAT, SSN = SCMG, DPC = "111111", OPC = "333333";
ADD SCCPSSN: SSNX = 3, NI = NAT, SSN = SCMG, DPC = "333333", OPC = "333333";
ADD SCCPSSN: SSNX = 4, NI = NAT, SSN = HLR, DPC = "333333", OPC = "333333";
/*增加 SCCP GT 码*/
ADD SCCPGT: GTX = 0, ADDR = K8613900755, RESULTT = LSPC2, DPC = "111111";
ADD SCCPGT: GTX = 1, ADDR = K8613907550000, RESULTT = LSPC2, DPC = "333333";
```

（2）MSOFTX3000 数据

1）硬件数据脚本如下：

```
ADD SHF: SHN = 0, LT = "SZZY", ZN = 0, RN = 0, CN = 0;
ADD FRM: FN = 0, SHN = 0, PN = 3;
ADD BRD: FN = 0, SLN = 0, LOC = FRONT, FRBT = WCDB, MN = 102, ASS = 255;
ADD BRD: FN = 0, SLN = 2, LOC = FRONT, FRBT = WCSU, MN = 22, ASS = 255;
ADD BRD: FN = 0, SLN = 4, LOC = FRONT, FRBT = WMGC, MN = 132, ASS = 255;
ADD BRD: FN = 0, SLN = 10, LOC = FRONT, FRBT = WIFM, MN = 133, ASS = 255;
ADD BRD: FN = 0, SLN = 13, LOC = FRONT, FRBT = WVDB, MN = 103, ASS = 255;
ADD BRD: FN = 0, SLN = 15, LOC = FRONT, FRBT = WBSG, MN = 134, ASS = 255;
ADD BRD: FN = 0, SLN = 13, LOC = BACK, BKBT = WCKI;
ADD BRD: FN = 0, SLN = 2, LOC = BACK, BKBT = WEPI;
RMV BRD: FN = 0, SLN = 16, LOC = FRONT;
RMV BRD: FN = 0, SLN = 17, LOC = FRONT;
RMV BRD: FN = 0, SLN = 19, LOC = FRONT;
```

RMV BRD: FN = 0, SLN = 17, LOC = BACK;

RMV BRD: FN = 0, SLN = 19, LOC = BACK;

ADD FECFG: MN = 133, IP = "10.10.10.1", MSK = "255.255.0.0", DGW = "10.10.10.1";

ADD EPICFG: FN = 0, SN = 2, E0 = DF, E1 = DF, E2 = DF, E3 = DF, E4 = DF, E5 = DF, E6 = DF, E7 = DF, BM = NONBALANCED;

ADD CDBFUNC: CDBMN = 102, FUNC = TKAGT-1&VDB-1&CGAP-1&JUDGE-1&VEIR-1&AFLEX-1&ECTCF-1&TK-1&LIC-1;

2）本局数据脚本如下：

SET OFI: OFN = "SZY-MS3000", LOT = LOCMSC, NN = YES, NN2 = YES, SN1 = NAT, SN2 = NATB, NPC = "111111", NP2C = "1A1A", NNS = SP24, NN2S = SP14, LAC = "755", LNC = K'86, CNID = 0;

SET INOFFMSC: MSCN = K'8613900755, VLRN = K'8613900755, MCC = K'460, MNC = K'05, INNATIONPFX = K'00, NATIONPFX = K'0;

MOD INOFFMSC: SN = "local", ID = 0, BILLSERVEREXIST = FALSE;

ADD VLRCFG: MAXUSR = 10000, MCC = K'460;

SET MAPACCFG: IFCIPH = CIPH2G-0&CIPH3G-0, CIPHALG = NOCIPH2G-0&A5_1-0&A5_2-0&A5_3-0&A5_4-0&A5_5-0&A5_6-0&A5_7-0&NOCIPH3G-0&UEA1-0;

ADD NACODE: NAC = K'139;

ADD MHPREFIX: ID = 0, HPFX = K'8613900755, SFXL = 3;

ADD MHSUFFIX: ID = 0, PFXIDX = 0, SFXS = "0", SFXE = "999", MSRNT = MSRNHON;

ADD MHMSCCFG: MSCN = K'8613900755, PRESFX = 0;

ADD SCCPGTG: GTGNM = "MSC-GT", CFGMD = SPECIFIC, OPC = "111111";

ADD SCCPSSN: SSNNM = "SCMG", NI = NAT, SSN = SCMG, SPC = "111111", OPC = "111111";

ADD SCCPSSN: SSNNM = "MSC-VLR", NI = NAT, SSN = VLR, SPC = "111111", OPC = "111111";

ADD SCCPSSN: SSNNM = "MSC-MSC", NI = NAT, SSN = MSC, SPC = "111111", OPC = "111111";

3）To-HLR 数据如下：

ADD N7DSP: DPNM = "DP-HLR", DPC = "333333", OPC = "111111";

ADD N7LKS: LSNM = "LKS-HLR", ASPNM = "DP-HLR";

ADD N7RT: RTNM = "HLR", DPNM = "DP-HLR", LSNM = "LKS-HLR";

ADD N7LNK: MN = 22, LNKNM = "LNK-HLR", LNKTYPE = TDM0, E1 = 1, TS = 16, LSNM = "LKS-HLR", SLC = 0, SLCS = 0; //这 4 条命令为增加到 HLR - SAU 的 7 号信令链路

ADD SCCPDSP: DPNM = "SCCPDP-HLR", NI = NAT, DPC = "333333", OPC = "111111"; //增加到 HLR 的 DSP 局向

ADD SCCPSSN: SSNNM = "HLR-SCMG", NI = NAT, SSN = SCMG, SPC = "333333", OPC = "111111";

ADD SCCPSSN: SSNNM = "HLR-HLR", NI = NAT, SSN = HLR, SPC = "333333", OPC = "111111";

ADD SCCPSSN: SSNNM = "HLR1-MAP", NI = NAT, SSN = MAP, SPC = "333333", OPC = "111111";

//增加 3 条本局到 HLR 的 SSN 子系统，必须包含 SCMG/HLR/MAP

ADD SCCPGT: GTNM = "MSC", GTI = GT4, ADDR = K'8613900755, RESULTT = LSPC2, SPC = "111111", GTGNM = "MSC-GT";

ADD SCCPGT: GTNM = "HLR-GT", GTI = GT4, ADDR = K'8613907550000, RESULTT = LSPC2, SPC = "333333", GTGNM = "MSC-GT";

ADD SCCPGT: GTNM = "HLR1-IMSIGT", GTI = GT4, NUMPLAN = ISDN, ADDR = K'8613, RESULTT = LSPC2, SPC = "333333", GTGNM = "MSC-GT";

ADD SCCPGT: GTNM = "HLR-IMSIGT", GTI = GT4, NUMPLAN = ISDNMOV, ADDR = K'86139, RESULTT = LSPC2, SPC = "333333", GTGNM = "MSC-GT"; //增加到 HLR 的 GT 寻址，内容为数据准备中的 HLR 部分

```
ADD IMSIGT: MCCMNC = K'46005, CCNDC = K'86139, MNNAME = "szy";   //增加 IMSI GT 寻址
```

2. 实训步骤（本实验由 EB 软件 MSC 模块支持）

建议分组实现，每组合作 HLR 数据和 MSOFTX3000 的数据，然后同时加载进 HLR 和 MSOFXT3000，以便节约时间进行验证。

（1）联机 HLR 进行数据设定

操作步骤与情景三任务一类似，请读者自行完成，此处不再赘述。注意，登录时输入密码“HLR9820”。

（2）联机 MSOFTX3000 进行数据设定

操作步骤与情景三任务一类似，请读者自行完成，此处不再赘述。注意，登录时输入密码“MSOFTX3000”。

（3）实验软件操作

操作步骤与情景三任务二类似，请读者自行完成，此处不再赘述。

3. 实训验证

1）检查链路、目的信令点、路由的状态（DSP N7LNK DSP N7DSP DSP N7RT）。

2）跟踪 MTP3 层链路消息，熟悉正确的消息，并能根据消息定位故障。

3）修改 ADD N7LNK 表中信令链路编码和信令链路编码发送，再查看链路状态，并查看报警信息（使用 MOD N7LNK）。

4）跟踪 C/D 接口或 MTP 层链路消息，根据消息定位故障。

5）使用 TST SCCPGT 命令测试 GT 码是否正确。

6）跟踪 SCCP DPC 消息，学习 SCCP 层的消息信令。

六、课后巩固

1）简述 C/D 接口协议栈的结构。

2）链路不起来的原因都有哪些？

3）ADD N7LNK 这条命令中链路号和起始时隙号之间的关系是什么？

4）C/D 接口中的哪条消息中含有用户当前最新的位置区？哪条消息中含漫游号码？

任务五　核心网 MSOFTX3000&MGW 和 RNC 对接 IU_CS 接口上机实训

一、任务目标

1）掌握新增 MSOFTX3000 到 RNC 的 IU_CS 接口数据。

2）掌握目的信令点、路由、链路集、链路的概念以及它们之间的关系。

3）掌握 M3UA 数据的制作方法。

4）掌握链路故障及处理方法。

5）了解寻址的特点。

6）掌握 IU_CS 接口的两种数据制作方法。

7）掌握 GT 寻址和 DPC 寻址的区别。

二、实训器材

1）华为 WCDMA 核心网部分设备：MSOFTX3000、UMG8900。

2）华为 WCDMA 无线部分设备：BSC6810。

三、实训内容

1）完成硬件、Mc 接口、本局和到 RNC 的数据配置脚本。

2）检查链路、目的信令点、路由的状态（DSP N7LNK、DSP N7DSP、DSP N7RT）。

3）学会 E1 的对接，并会利用自环等方法检测 E1 硬件故障。

4）在本地 BAM 验证数据配置的正确性。

5）在报警台上看故障的报警信息。

6）掌握 SCCP 层和 MTP 层的关系，以及子系统和 GT 寻址的意义。

7）掌握 4 个 GT 的作用和区别，以及 E. 212、E. 214、E. 164 编码的区别。

四、知识要点

1. SIGTRAN 协议

（1）SIGTRAN 协议的定义

SIGTRAN 本身不是一个协议而是一个协议簇，它包含两层协议：传输协议和适配协议，前者就是 SCTP/IP，后者如 M3UA（适配 MTP3 用户）、IUA（适配 Q. 921 用户）等。SIGTRAN 协议结构如图 3-21 所示。

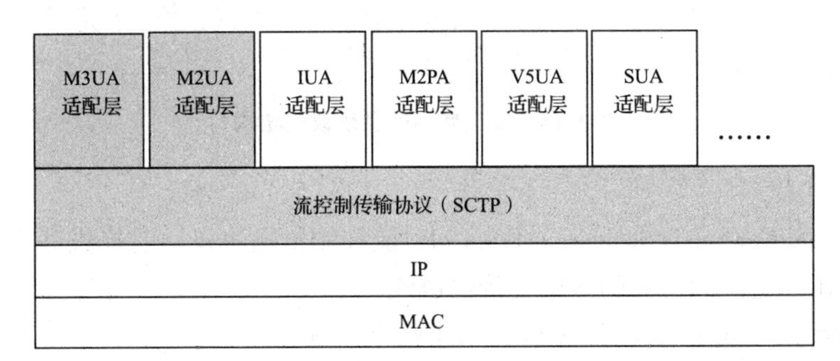

图 3-21　SIGTRAN 协议结构

（2）SIGTRAN 协议的功能

SIGTRAN 协议的主要功能就是适配和传输。

1）支持通过 IP 网络传输 SCN（Switched Circuit Network，电路交换网）信令。

2）该协议栈支持 SCN 信令协议分层模型定义中的层间标准原语接口，从而保证已有的 SCN 信令应用可以未经修改地使用，同时利用标准的 IP 传输协议作为传输底层，通过增加自身的功能来满足 SCN 信令的特殊传输要求。

SIGTRAN 在信令网关中的应用如图 3-22 所示。

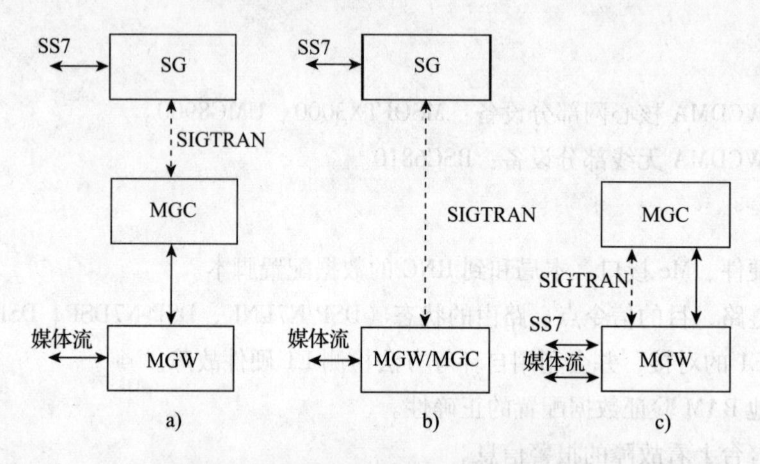

图 3-22　SIGTRAN 在信令网关中的应用

注意：在本实训室中，采用的组网及协议栈结构如图 3-23 所示。

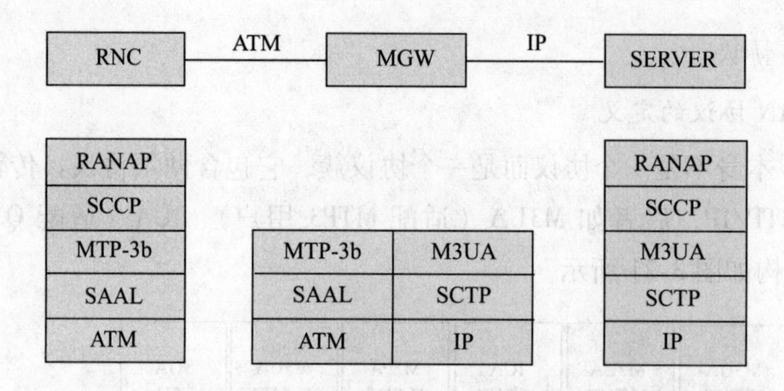

图 3-23　实训室组网及协议栈结构

（3）SCTP 介绍

SCTP（Stream Control Transmission Protocol，流控制传输协议）是提供基于不可靠传输业务的协议（如 IP）之上的可靠的数据报传输协议。

SCTP 的设计用于通过 IP 网传输 SCN 窄带信令消息。

SCTP 对 TCP 的缺陷进行了一些完善，使得信令传输具有更高的可靠性。SCTP 的设计包括适当的拥塞控制、防止泛滥和伪装攻击、更优的实时性能和多归属性支持。

SCTP 被视为一个传输层协议，它的上层作为 SCTP 用户应用，下层为分组网络。SCTP 的特点如下：

1）基于用户消息包的传输协议。

2）支持流内用户数据报的顺序或无序传递。

3）可以在一个偶联中建立多个流，流之间数据的传输互不干涉。

4）通过在偶联的一端或两端支持多归属，提高偶联的可靠性。

5）偶联建立需经过 COOKIE 的认证，保证了偶联的安全性。

6）实时的路径故障测试功能。

(4) M3UA 介绍

M3UA 是 MTP3 或者 MPT-3b 用户适配协议，它使用流控制传输协议（SCTP），通过 IP 传输 MTP3 或者 MPT-3b 层的用户信令消息（即 ISUP 消息和 SCCP 消息），支持协议元素实现 MTP3 或者 MPT-3b 对等用户在 SS7（包括窄带 SS7 和宽带 SS7）和 IP 域里的无缝操作。

M3UA 在 3G-WCDMA 中的应用如图 3-24 所示。

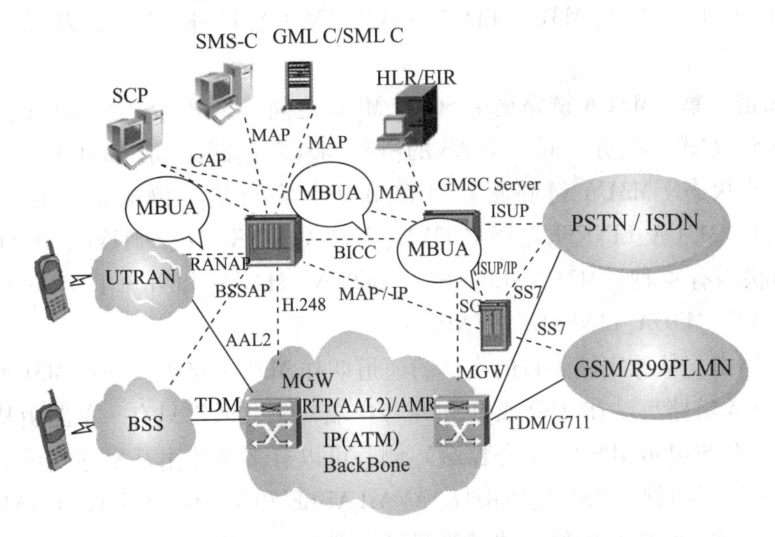

图 3-24　M3UA 在 3G-WCDMA 中的应用

该协议可用于信令网关（SG）和媒体网关控制器（MGC）或 IP 数据库之间的信令传输，也可用于基于 IP 的应用之间的信令传输。M3UA 协议栈结构如图 3-25 所示。

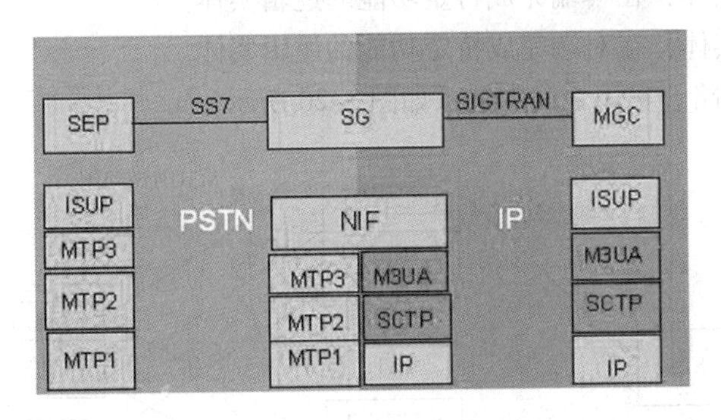

图 3-25　M3UA 协议栈结构

基本概念介绍如下。

1）应用服务器（AS）：一个逻辑实体，对应一个特定的“路由键”。例如，一个虚拟的交换单元，处理一定范围的 PSTN 中继电路的呼叫业务，标识它的路由键是“SIO/DPC/OPC/CIC_ range”。

2）应用服务器进程（ASP）：一个 AS 的实际处理实体。

3）IP 服务器进程（IPSP）：基于 IP 应用的进程实例。本质上 IPSP 与 ASP 相同，只是 IPSP 使用点到点的 M3UA，而不使用信令网关的业务。

4）信令网关（SG）：SG是一个信令代理，能够在IP网络边缘接收/发送SCN内部信令。SG在SS7网络中是一个SS7信令点。

5）信令网关进程（SGP）：一个SG的进程实例。

6）M3UA链路：通过SCTP偶联建立的SGP-ASP和IPSP-IPSP之间的关联关系叫作M3UA链路。M3UA链路的归属端属性可以是SGP、ASP或IPSP。M3UA链路状态包括M3UA_LINK_UNESTABLISH、M3UA_LINK_DOWN、M3UA_LINK_INACTIVE和M3UA_LINK_ACTIVE。

7）M3UA链路集：M3UA链路集由SG和MGC之间（SGP-ASP方式）或MGC和MGC之间（IPSP-IPSP方式）服务于同一个AS的所有M3UA链路集成。M3UA链路集的状态取决于组内链路的状态。M3UA链路集在ASP/IPSP（客户端）侧的状态有3种：M3UA_LINKSET_DOWN、M3UA_LINKSET_INACTIVE、M3UA_LINKSET_ACTIVE；在SGP/IPSP（服务器端）侧的状态有4种：M3UA_LINKSET_DOWN、M3UA_LINKSET_INACTIVE、M3UA_LINKSET_ACTIVE、M3UA_LINKSET_PENDING。

8）M3UA路由：从源实体到目的实体的通道叫作M3UA路由。一条M3UA路由在归属端对应一个M3UA链路集。在ASP或IPSP（客户端）侧，通常只有一条路由从本地实体到特定目的实体；在SGP或IPSP（服务器端）侧，可以有多条路由从本地实体到特定目的实体。路由状态有以下两种：M3UA_ROUTE_AVAILABLE和M3UA_ROUTE_UNAVAILABLE。

9）M3UA实体：完成某些特定功能的逻辑处理单元（如AS、SP），或只实现特定消息转接功能的逻辑单元，如SG可以划分作M3UA实体。每个M3UA实体由专门的信令点编码识别。M3UA实体进一步分为M3UA本地实体和M3UA目的实体两类。

① M3UA本地实体：在本端完成特定功能的逻辑实体。

② M3UA目的实体：在对端完成特定功能的逻辑实体。

M3UA路由、链路、实体之间的关系如图3-26所示。

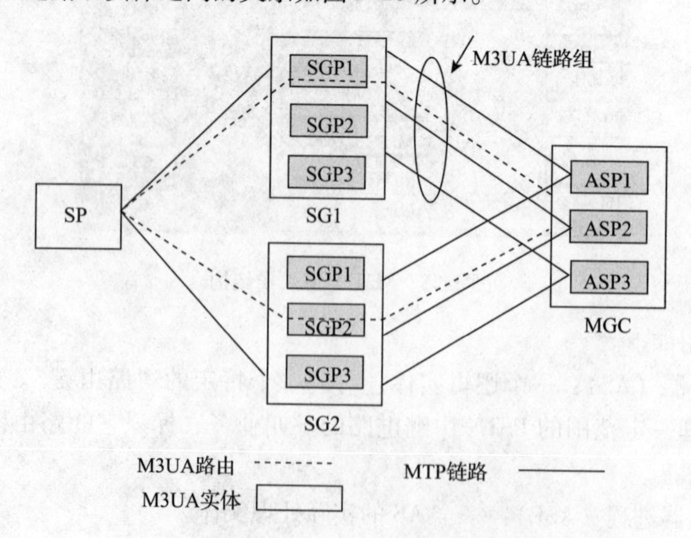

图3-26 M3UA路由、链路、实体之间的关系

2. MSOFTX3000与RNC组网

MSOFTX3000与RNC之间运行RANAP。该协议可以承载在ATM上，也可以承载在IP上。

目前组网应用中一般通过MGW进行转接，MSOFTX3000与MGW之间的信令通过IP传输，MGW与RNC直接使用ATM传输，其组网方式如图3-27所示。

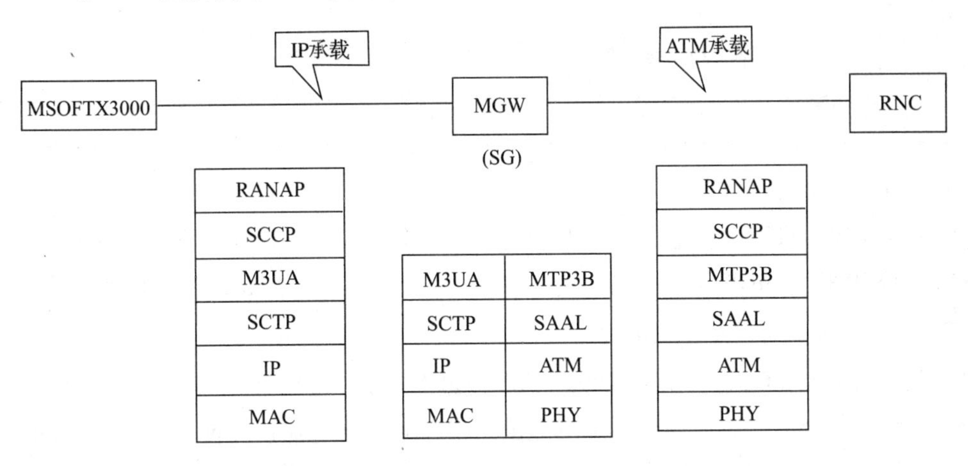

图3-27　实训室组网及协议栈结构

RNC上传的信令为RANAP，基于MTP3B承载，MGW具有内置SG功能，将MTP3B适配为M3UA，通过IP承载，传输给MSOFTX3000。M3UA采用SCTP来实现IP承载。M3UA链路通过IP地址+端口来标识。所以在配置M3UA链路时需要指定与承载H.248协议不同的端口号。

在此种组网结构下，M3UA工作模式为SGP-ASP。这里以M3UA采用转接模式，且AS独占信令点编码方式为例进行介绍。MSOFTX3000定义为AS（应用服务器），MGW（内嵌SG）定义为SG（信令网关）。

五、实训内容

1. 数据准备

本实训数据规划表见表3-9。

表3-9　数据规划表

配置项目	配置数据					
RNC基本信息	RNC ID	信令点编码	网标识	LAI	SAI	AMR LIST
	1	D12	国内备用	460100001	4601000010001	全选
M3UA基本信令	业务模式	路由上下文（可选）	WIFM模块号	SG信令点编码		
	负荷分担	NULL	133	D11		

（续）

配置项目	配置数据					
M3UA 链路信息	M3UA 链路号	LINK1 的本端 IP 地址	本端 Port	LINK1 的对端 MGW 的 IP 地址	对端 MGW 的 Port	服务器端/客户端
	0	10.10.10.10/24	4000	10.10.10.12/24	4000	客户端
字冠	字冠（本局）	路由选择码				
	1390755	65535				

（1）Mc 接口数据配置

本节描述 MSOFTX3000 与 RNC 之间通过 MGW 转接 RANAP 的数据配置过程，在此之前，MSOFTX3000 与 MGW 之间的 Mc 接口数据已经配置，具体配置请参考相关资料。

（2）在 MGW 侧需要配置的数据

1）接口配置。MGW 内嵌 SG 功能，信令通过 Mc 接口送给 MSOFTX3000 移动软交换中心 MSOFTX3000。Mc 接口由 MPPU 单板提供 10M/100M 自适应以太网接口，接口配置主要完成接口的 IP 地址和路由配置功能。

2）M3UA 链路配置。M3UA 的配置包括 M3UA 实体配置、流量配置、路由配置、链路集配置、路由配置和链路配置等，以及相应的接口配置。

（3）命令脚本

命令脚本如下（见图 3-28～图 3-48）：

```
ADD ESG: SGNM = "UMG8900", MGNM = "UMG8900";
```

图 3-28　配置信令网关

```
ADD M3LE: LENM = "MSOFTX3000", NI = NATB, OPC = "D10", LET = AS;
```

图 3-29　配置本地实体

```
ADD M3DE: DENM = "UMG8900", LENM = "MSOFTX3000", NI = NATB, DPC = "D11",  STPF =
TRUE, DET = SG;
```

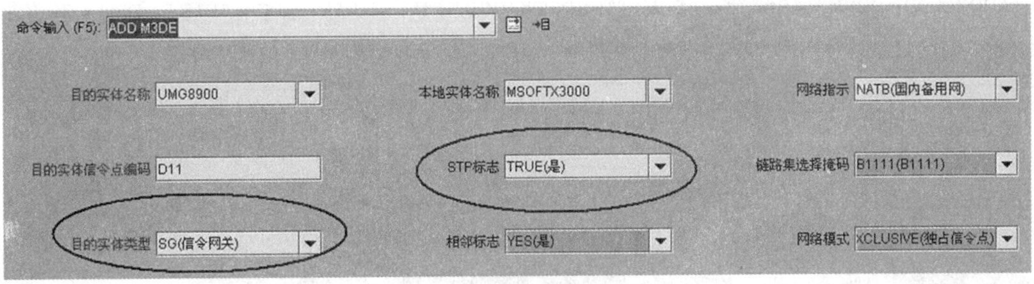

命令输入 (F5): ADD M3DE
目的实体名称 UMG8900
本地实体名称 MSOFTX3000
网络指示 NATB(国内备用网)
目的实体信令点编码 D11
STP标志 TRUE(是)
链路集选择掩码 B1111(B1111)
目的实体类型 SG(信令网关)
相邻标志 YES(是)
网络模式 XCLUSIVE(独占信令点)

图 3-30　配置目的实体

ADD M3LKS: LSNM = "TO-UMG8900", ADNM = "UMG8900", WM = ASP;

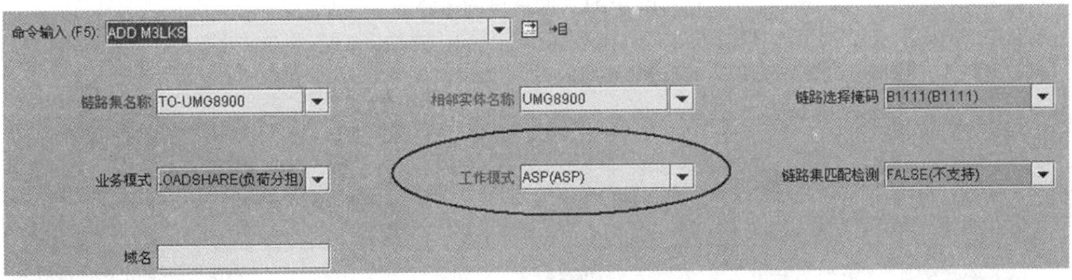

命令输入 (F5): ADD M3LKS
链路集名称 TO-UMG8900
相邻实体名称 UMG8900
链路选择掩码 B1111(B1111)
业务模式 LOADSHARE(负荷分担)
工作模式 ASP(ASP)
链路集匹配检测 FALSE(不支持)
域名

图 3-31　配置链路集

ADD M3LNK: MN = 133, LNKNM = "TO-UMG8900", LOCIP1 = "10.10.10.10", LOCPORT = 4000, PEERIP1 = "10.10.10.12", PEERPORT = 4000, CS = C, LSNM = "TO-UMG8900", QoS = TOS;

命令输入 (F5): ADD M3LNK
WBSG模块号 133
链路名称 TO-UMG8900
本地IP地址1 10.10.10.10
本地IP地址2 255.255.255.255
本地端口号 4000
对端IP地址1 10.10.10.12
对端IP地址2 255.255.255.255
对端端口号 4000
客户端/服务器端模式 C(客户端)
链路集名称 TO-UMG8900
主/备标志 YES(主用)
优先级 0

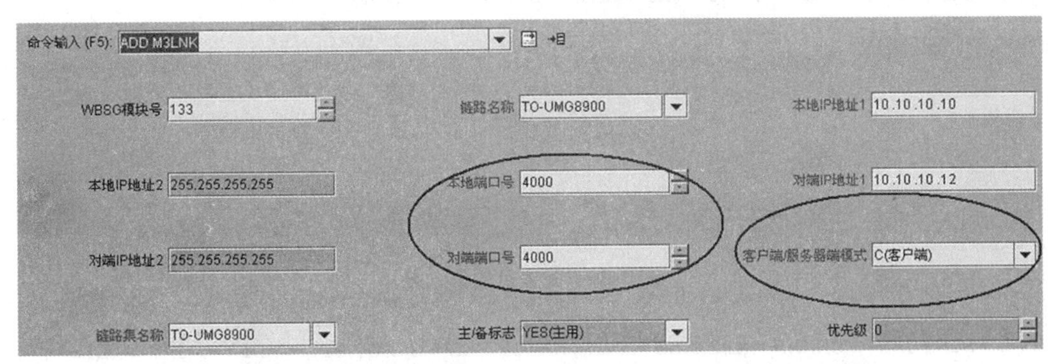

图 3-32　配置链路

ADD M3RT: RTNM = "TO-UMG8900", DENM = "UMG8900", LSNM = "TO-UMG8900";

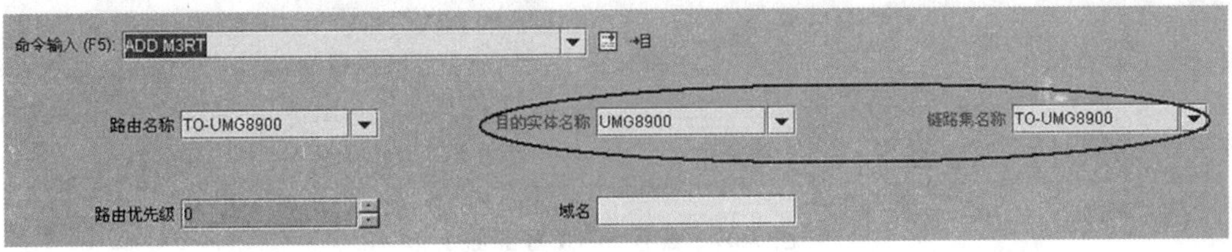

命令输入 (F5): ADD M3RT
路由名称 TO-UMG8900
目的实体名称 UMG8900
链路集名称 TO-UMG8900
路由优先级 0
域名

图 3-33　配置路由

ADD M3DE: DENM = "RNC1", LENM = "MSOFTX3000", NI = NATB, DPC = "D12", DET = SP;

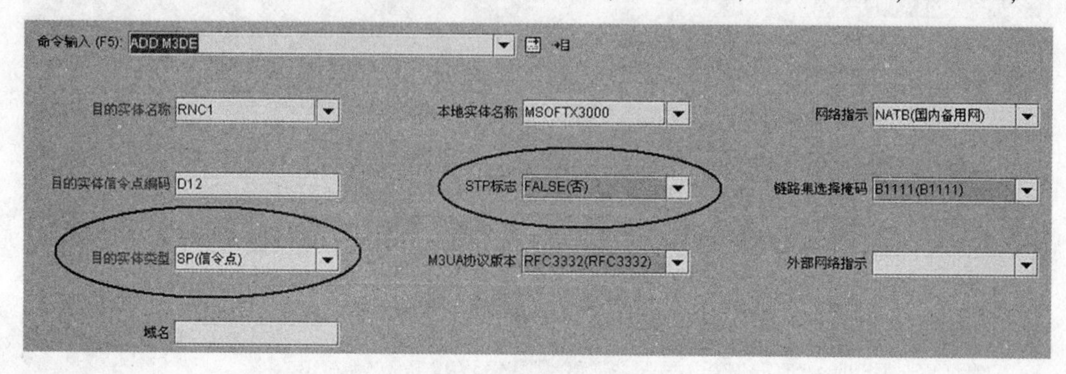

图 3-34　配置目的实体

ADD M3RT: RTNM = "TO-RNC1", DENM = "RNC1", LSNM = "TO-UMG8900";

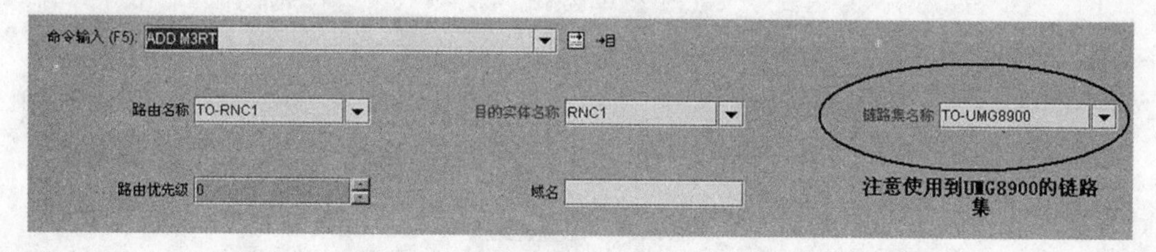

图 3-35　配置路由

ADD SCCPDSP: DPNM = "RNC1", NI = NATB, DPC = "D12", OPC = "D10";

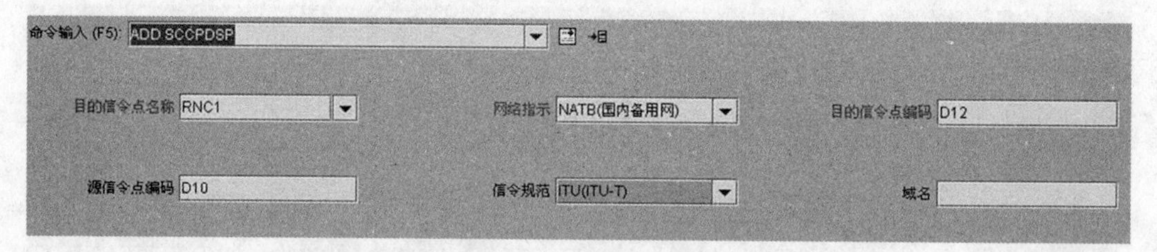

图 3-36　配置目的信令点

ADD SCCPSSN: SSNNM = "MSC-RNC", NI = NATB, SSN = SCMG, SPC = "D12", OPC = "D10";

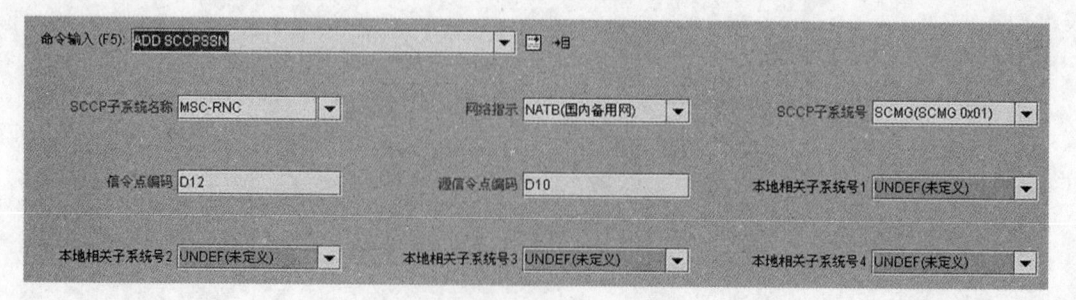

图 3-37　配置 SCCP 子系统 1

ADD SCCPSSN: SSNNM = "MSC-RNC-R", NI = NATB, SSN = RANAP, SPC = "D12", OPC = "D10";

图 3-38　配置 SCCP 子系统 2

ADD SCCPSSN: SSNNM = "LOCAL-SCMG", NI = NATB, SSN = SCMG, SPC = "D10", OPC = "D10";

图 3-39　配置 SCCP 子系统 3

ADD SCCPSSN: SSNNM = "LOCAL-RANAP", NI = NATB, SSN = RANAP, SPC = "D10", OPC = "D10";

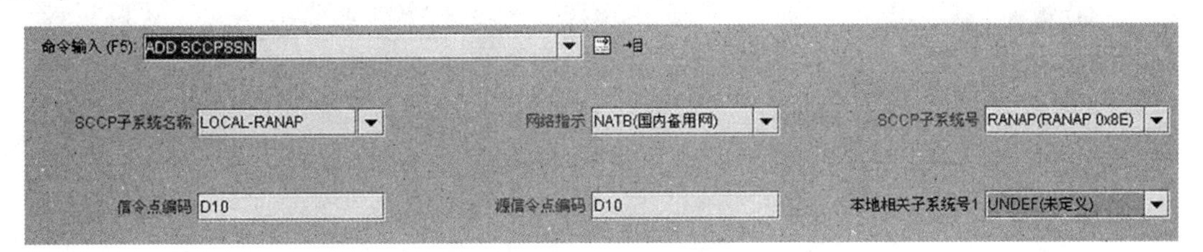

图 3-40　配置 SCCP 子系统 4

ADD CALLSRC: CSCNAME = "RNC", PRDN = 3, RSSN = "RNC", FSN = "100", INNAME = "INVALID";

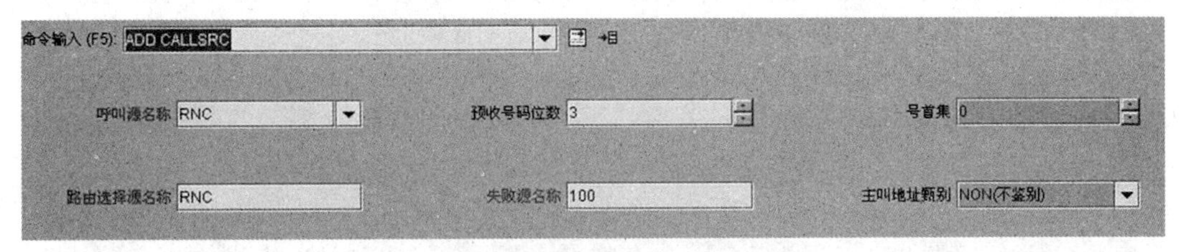

图 3-41　配置呼叫源

ADD OFC: ON = "RNC1", OOFFICT = RNC, DOL = LOW, DOA = RNC, BOFCNO = 0, OFCTYPE = COM, SIG = NONBICC/NONSIP, NI = NATB, DPC1 = "D12";

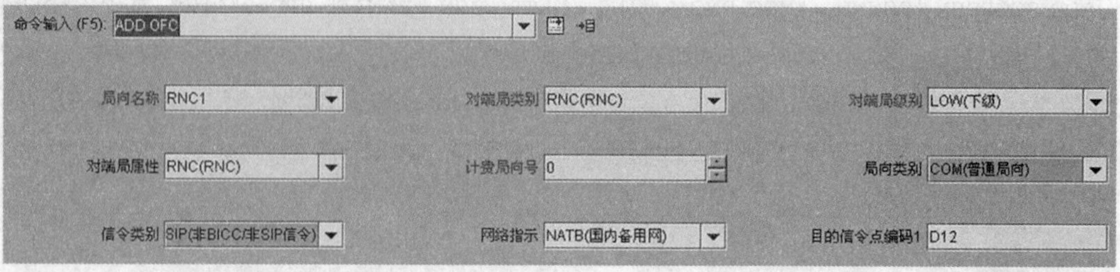

命令输入 (F5): ADD OFC
局向名称 RNC1
对端局类别 RNC(RNC)
对端局级别 LOW(下级)
对端局属性 RNC(RNC)
计费局向号 0
局向类别 COM(普通局向)
信令类别 SIP(非BICC/非SIP信令)
网络指示 NATB(国内备用网)
目的信令点编码1 D12

图 3-42　配置局向

ADD RNC: RNCID = 1, OPC = "D10", DPC = "D12", RNCNM = "RNC1", MLAIF = NO, LAI = "460100001";

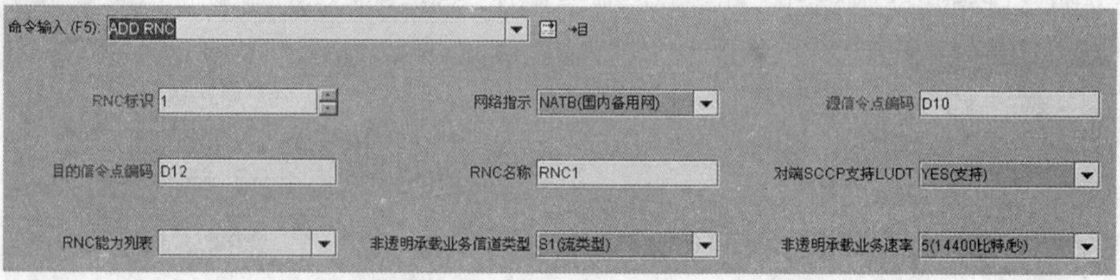

命令输入 (F5): ADD RNC
RNC标识 1
网络指示 NATB(国内备用网)
源信令点编码 D10
目的信令点编码 D12
RNC名称 RNC1
对端SCCP支持LUDT YES(支持)
RNC能力列表
非透明承载业务信道类型 S1(流类型)
非透明承载业务速率 5(14400比特/秒)

图 3-43　配置 RNC

ADD RANMGW: OFFICENAME = "RNC1", MGWNAME = "UMG8900";

命令输入 (F5): ADD RANMGW
局向名称 RNC1
媒体网关名称 UMG8900
最大虚拟通道数 65535
呼叫优先级 LEVEL_4(优先级4)
预留虚拟通道数 0
域名称

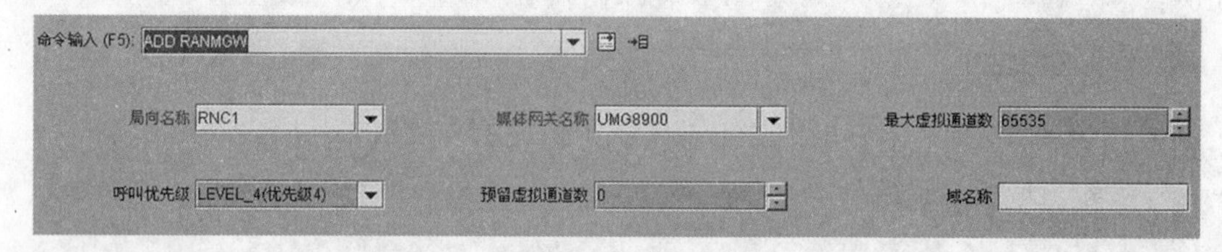

图 3-44　配置局向

ADD LAISAI: SAI = "460100001", LAISAINAME = "RNC1", MSCN = "8613900755", VLRN = "8613900755", NONBCLAI = NO, LAICAT = LAI, LAIT = HVLR, LOCNONAME = "INVALID", RNCID1 = 1, CSNAME = "RNC", TONENAME = "INVALID", CELLGROUPNAME = "INVALID", TZDSTNAME = "INVALID", LOCATIONIDNAME = "INVALID";

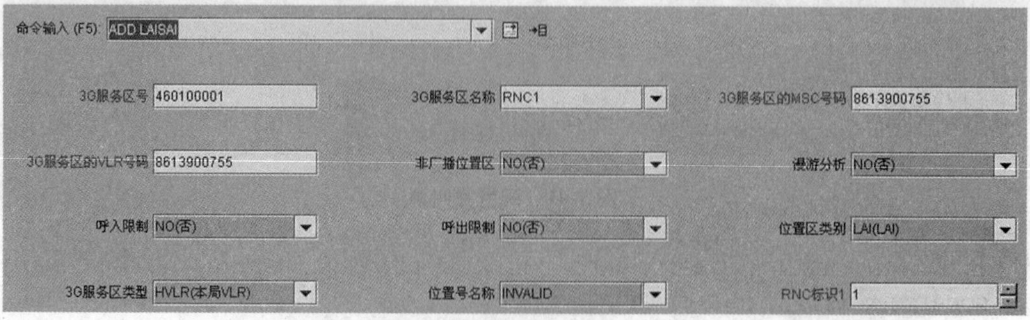

命令输入 (F5): ADD LAISAI
3G服务区号 460100001
3G服务区名称 RNC1
3G服务区的MSC号码 8613900755
3G服务区的VLR号码 8613900755
非广播位置区 NO(否)
漫游分析 NO(否)
呼入限制 NO(否)
呼出限制 NO(否)
位置区类别 LAI(LAI)
3G服务区类型 HVLR(本局VLR)
位置号名称 INVALID
RNC标识1 1

图 3-45　配置 3G 服务区 1

ADD LAISAI: SAI = "4601000010001", MSCN = "8613900755", VLRN = "8613900755", NONBCLAI = NO, LAICAT = SAI, LAIT = HVLR, LOCNONAME = "INVALID", RNCID1 = 1, CSNAME = "RNC", TONENAME = "INVALID", CELLGROUPNAME = "INVALID", TZDSTNAME = "INVALID", LOCATIONIDNAME = "INVALID";

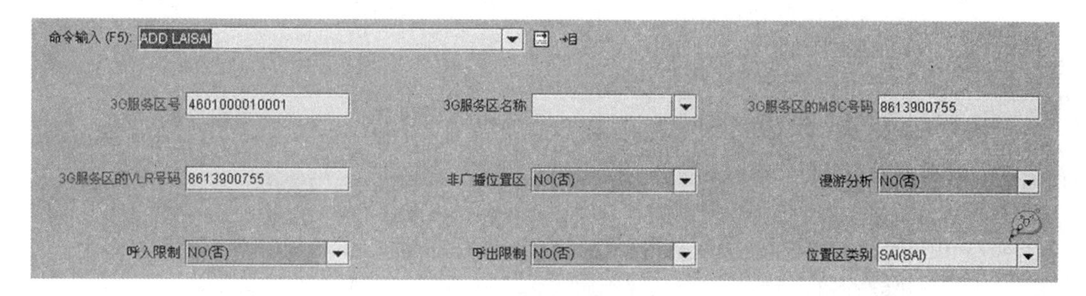

图 3-46　配置 3G 服务区 2

ADD CNACLD: PFX = K'139, RSNAME = "INVALID", MINL = 11, MAXL = 11, ICLDTYPE = MS, ISERVICECHECKNAME = "INVALID";

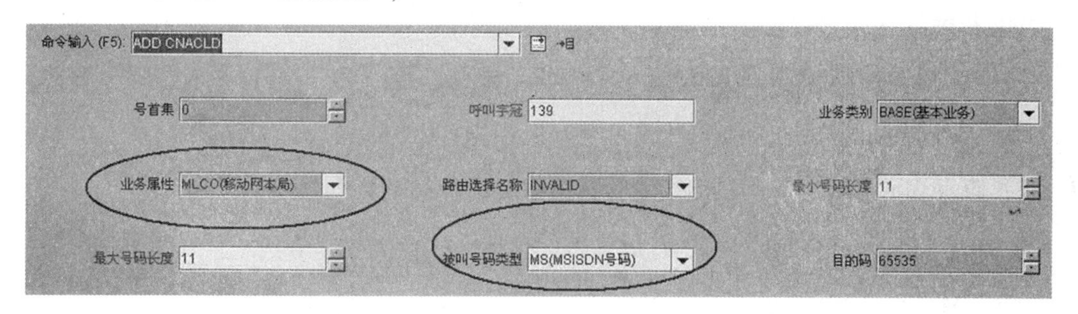

图 3-47　配置号首集 1

ADD CNACLD: PFX = K'13900755, RSNAME = "INVALID", MINL = 11, MAXL = 11, ICLDTYPE = MSRH, ISERVICECHECKNAME = "INVALID";

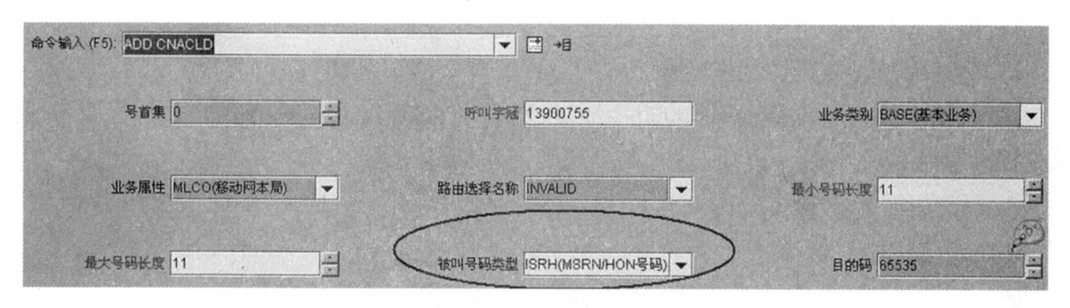

图 3-48　配置号首集 2

2. 实训步骤

加电运行 MSOFTX3000、UMG8900、BSC6810 设备，并使 UMG8900 和 BSC6810 的数据配合准确。

实训软件操作步骤同情景三任务二，请读者自行完成，此处不再赘述。

3. 实训验证

1）查询 MSOFTX3000 到 UMG8900 的 M3UA 状态，查询结果如图 3-49 所示。命令如下：

```
DSP M3DE:;
```

```
M3UA目的实体状态
----------------
目的实体名称          拥塞信息    状态    Server名称

UMG8900              未拥塞      可达    LOCAL
RNC1                 未拥塞      可达    LOCAL
CC08                 未拥塞      可达    LOCAL
(结果个数 = 3)
```

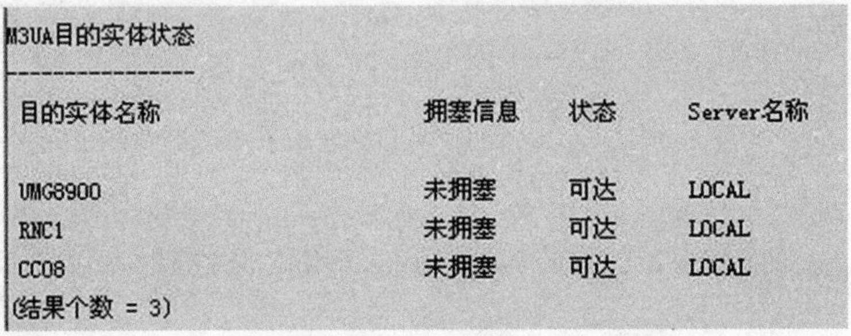

图 3-49 查询结果

2）查询 MSOFTX3000 到 RNC 的 M3UA 状态。命令如下：

```
DSP M3DE:;
```

3）查询 MSOFTX3000 到 RNC 的 SCCPDSP。命令如下：

```
DSP SCCPDSP:;
```

4）查询 MSOFTX3000 到目的实体的路由状态。命令如下：

```
DSP M3RT: DENM = "UMG8900";
DSP M3RT: DENM = "RNC1";
```

六、课后巩固

1）简述 SIGTRAN 协议簇。

2）简述 M3UA 的协议构成。

3）简述 M3UA 的组网结构及数据配置的特点。

4）简述 M3UA 数据的制作步骤。

5）画出本次实训的 MSOFTX3000-UMG8900-RNC 的连接及组网方式，并且标明各段的线缆和信令等。

情景四　UMG8900 数据配置

任务一　核心网 UMG8900 基本数据配置上机实训

一、任务目标

1）了解 UMG8900 的基础数据配置。

2）深入掌握 UMG8900 在移动通信系统中的作用。

二、实训器材

华为 WCDMA 核心网设备：UMG8900。

三、实训内容说明

1）学习配置 UMG8900 的基础数据。

2）学习 UMG8900 基础数据中相关指令的作用。

四、知识准备

UMG8900 通用媒体网关的硬件配置数据是对设备的硬件信息的设置和描述。硬件数据配置是在设备硬件安装完成后，对设备进行的基本数据设定操作。配置时通过 LMT 系统图形化界面的 MML 命令行输入。

硬件数据配置是其他数据配置的基础。硬件数据配置完成基本的硬件资源管理和硬件特性描述。除此以外，还包括时钟、级联等功能的配置。

1. 数据配置方法

1）使用 LMT 的操作维护子系统，执行 MML（Man-Machine Language）命令进行配置，这是一种最通用的配置方法，所有的配置都可以由这种方法完成 。

2）使用设备面板提供的图形化界面进行配置，这种方式主要可以用来完成硬件数据（机框、单板）的配置，其优点是直观，但这种方法只能完成部分数据的配置。

3）执行数据配置脚本完成配置，这种方式是由华为公司将配置数据做成脚本文件，用户只需执行这些脚本文件就可完成数据配置。

2. 硬件数据配置的准备工作

硬件数据配置工作的主要内容见表 4-1。

表 4-1　硬件数据配置工作的主要内容

序号	准备项	说明
1	软、硬件安装已完成	

（续）

序号	准备项	说明
2	详细的设备面板配置图	用于提供机柜、机框、单板等设备的类型、位置、编号等信息
3	单板的板组号	用于统一规划相同类型单板的板组号
4	时钟组网方案	用于决定如何配置时钟数据

3. 机框配置

UMG8900 设备的机框分为 4 种类型，即主控框、业务框、中心交换框和扩展控制框。下面对机框的配置进行简单说明。

1）机框的编号范围为［0 ~8］，编号方式为从下到上、从左到右。

2）主控框为默认配置插框，其框号固定为 1，不能对其进行添加和删除等操作，同时系统默认 MOMU、MCLK、MNET 单板已经增加。

3）扩展控制框的框号固定为 8，扩展控制框只能插 MMPU、MNET、MCMB 和 MPPB 4 种类型单板。

增加单板的过程中需要注意以下几个问题。

（1）前、后插限制

① 前插板包括 OMU、MPU、RPU、ASU、FLU、TCU、ECU、SPF 以及 CMU 中的 MCMF。

② 后插板包括 NET、CLK、TNU、TCLU、PPU、E8T、E1G、P4L、P1H、A4L、EAC、TAC、BLU、E32、T32、S2L 以及 CMU 中的 MCMB。

（2）对插限制

① OMU/MPU←→NET。

② RPU←→E8T/E1G/P4L/P1H。

③ ASU←→A4L/EAC/TAC。

④ BLU←→FLU。

（3）固定位置限制

① OMU 只能配置在主控框的前插 7、8 槽位。

② MPU 只能配置在除主控框以外的其他机框的前插 7、8 槽位。

③ NET 板只能配置在机框的后插 7、8 槽位。

④ CLK 板只能配置在主控框的后插 0、1 槽位。

⑤ FLU、BLU 只能配置在中心交换框。

⑥ TNU、TCLU 只能配置在机框的后插 6、9 槽位。没有中心交换框时，TNU 必须配置在主控框中；有中心交换框时中，TNU 必须配置在中心交换框中，此时 TCLU 配置在主控框和业务框中。

（4）工作方式

① 只能采用 1 +1 备份方式的单板包括 OMU、MPU、NET、CLK、TNU、TCLU、CMU、RPU、ASU、BLU。

② 只能采用负荷分担的单板包括 PPU、E8T、E1G、P4L、P1H、A4L、EAC、TAC、TCU、ECU、SPF、E32、T32 、FLU。

③ S2L 板可以采用 1 +1 备份的工作方式，也可以采用负荷分担的工作方式。

其他注意事项：

① 1 +1 备份工作方式的单板，其对偶槽位单板的板类型和板组号必须一致。例如，在 12 槽位插了 CMU 板，工作方式为 1 +1 备份，那么在 13 槽位就不能插其他类型的单板，并且这两块单板的板组号必须配置成一致。

②对于 SDH 接口（S2L、A4L、P4L 及 P1H）板，若欲对其接口实施 1 +1 备份的保护方式，则保护通道的单板必须插在奇数槽位，工作通道的单板插在偶数槽位。

4. 硬件数据配置流程

硬件数据配置流程如图 4-1 所示。

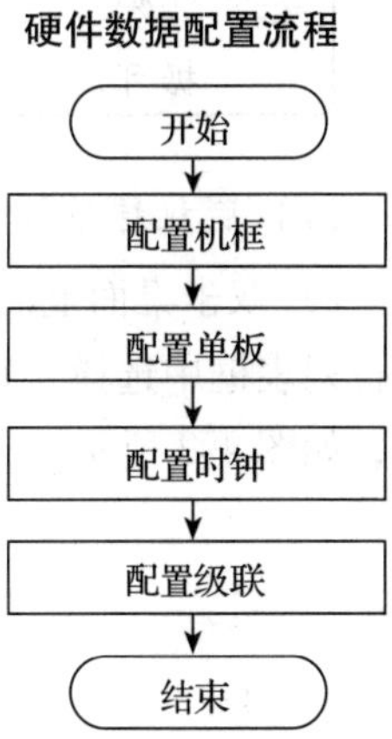

硬件数据配置流程

开始 → 配置机框 → 配置单板 → 配置时钟 → 配置级联 → 结束

图 4-1 硬件数据配置流程

五、实训内容

1. 数据准备

ADD BRD: FN =1, SN =0, BP =FRONT, BT =VPU, ADS =ACTIVE, HBT =VPD, BN =0; //增加单板,机框号 1,槽位号 0,前面板,单板 VPU,状态激活,单板硬件 VPD

ADD BRD: FN =1, SN =6, BP =FRONT, BT =SPF, HBT =SPF, BN =0; //增加单板,机框号 1,槽位号 6,前面板,单板 SPF,状态激活,单板硬件 SPF

ADD BRD: FN =1, SN =10, BP =FRONT, BT =CMU, HBT =CMF, BN =30; //增加单板,机框号 1,槽位号 10,前面板,单板 CMU,状态激活,单板硬件 CMF

ADD BRD: FN =1, SN =0, BP =BACK, BT =CLK, HBT =CLK, BN =0; //增加单板,机框号 1,槽位号 0,后面板,单板 CLK,状态激活,单板硬件 CLK

ADD BRD: FN =1, SN =2, BP =BACK, BT =E32, ADS =ACTIVE, HBT =E32, BN =0; //增加单板,机框号 1,槽位号 2,后面板,单板 E32,状态激活,单板硬件 E32

ADD BRD: FN =1, SN =6, BP =BACK, BT =TNU, HBT =TNB, BN =0; //增加单板,机框号 1,槽位号 6,后面板,单板 TNU,状态激活,单板硬件 TNB

ADD BRD: FN =1, SN =10, BP =BACK, BT =PPU, HBT =CMB, BN =0; //增加单板,机框号 1,槽位号 10,后面板,单板 PPU,状态激活,单板硬件 CMB

ADD IPADDR: BT = OMU, BN = 0, IFT = ETH, IFN = 0, IPADDR = "129.9.0.2", MASK = "255.255.0.0", FLAG =MASTER, INVLAN =NO; //增加设备维护地址:单板 OMU。注意,请勿改动本条命令,否则将会导致目前设定无法连接设备

ADD IPADDR: BT = PPU, BN = 0, IFT = ETH, IFN = 0, IPADDR = "10.10.10.5", MASK = "255.255.0.0", FLAG =MASTER, INVLAN =NO; //增加从地址

ADD IPADDR: BT = SPF, BN = 0, IFT = ETH, IFN = 0, IPADDR = "10.10.10.6", MASK = "255.255.0.0", FLAG =MASTER, INVLAN =NO; //增加从地址

SET FTPSRV: SRVSTAT =ON, TIMEOUT =30; //设置 FTP 服务器状态

ADD FTPUSR: USRNAME = "bam", PWD = "BOJKWRTZOVMDPQHZ", CFM = "BOJKWRTZOVMDPQHZ", HOMEDIR = "c:/bam", RIGHT =FULL, ENCR =YES; //增加 FTP 用户。用户名和密码为 bam,路径为 = "c:/bam"

2. 实训步骤

> **注意：**进行本实训操作，务必先仔细阅读华为设备相关手册，了解FTP数据可能因为遗漏了OMU板的IP配置而导致不能运行的后果。

(1) 脱机练习模式

1) 双击桌面上的“本地维护终端”图标，打开“用户登录”对话框。在“局向”下拉列表框中选择“UMG8900：129.9.0.2”，用户类型选择“本地用户”，单击“离线”按钮，如图4-2所示。

图4-2　“用户登录”对话框

2) 选择进入的离线工作软件类型“UMG8900”，单击“确定”按钮，如图4-3所示。

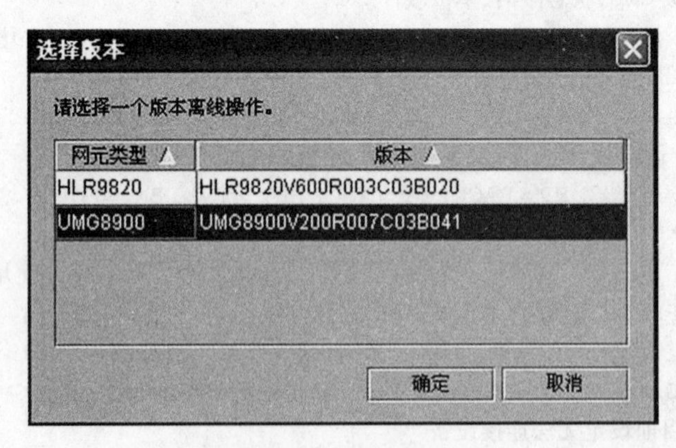

图4-3　选择版本

3) 进入脱机命令行模式，如图4-4所示。在“命令输入”文本框中输入所需要的数据，完成一条命令输入后，会弹出一个“保存”对话框，如图4-5所示。选择保存命令行的位置，一般放在桌面即可。

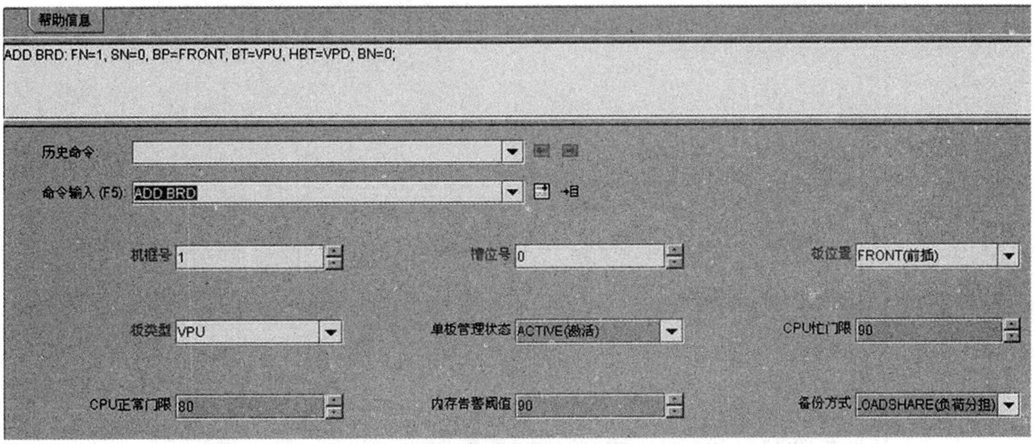

图 4-4　命令行输入窗口

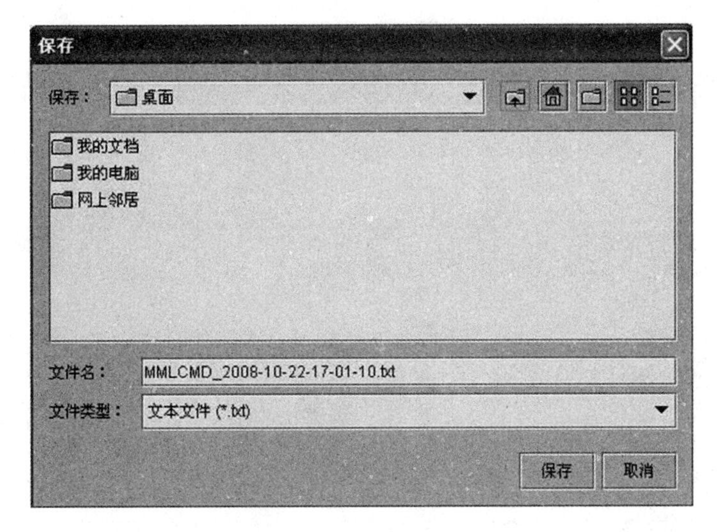

图 4-5　保存命令行

4）继续进行后续的命令制作，直到完成本次操作。

（2）联机验证模式（UMG8900 需要上电运行）

在学生终端双击桌面上的“本地维护终端”图标，打开“用户登录”对话框。在“局向”下拉列表框中选择“UMG8900：129. 9. 0. 2”，用户类型选择“本地用户”，在“密码”文本框中输入“9061mgw”，单击“登录”按钮，系统进入联机模式。命令输入操作与前面类似，请读者自行完成，此处不再赘述。这时输入的命令数据均保存于 UMG8900 的 OMU 板内。

备注：也可以使用 FTP 方式进行数据设定，后续实训再介绍。

3. 实训验证

设备单板运行状态如图 4-6 和图 4-7 所示。

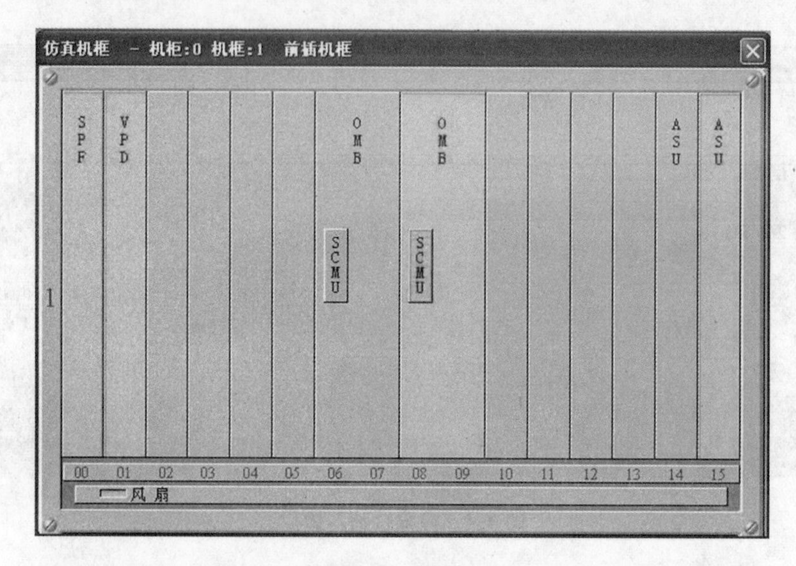

图 4-6　前面板

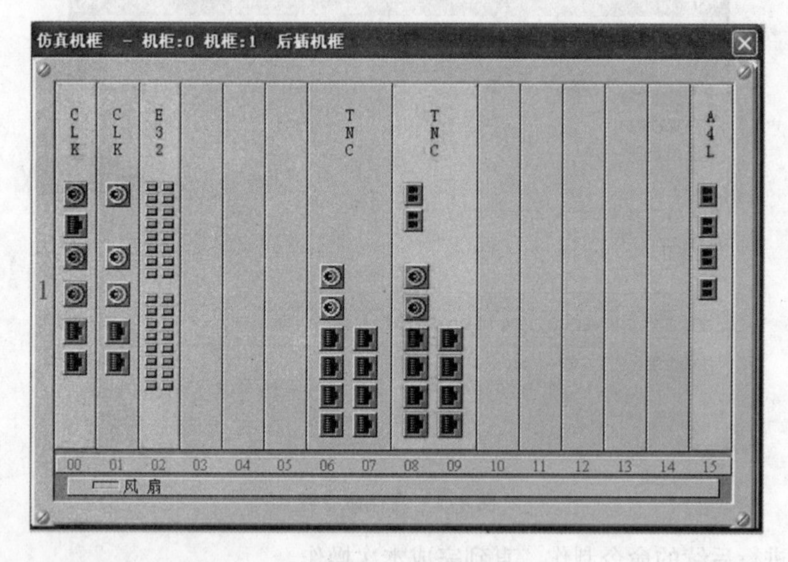

图 4-7　后面板

六、课后巩固

1）哪些单板是前后对插关系？

2）H. 248 协议处理单板的名称是什么？

3）VPD 的功能是什么？

4）执行联机命令后，数据存放结果在哪里？

5）如何查看数据配置结果？

任务二　核心网 UMG8900 对接 RNC 数据上机实训

一、任务目标

1）掌握 UMG8900 的数据设定方法。

2）掌握 UMG8900 和 RNC 对接的数据设定。

二、实训器材

1）华为 WCDMA 核心网部分设备：MSOFTX3000、UMG8900。

2）华为 WCDMA 无线部分设备：BSC6810。

三、实训内容说明

1）学习配置 UMG8900 的链路及接口数据。

2）学习 UMG8900 的组网及演进等。

四、知识准备

1. ATM 协议结构模型

ATM 协议结构模型如图 4-8 所示。从低到高分为 3 层：分别是物理层、ATM 层、适配层。

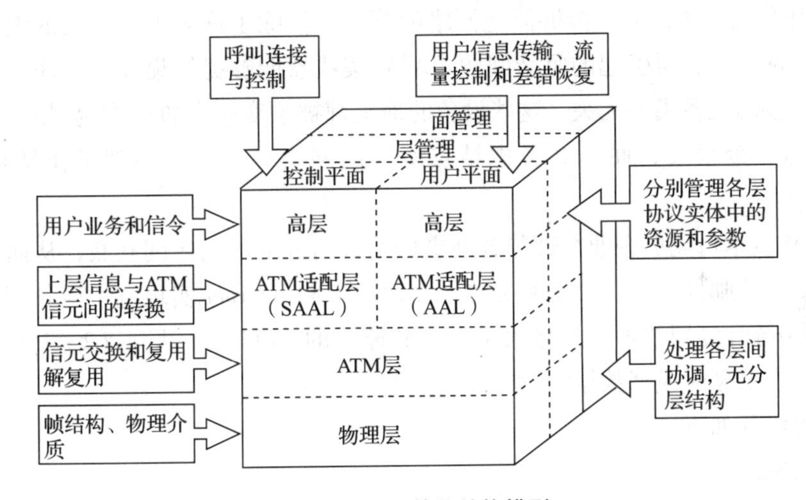

图 4-8 ATM 协议结构模型

2. ATM 概述

ATM（Asynchronous Transfer Mode，异步传输模式）是一项数据传输技术。ATM 是以信元为基础的一种分组交换和复用技术。它是一种为了多种业务设计的、通用的、面向连接的传输模式。它适用于局域网和广域网，具有较高的数据传输率，支持声音、数据、传真、实时视频、CD 质量音频和图像的通信。

ATM 是在 LAN 或 WAN 上传送声音、视频图像和数据的宽带技术。它是一项信元中继技术，数据分组大小固定。可以将信元想象成一种运输设备，能够把数据块从一台设备经过 ATM 交换设备传送到另一台设备。所有信元具有同样的大小，不像帧中继及局域网系统数据分组大小不定。使用相同大小的信元可以提供一种方法，预计和保证应用所需要的带宽。如同轿车在繁忙的交叉路口必须等待长卡车转弯一样，可变长度的数据分组容易在交换设备处引起通信延迟。

ATM 真正具有电路交换和分组交换的双重性：ATM 面向连接，它需要在通信双方向建立连接，通信结束后再由信令拆除连接；但它摈弃了电路交换中采用的同步时分复用，改用异步时分复用，收发双方的时钟可以不同，可以更有效地利用带宽。

ATM 的传送单元是固定长度 53B 的 CELL（信元），信头部分包含了选择路由用的 VPI/VCI 信息，因而它具有分组交换的特点。它是一种高速分组交换，在协议上它将 OSI 第二层的纠错、流控功能转移到智能终端上完成，降低了网络时延，提高了交换速度。

交换设备是 ATM 的重要组成部分，它能用作组织内的 Hub，快速将数据分组从一个结点传送到另一个结点；或者用作广域通信设备，在远程 LAN 之间快速传送 ATM 信元。以太网、光纤分布式数据接口（FDDI）、令牌环网等传统 LAN 采用共享介质，任一时刻只有一个结点能够进行传送，而 ATM 提供任意结点间的连接，结点能够同时进行传送。来自不同结点的信息经多路复用成为一条信元流。在该系统中，ATM 交换器可以由公共服务的提供者所拥有或者是组织内部网的一部分。

ATM 用作公司主干网时，能够简化网络的管理，消除了许多由于不同的编址方案和路由选择机制的网络互连所引起的复杂问题。ATM 集线器能够提供集线器上任意两端口的连接，而与所连接的设备类型无关。这些设备的地址都被预变换，如很容易从一个结点到另一个结点发送一个报文，而不必考虑结点所连的网络类型，使物理工作站移动地方非常方便。

通过 ATM 技术可完成企业总部与各办事处及公司分部的局域网互联，从而实现公司内部数据传送、企业邮件服务、话音服务等，并通过上联 Internet 实现电子商务等应用。同时由于 ATM 采用统计复用技术，且接入带宽突破原有的 2Mbit/s，达到（2～155）Mbit/s，因此适合高带宽、低延时或高数据突发等应用。

常用缩写解释如下：

NNI：网络结点接口。

GFC：一般流量控制域。

VPI：虚路径标识符。

VCI：虚通道标识符。VPI/VCI 是 ATM 中识别各流量单元的标识。

PT：净荷类型，即后面 48 个字节信息域的信息类型。

RES：保留位，可以用于将来扩展定义，现在指定它恒为 0。

CLP：信元丢弃优先权，在发生信元冲突时，CLP 用来说明该信元是否可以丢掉。

HEC：信头校验码，检验多项式，这个字节用来保证整个信头的正确传输。

3. VPI 与 VCI

在信元结构中，VPI 和 VCI 是最重要的两部分。这两部分合起来构成了一个信元的路由信息，也就是这个信元从哪里来、到哪里去。ATM 交换机就是根据各个信元上的 VPI－VCI 来决定把它们送到哪一条线路上去。

用同步时分复用的办法可以把一条通信线路分割成若干个子信道，如一条窄带 ISDN 用户线路可以分割成两个 64kbit/s 的 B 信道和一个 16kbit/s 的 D 信道。在异步传输方式中，使用虚路径和虚通道的概念，也可以把一条通信线路划分成若干个子信道。例如，在一条宽带 ISDN 用户线路上，要进行 5 个通信，其中到 A 地有 3 个通信，到 B 地有两个通信，这些通信里有电话通信、数据通信，图像通信等。可以用 VPI＝1 表示向 A 地的通信，VPI＝2 表示向 B 地的通信。到 A 地的 3 个通信分别用 VCI＝4、VCI＝5、VCI＝6 来代表，到 B 地的两个通信用 VCI＝5、VCI＝6 来表示。在线路上，所有 VPI＝1 的信元属于一个子信道，所有 VPI＝2 的信元属于另一个子信道，一般把这两个子信道都叫作虚路径，每个虚路径还可划分为若干个虚通道。

宽带 ISDN 用户线路采用 ATM 方式的优点是可以灵活地把用户线路分割成速率不同的各个子信道，以适应不同的通信要求。这些子信道就是虚路径和虚通道。在不同的时刻，用户的通信要求不同，虚路径和虚通道的使用就不一样。当需要某一个通信时，ATM 交换机就可为该通信选择一个空闲中的 VPI 和 VCI。在通信过程中，该 VPI－VCI 就始终表示该通信在进行。当该通信使用完毕后，某 VPI－VCI 就可以为其他通信所用了。这种通信过程就称为建立虚路径、虚通道和拆除虚路径、虚通道。

一条虚路径是一种可适用于所有虚通道的逻辑结构。一个虚路径标识符内可放入多条虚通道。路径/通道概念的使用允许 ATM 交换设备以相同的方式在一条路径上处理所有的通道。路径可以将许多通道绑在一起做公共处理。对于要求服务类的连接（通道），公共处理是需要的。这是从逻辑角度而不是物理角度看路径和通道。在物理介质上，虚路径和虚通道并不是并行传输的，ATM 不利用频率或微波的多路复用。虚路径和虚通道在物理介质上是以相同的波长传输的，区分的方法是在信元标头中插入不同的 VPI/VCI 值。在路径上的所有输入虚通道都可导向某些输出通道，这便于数据单元的管理。这种处理的优点是更快地吞吐及在交换设备上较低的内部延迟。

4. ATM 虚连接

ATM 虚连接如图 4-9 所示。

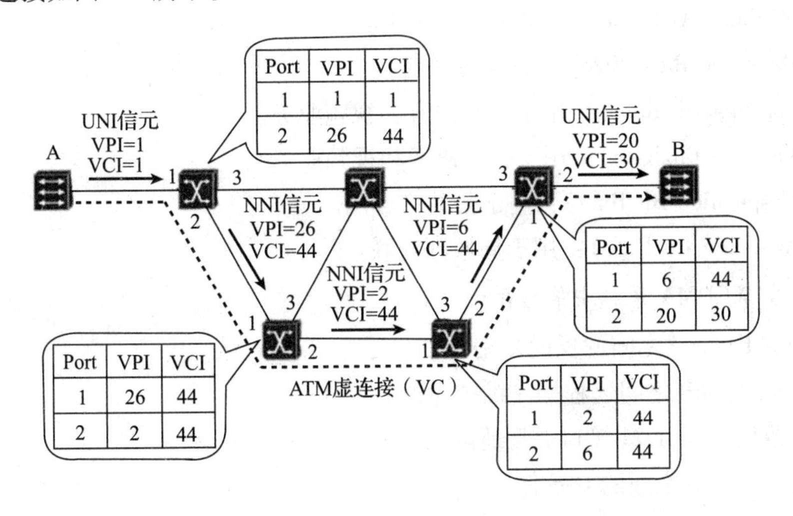

图 4-9　ATM 虚连接

5. AAL 适配方式分类

目前 AAL 层有 5 种适配方式，用于承载不同类型的数据业务，见表 4-2。本课程的重点是 AAL2 和 AAL5，因为在 WCDMA 的 RNC 系统中，语音业务使用 AAL2 承载，其他业务和信令使用 AAL5 承载。

AAL2 分为两个子层：公共部分子层（CPS）和业务特定汇聚子层（SSCS）。公共部分子层内部包含了 SAR 层的功能，所以没有专门的 SAR 子层。对于 AAL2 来说，无论承载何种业务，CPS 总是相同的。根据承载的业务不同，SSCS 必须根据业务的种类进行不同的定义，甚至 SSCS 可以为空（无 SSCS 层）。

AAL5 也分为两个子层：汇聚子层（CS）和分段/重装子层（SAR）。汇聚子层又可以分为业务特定部分（SSCS）和公共部分（CPCS）。为提高适配效率，ALL5 将 AAL3/4 的 CPCS 和 SAR 部分进行了适当的简化，因此这种适配方式不支持多高层用户复用的功能。

表 4-2　AAL 适配方式分类

业务	A 类	B 类	C 类	D 类
比特率	固定	可变	可变	可变
信源、信宿定时关系	需要	需要	不需要	不需要
连接方式	面向连接	面向连接	面向连接	无连接
适配	AAL1	AAL2	AAL3/4	AAL5

6. ATM 重要缩写名词

PCR（Peak Cell Rate）：峰值信元速率。

SCR（Sustainable Cell Rate）：可维持信元速率。

MCR（Minimum Cell Rate）：最小信元速率。

MBS（Maximum Burst Size）：最大突发度。

CBR（Constant Bit Rate）：用于实时语音和视频业务。

VBR（Variable Bit Rate）：用于分组语音和视频业务。

UBR（Unspecified Bit Rate）：用于公共广域网。

ABR（Available Bit Rate）：用于局域网互联。

7. ATM 在 WCDMA 系统中的应用

1）物理层 E1 链路之间的反向复用 IMA。

2）RNC 与 NodeB 之间远程操作维护通道的 IPOA。

3）协议栈接口与 ATM 接口类型适配层之间的关系。

4）各类高层业务之间的 QoS 保证。

8. MTP3B 信令

MTP3B 是在原 MTP3 的基础上针对 ATM 的特性指定的协议规范。MTP3B 不仅要负责对信令消息的承载，而且要负责信令网、信令链路的管理。MTP3B 采用 SAAL 提供的服务来进行消息交换。

MTP3B 协议的功能结构与 MTP3 相似，包括以下两大部分。

1）信令消息处理。该部分的主要功能是保证在一个信令点的用户部分发生的信令消息传递到由消息信令单元（MSU）中的相关域所指明的目的地的对应用户部分（在 Iu 接口只有 SCCP 和 STC 两个用户部分）。为使信令网完成上述传递，信令消息处理部分从功能上进一步分为消息路由、消息识别和消息分发 3 种功能。

2）信令网络管理。该部分的主要功能是在信令网故障时提供的信令网重组结构能力，其中也包括启用和定位新的信令链路。随着信令网的扩大及信令链路负荷的增加，信令网可能出现拥塞，因此信令网管理功能中也包括控制拥塞的功能。信令网管理功能分为信令业务管理、信令链路管理和信令路由管理 3 部分。

五、实训内容

1. 数据准备

本实训的数据规划见表 4-3。

表 4-3　数据规划

	信令点编码	信令点编码	国家码	本地区号	移动国家码	移动网号	MSC / VLR 号	ATM 地址
MS OFTX 3000	111111	H'D10（备用网）	86	20	460	10	8613900755	
UMG 8900		H'D11（备用网）	86	20	460	10		H'4586139007550000000000000000000000000000
		H'D12（备用网）	86	20	460	10	460100001	H'4586139007551000000000000000000000000000

对接网元	控制面 VPI	控制面 VCI	用户面 VPI	用户面 VCI
UMG8900	0	33-34	0	50-51
BSC6810	0	33-34	0	50-51

命令行脚本如下（见图 4-10 ~ 图 4-42）：

```
SET OFI: NAME = "UMG8900", INTVLD = NO, INTRESVLD = NO, NATVLD = NO, NATRESVLD = YES, SERACH0 = NATB, NATRESOPC = Hd11, NATRESLEN = LABEL14;
```

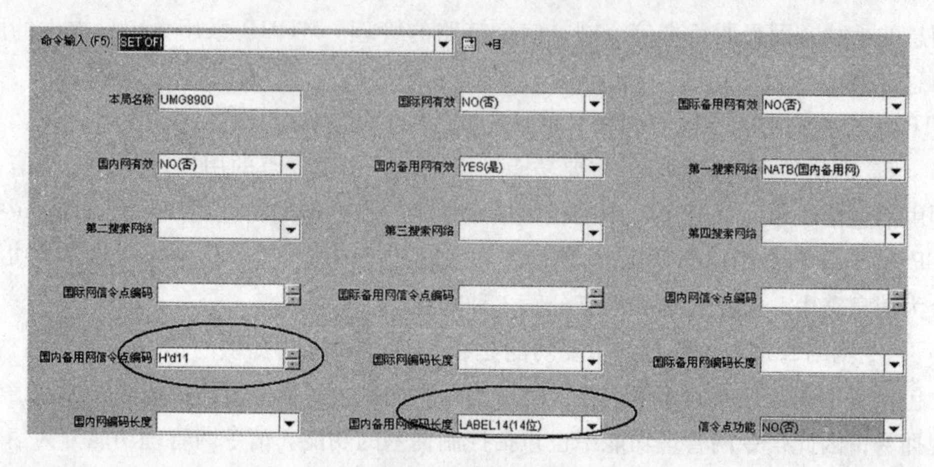

图 4-10　配置本局信息

ADD M3LE: LEX = 0, LEN = "UMG8900", LET = SG, NI = NATB, OPC = H'd11;

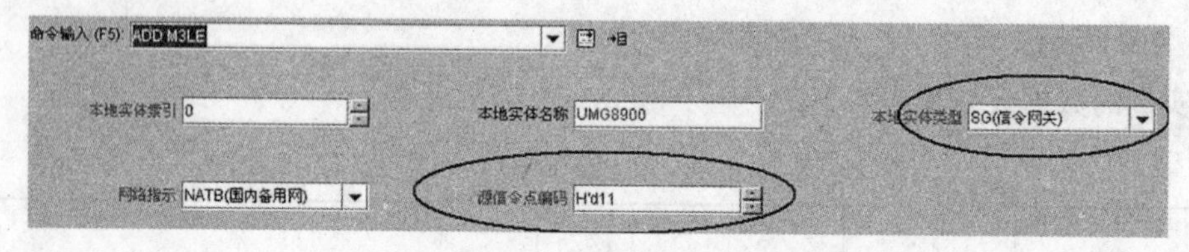

图 4-11　配置本地实体

ADD M3DE: DEX = 0, DEN = "MSOFTX3000", DET = AS, NI = NATB, DPC = H'd10, LEX = 0;

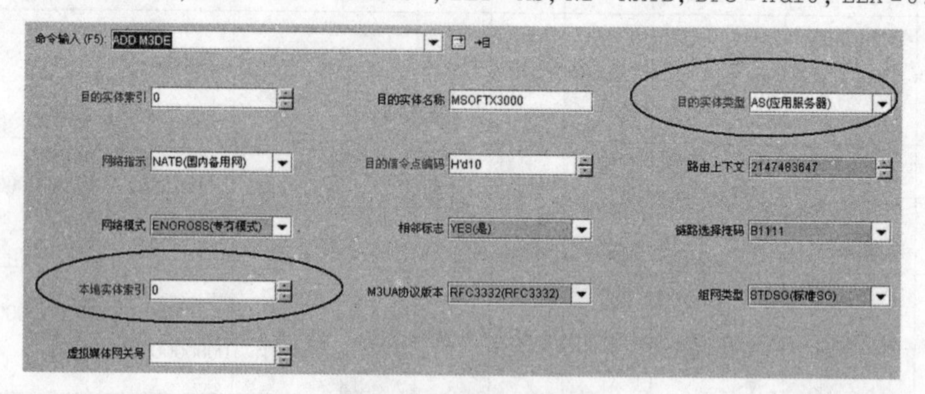

图 4-12　配置目的实体

ADD M3LKS: LSX = 0, LSN = "TO-MSOFTX3000", ADX = 0;

图 4-13　配置链路集

ADD M3RT: RN = "TO-MSOFTX3000", DEX = 0, LSX = 0;

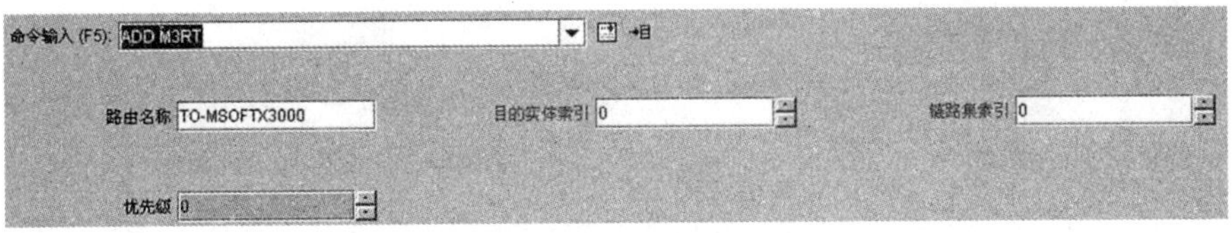

命令输入(F5): ADD M3RT
路由名称 TO-MSOFTX3000
目的实体索引 0
链路集索引 0
优先级 0

图 4-14　配置路由

ADD M3LNK: LNK = 0, BT = SPF, BN = 0, LKN = "TO-MSOFTX3000", LIP1 = "10.10.10.12", LP = 4000, RIP1 = "10.10.10.10", RP = 4000, LSX = 0, ASF = ACTIVE;

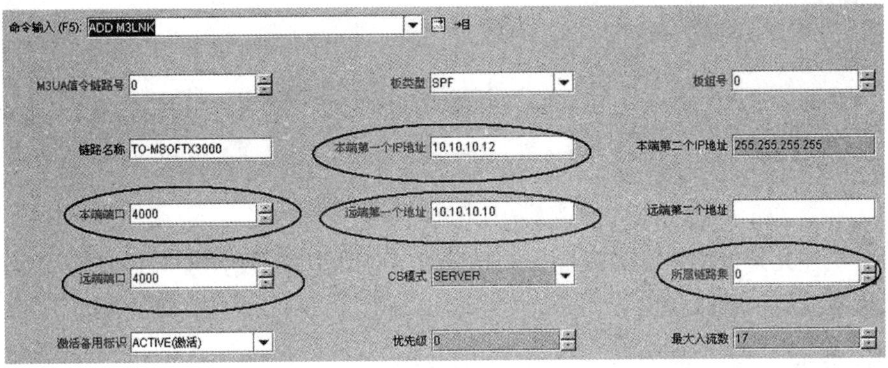

命令输入(F5): ADD M3LNK
M3UA信令链路号 0
板类型 SPF
板组号 0
链路名称 TO-MSOFTX3000
本端第一个IP地址 10.10.10.12
本端第二个IP地址 255.255.255.255
本端端口 4000
远端第一个地址 10.10.10.10
远端第二个地址
远端端口 4000
CS模式 SERVER
所属链路集 0
激活备用标识 ACTIVE(激活)
优先级 0
最大入流数 17

图 4-15　配置链路

ADD PG: PGID = 0, IFT = ATM, TYPE = APS1PLUS1, CHNNUM = 1, RTVM = NOT_RECOVER, OPM = UNIDIRECTIONAL, OPTSM = DISABLE;

命令输入(F5): ADD PG
保护组号 0
接口类型 ATM(ATM接口)
保护方式 1PLUS1(APS1加1方式)
恢复方式 _RECOVER(不可恢复)
单向/双向模式 NIDIRECTIONAL(单向)
分合光器模式 ABLE(不使用分合光器)

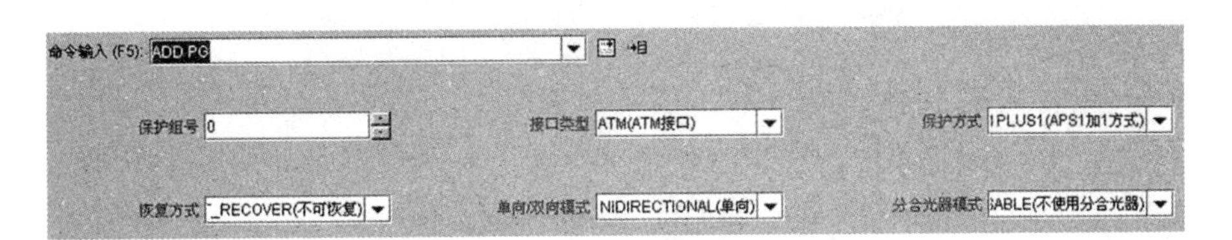

图 4-16　配置保护组相关参数

SET WRTIME: PGID = 0, WTIME = 600;

命令输入(F5): SET WRTIME
保护组号 0
等待恢复时长(秒) 600

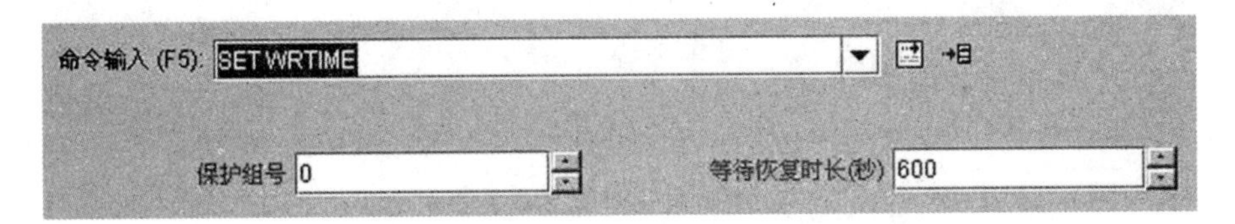

图 4-17　配置保护组等待时长

SET SIGDEFECT: PGID = 0, SDFLAG = SD_DISABLE;

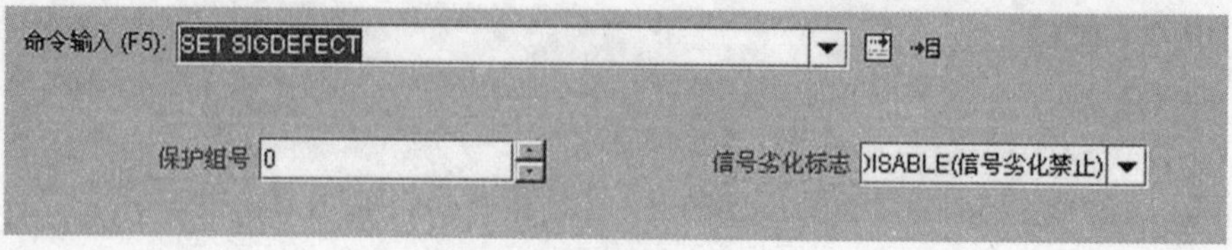

命令输入 (F5): SET SIGDEFECT

保护组号 0　　　　信号劣化标志 DISABLE(信号劣化禁止)

图 4-18　配置保护组信号劣化标志

SET PG: PGID = 0, CMDT = START_CONTROLLER;

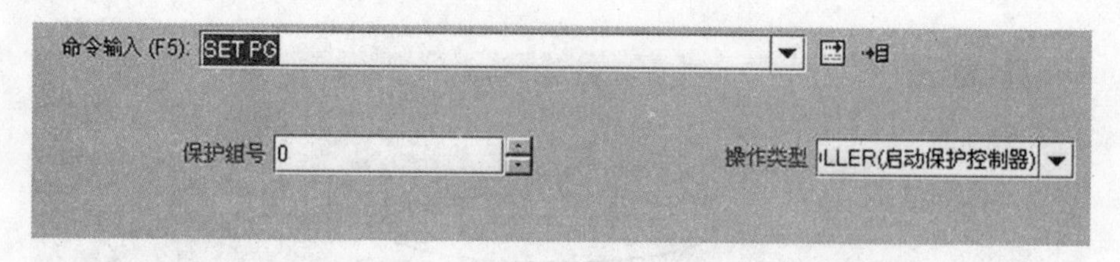

图 4-19　配置保护组操作类型

说明：上述几条保护参数的设置，主要是对 ATM 光口的设置及保护恢复。在现网中均由主备用光板进行单板级备份。

ADD PVCTRF: INDEX = 0, ST = RTVBR;

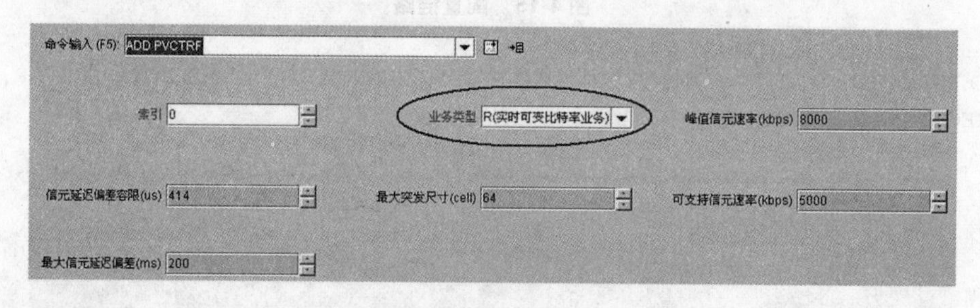

图 4-20　配置 PVC1

ADD PVCTCU: BN = 0, INDEX = 0;

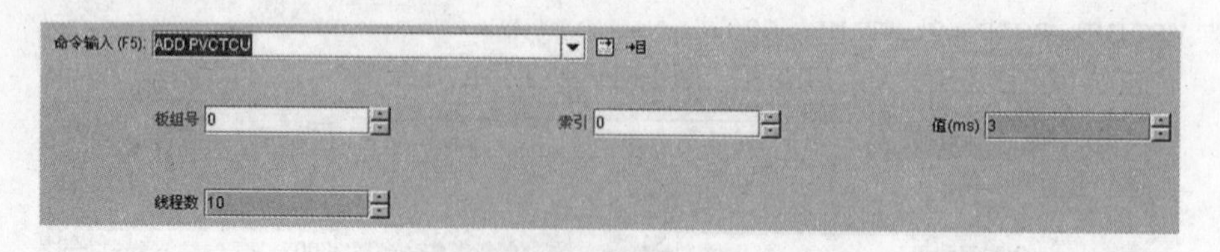

图 4-21　配置 PVC2

ADD PVC: FN = 1, SN = 15, PN = 0, PVCNAME = "UMG-RNC-1", PVCTYPE = SIGNAL, STARTVPI = 0, STARTVCI = 33, ENDVPI = 0, ENDVCI = 33;

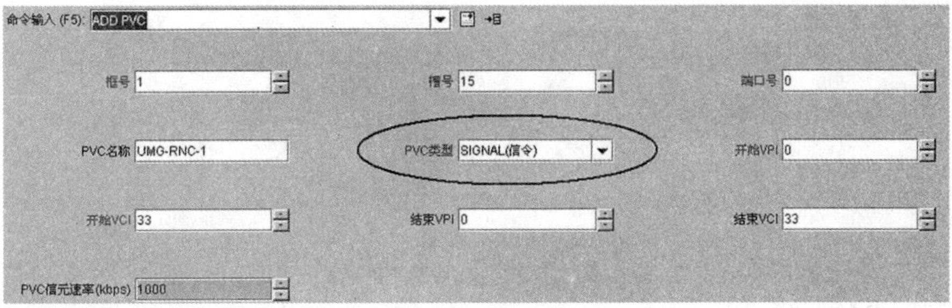

命令输入(F5): ADD PVC
框号 1
槽号 15
端口号 0
PVC名称 UMG-RNC-1
PVC类型 SIGNAL(信令)
开始VPI 0
开始VCI 33
结束VPI 0
结束VCI 33
PVC信元速率(kbps) 1000

图 4-22　配置 PVC3

ADD PVC: FN = 1, SN = 15, PN = 0, PVCNAME = "UMG-RNC-2", PVCTYPE = SIGNAL, STARTVPI = 0, STARTVCI = 34, ENDVPI = 0, ENDVCI = 34;

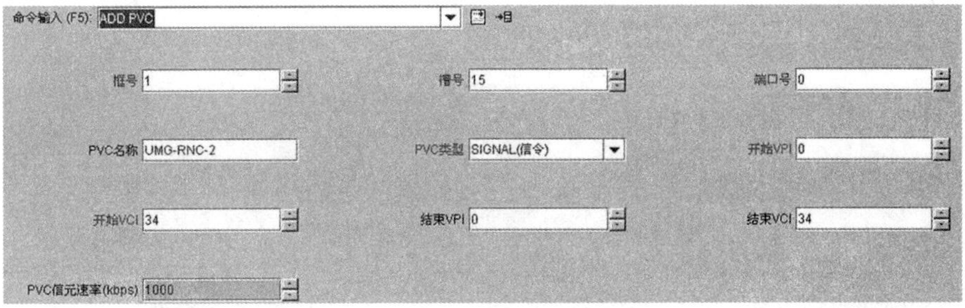

命令输入(F5): ADD PVC
框号 1
槽号 15
端口号 0
PVC名称 UMG-RNC-2
PVC类型 SIGNAL(信令)
开始VPI 0
开始VCI 34
结束VPI 0
结束VCI 34
PVC信元速率(kbps) 1000

图 4-23　配置 PVC4

ADD PVC: FN = 1, SN = 15, PN = 0, PVCNAME = "RNC-BEARER", PVCTYPE = BEARER, STARTVPI = 0, STARTVCI = 50, ENDVPI = 0, ENDVCI = 50, UPC = NO, TS = YES, RXTRAFIDX = 0, TXTRAFIDX = 0, TMRCUIDX = 0;

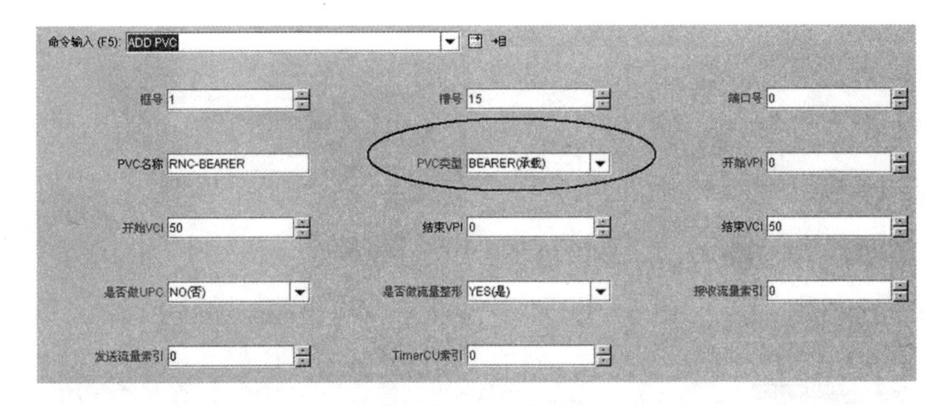

图 4-24　配置 PVC5

ADD PVC: FN = 1, SN = 15, PN = 0, PVCNAME = "RNC-BEARER", PVCTYPE = BEARER, STARTVPI = 0, STARTVCI = 51, ENDVPI = 0, ENDVCI = 51, UPC = NO, TS = YES, RXTRAFIDX = 0, TXTRAFIDX = 0, TMRCUIDX = 0;

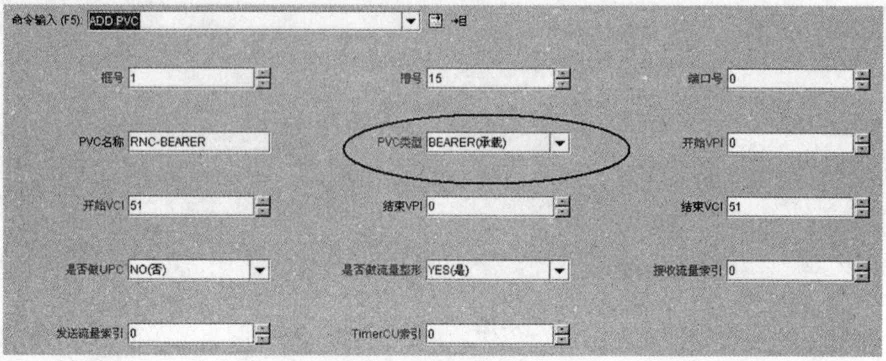

命令输入 (F5): ADD PVC
框号 1 槽号 15 端口号 0
PVC名称 RNC-BEARER PVC类型 BEARER(承载) 开始VPI 0
开始VCI 51 结束VPI 0 结束VCI 51
是否做UPC NO(否) 是否做流量整形 YES(是) 接收流量索引 0
发送流量索引 0 TimerCU索引 0

图 4-25 配置 PVC6

ADD MTP3BDPC: INDEX = 0, NAME = "RNC1", NI = NATB, DPC = H'd12, DSPTYPE = OTHER, OPC = H'd11;

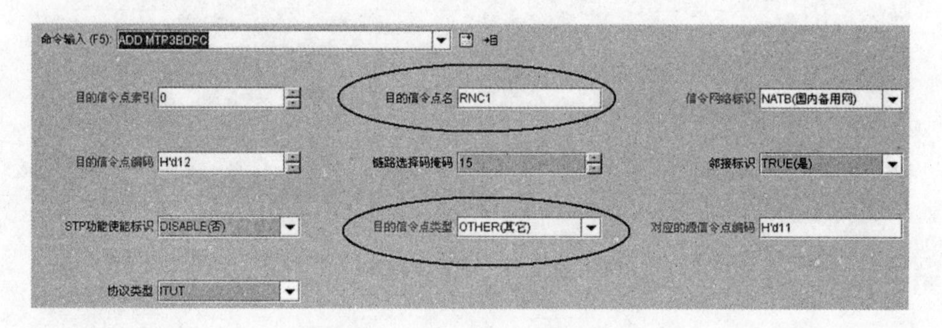

图 4-26 配置 MTP3 目的信令点

ADD MTP3BLKS: INDEX = 0, NAME = "TO-RNC", DPCIDX = 0;

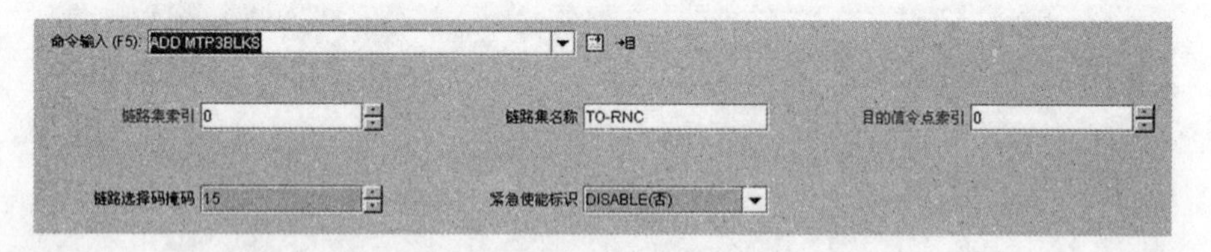

图 4-27 配置 MTP3 链路集

ADD MTP3BRT: INDEX = 0, NAME = "TO-RNC", DPCIDX = 0, LINKSETINDEX = 0;

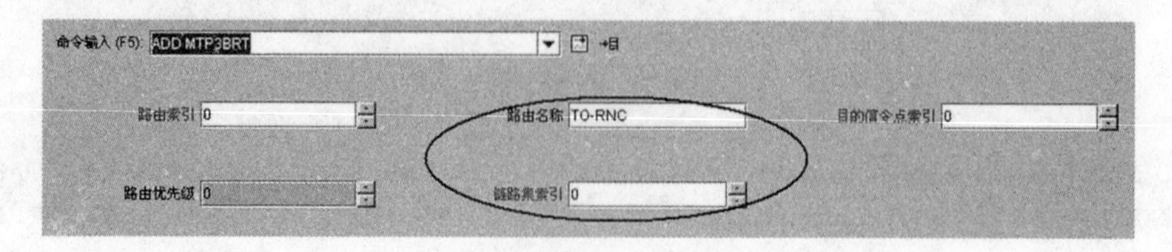

图 4-28 配置 MTP3 路由

ADD SAALLNK: LNK = 0, FN = 1, SN = 15, PN = 0, VPI = 0, VCI = 33;

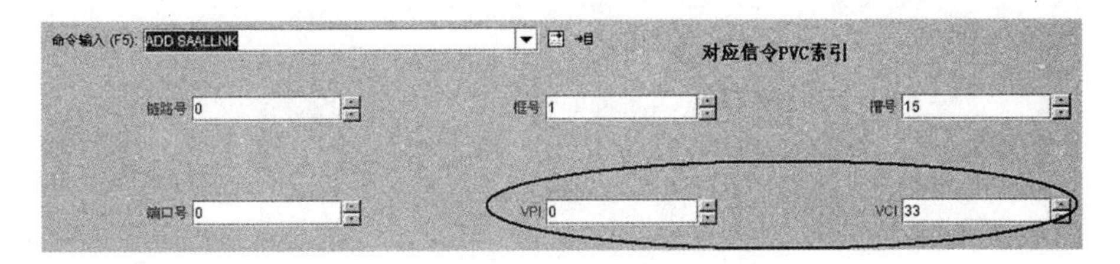

图 4-29　配置 SAAL 链路 1

ADD SAALLNK: LNK = 1, FN = 1, SN = 15, PN = 0, VPI = 0, VCI = 34;

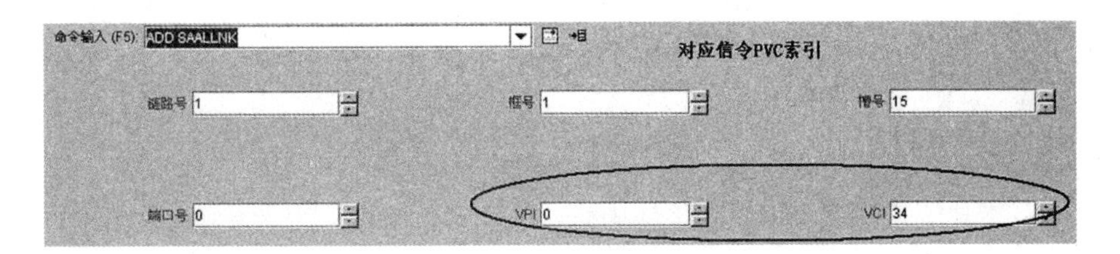

图 4-30　配置 SAAL 链路 2

ADD MTP3BLNK: LNK = 0, NAME = "TO-RNC-1", LINKSETINDEX = 0, SLC = 0, SLCSEND = 0, SAALLINKINDEX = 0;

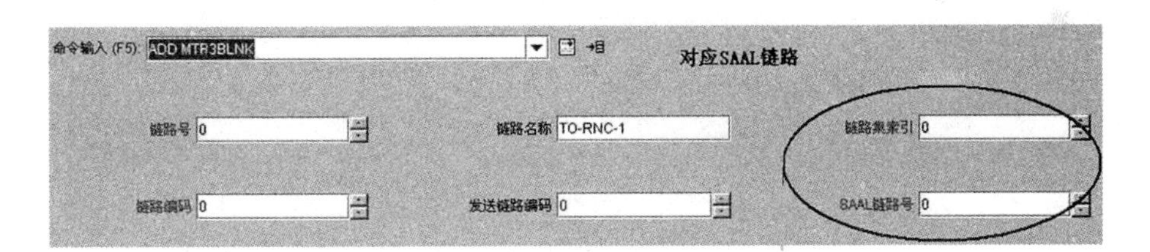

图 4-31　配置 MTP3 链路 1

ADD MTP3BLNK: LNK = 1, NAME = "TO-RNC-2", LINKSETINDEX = 0, SLC = 1, SLCSEND = 1, SAALLINKINDEX = 1;

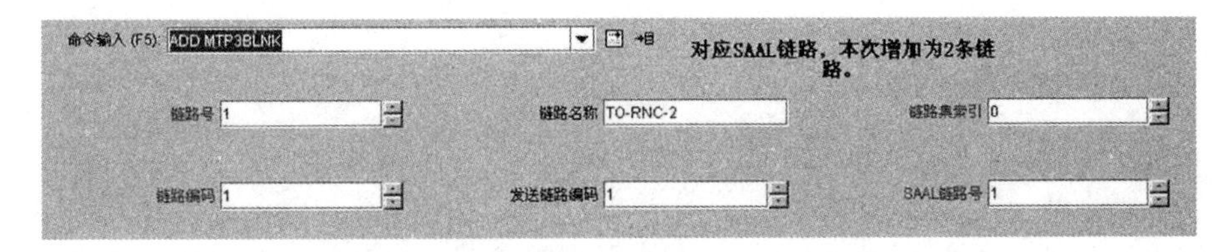

图 4-32　配置 MTP3 链路 2

ADD QAAL2LOCNODE: NSAPAD DR = "H45861390075500000000000000000000000000";

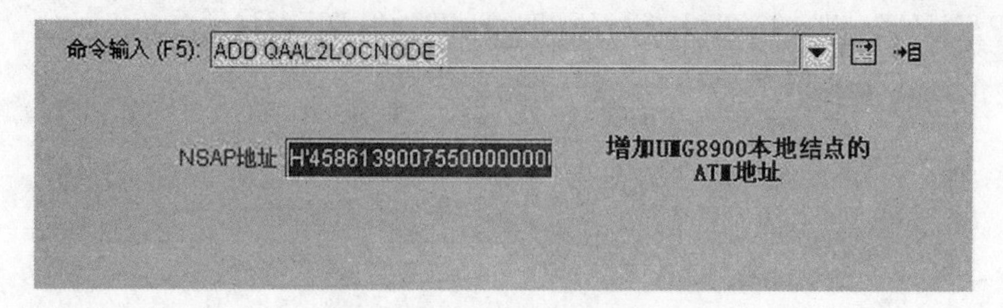

图 4-33　配置本地结点 ATM 地址

ADD QAAL2ADJNODE: ANI = 0, DPCIDX = 0, NSAPADDR = "H45861390075510000000000000000000000000000";

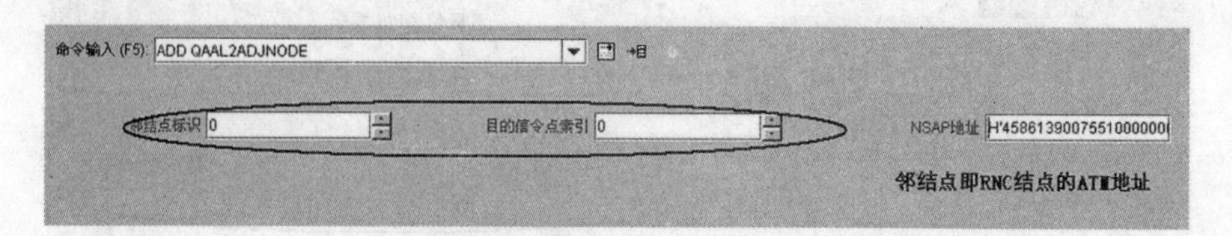

图 4-34　配置邻结点 ATM 地址

ADD AAL2PATH: ANI = 0, PATHID = 1, FN = 1, SN = 15, PN = 0, VPI = 0, VCI = 50, OWNERSHIP = REMOTE;

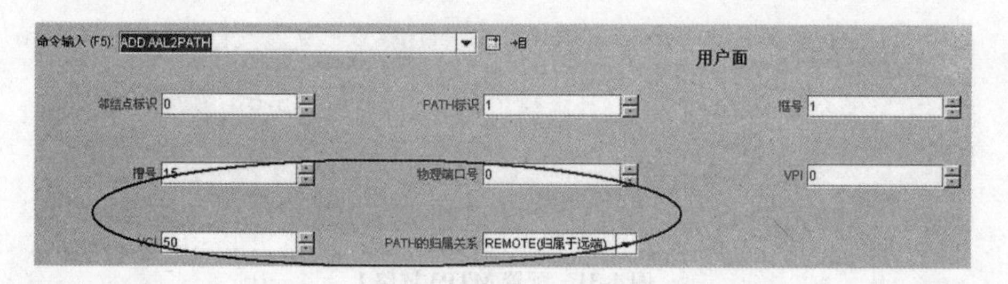

图 4-35　配置邻结点信息 1

ADD AAL2PATH: ANI = 0, PATHID = 2, FN = 1, SN = 15, PN = 0, VPI = 0, VCI = 51, OWNERSHIP = REMOTE;

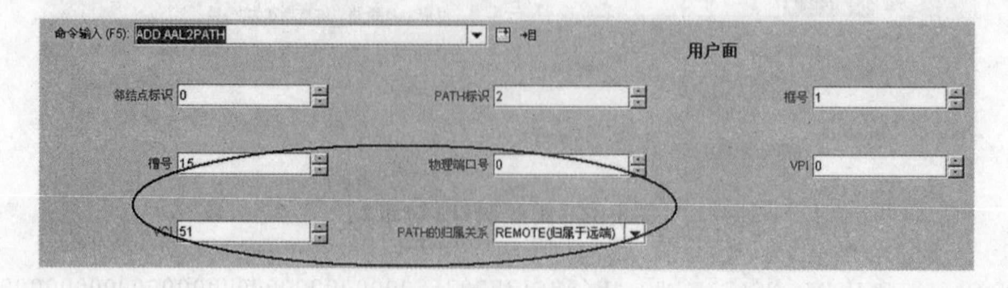

图 4-36　配置邻结点信息 2

SET AAL2VMGW: BN = 0, VMGWID = 0, MAXUSERNUM = 1000;

命令输入 (F5): SET AAL2VMGW
设置VMGW的ATM资源
板组号 0
虚拟媒体网关号 0
最大用户数目 1000

图 4-37 配置 WMGW 的 ATM 资源

SET SDHFLAG: BT = ASU, BN = 0, FN = 1, SN = 15, PN = 0, S1 = 0, C2 = 19, J0 = "SBS 155", J1 = "SBS 155", K1 = 0, K2 = 0, SCR = YES, OCLK = 0, TCLK = LOCAL, CN = 0, RxC2 = 0, TxC2 = 0, J0FORMAT = CRC, J1FORMAT = CRC, J2FORMAT = CRC;

命令输入 (F5): SET SDHFLAG
参数需要和RNC协商，否则影响业务
板类型 ASU
框号 1
槽号 15
端口号 0
S1字节的SSM信息 0
C2字节 19
J0字节 SBS 155
J1字节 SBS 155
K1字节 0
K2字节 0
是否加扰 YES(是)
发送参考时钟 LOCAL(本地)

图 4-38 配置 SDH 信息

SET FAXPARA: FFI = FAX_FRAME_20MS, GE_D_THD = 1000, TDM_D_THD = 1000, MFS = FAX_SPEED_NO_LIMIT, TM = TRANSFER, ECM = ECM_MODE, FV = -9, DS = CNG-0&CED-0&ANS_REV-1&ANSam-0&ANSam_REV-1&V21-1&CM/CI-1&Bell103-1, FMS = TRANSFER, MGV = -12, MGT = 3300, ABT = FAX_ANSAM_NOT_BUFFERED, V2 = DISABLE, CUDP = DISABLE, V21 = -20, ANSAM = -20, FAXECMODE = NOTBYMGC, VBDSWITCH = DISABLE, VBDCODEC0 = G711A, VBDCODEC1 = G711U, VBDPLTYPE0 = 8, VBDPLTYPE1 = 0, VBDPTIME0 = PT20, VBDPTIME1 = PT20, G711DS = CNG-1&CED-1&ANS_REV-1&ANSam-1&ANSam_REV-1&V21-1&CM/CI-0&Bell103-1, RFC2833TXSWH = CNG-1&CED-1&ANS_REV-1&ANSam-1&ANSam_REV-1&V21-1&CM/CI-1, T38SWHCON = CNG-1&V21-1, T38SAMECNT = 1;

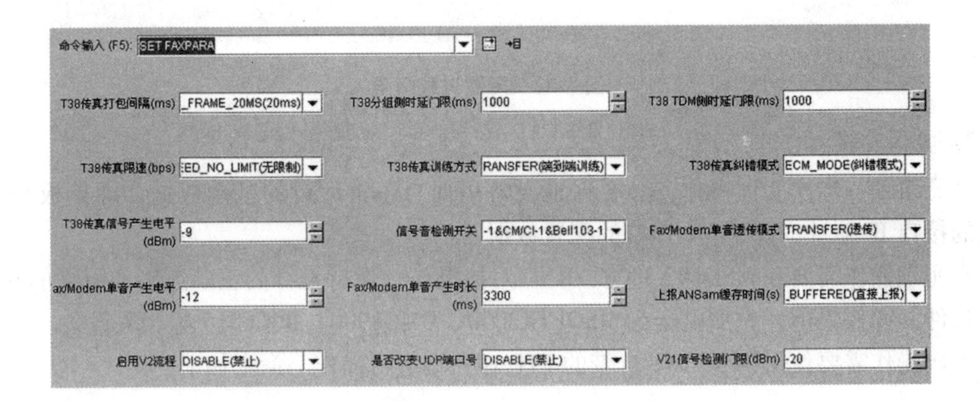

图 4-39 配置传真业务参数

说明：参数均选默认值即可。

MOD CLKSRC：BRDTYPE = CLK，GPSPRI = SECOND，LINE1 PRI = THIRD，LINE2 PRI = FOURTH，EXT1 PRI = FIRST，GPSTYPE = GPS，SRCTYPE = EXT2 MHz，FSSM = FORCE，EXTSSM = UNKNOWN，SLOT = SA4；

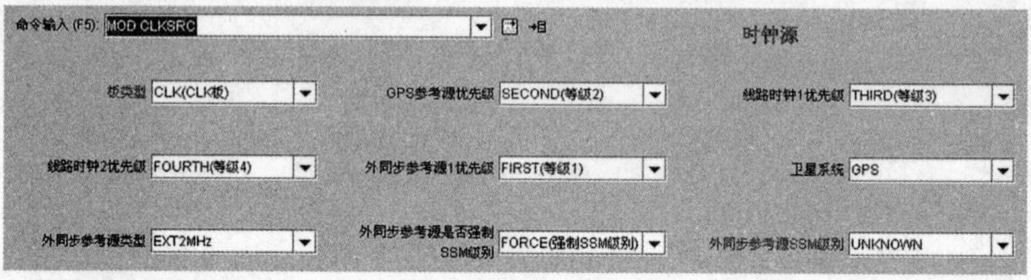

图 4-40　配置时钟源

MOD CLK：BRDTYPE = CLK，MODE = AUTO，GRADE = THREE，TYPE = EXT2 MHZ，CTRL = NO，CLKMODE = SOURCE；

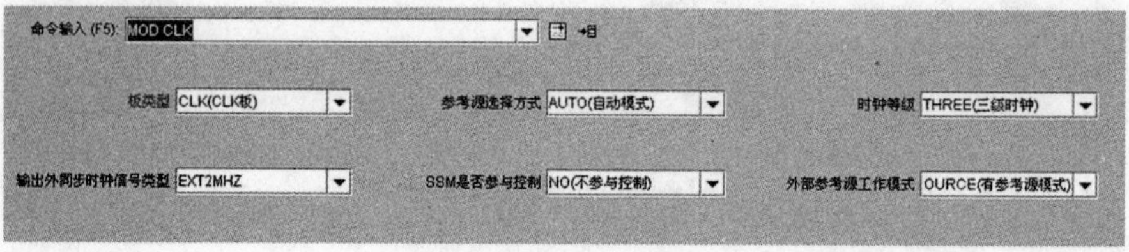

图 4-41　配置时钟板信息

SET HDTHD：NEWTHD = 80；

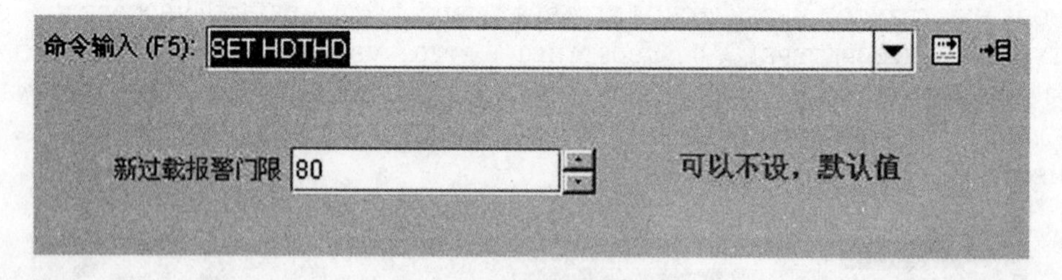

图 4-42　配置过载门限

2. 实训步骤

注意事项：本次实训操作务必要保证设备里面有正常运行的基础数据，即单板和 OMU 单板的接口 IP 地址，以及 Mc 接口的配置数据。

本实训操作需要和 MSOFTX3000、RNC 对接操作，保持光纤的正确连接和网络的互通是先决条件。操作之前，先加电运行 MSOFTX3000、UMG8900、BSC6810 等相关设备。

本次操作需要使用华为 LMT 自带的 FTP 客户端进行操作。命令如下：

SET FTPSRV：SRVSTAT = ON，TIMEOUT = 30；

RMV FTPUSR：USRNAME = "bam"；

ADD FTPUSR：USRNAME = "bam"，PWD = "bam"，CFM = "bam"，HOMEDIR = "c：/bam"，RIGHT = FULL；

操作前，先使用脱机模式的 LMT 进行数据配置，并保存正确的配置数据。按照参考数据模板进行仔细检查。

1）启动 FTP 并连接，如图 4-43 所示。

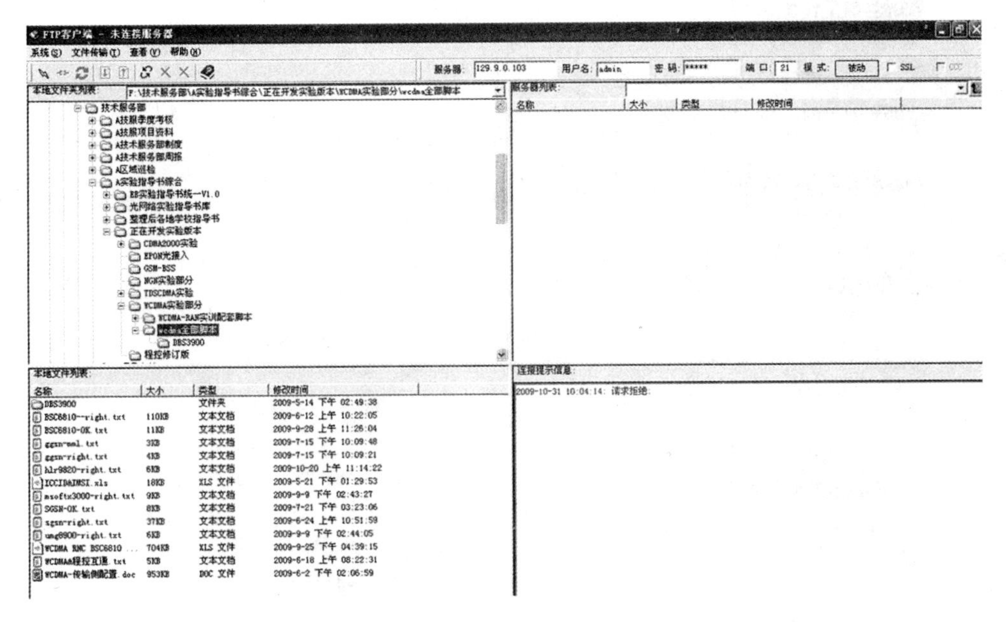

图 4-43　启动 FTP

2）将配置好的 UMG8900 的数据（包含基础数据在内）放入一个单独文件夹，如 E：\ UMG8900 \ MML. TXT，文件务必命名为 MML. TXT。

3）连接 FTP 之后，软件会自动登录 OMU 的硬盘 BAM 目录，在其中可以看到有一个 MML 文件，然后在左侧的本地文件中找到 MML. TXT 文件并双击，替换 OMU 硬盘中的相应文件。

4）复位 UMG8900，输入如下命令（见图 4-44）：

```
RST SYS
```

图 4-44　复位 UMG8900

> **注意：**需要教师指定学生操作，请勿同时进行操作，否则可能有未知因素引起宕机。

3. 实训验证

1）查询 UMG8900 与 MSOFTX3000 的注册情况，如图 4-45 所示。

2）查询 UMG8900 与 MSOFTX3000 的 M3UA 状态，如图 4-46 所示。

```
%%DSP VMGW: VMGWID=0;%%
RETCODE = 0  执行成功

VMGW当前工作状态信息
--------------------
        VMGW(0)状态 = 业务态
 VMGW(0)目前工作在MGC = 0

Vmgw所有的Server列表
--------------------
    Mgc索引 = 0
   主备地位 = 主用控制器

    Mgc索引 = 没有配置
   主备地位 = 备用控制器

    Mgc索引 = 没有配置
   主备地位 = 备用控制器

(结果个数 = 3)
```

图 4-45 查询 UMG8900 与 MSOFTX3000 的注册情况

```
%%DSP M3DE: MODE=ByDsp;%%
RETCODE = 0  执行成功

显示M3UA目的实体状态
--------------------
   目的实体索引 = 0
           名称 = MSOFTX3000
       拥塞标志 = 否
   目的实体状态 = 可达
```

图 4-46 查询 UMG8900 与 MSOFTX3000 的 M3UA 状态

3）查询 AAL2PATH，如图 4-47 所示。

```
%%DSP AAL2PATH: ANI=0;%%
RETCODE = 0  执行成功

查询通道
--------
                 邻结点标识 = 0
                   PATH标识 = 1
                   阻塞状态 = 非阻塞
                     用户数 = 0
  剩余最大前向带宽(kpbs) = 8192
  剩余最大后向带宽(kpbs) = 8192
  剩余平均前向带宽(kpbs) = 5120
  剩余平均后向带宽(kpbs) = 5120
                   归属关系 = 远端
                   告警状态 = 正常
```

图 4-47 查询 AAL2PATH

4）查询 MTP3B 的状态，如图 4-48 所示。

```
%%DSP MTP3BDPC:;%%
RETCODE = 0  执行成功

显示MTP3B目的信令点编码状态
----------------------------
 索引  网络标识    目的信令点编码  源信令点编码  操作状态  拥塞状态  协议类型

 0     国内备用网  H'D12           H'D11         可达      否        ITU-T
(结果个数 = 1)
```

图 4-48　查询 MTP3B 的状态

六、课后巩固

1）请画出 UMG8900 的组网拓扑。

2）请描述 UMG8900 的组网中，需要协商的几种信令，并分别写出信令数据制作步骤。

3）在信令转换中，起作用的是哪块单板？

4）简述 ATM 对接数据中，需要规划哪些数据。

5）简述 UMG8900 的信令流程（基于目前的组网方式）。

情景五　光传输业务数据配置

任务一　移动接入网光传输点对点数据配置

一、任务目标

掌握光传输设备点对点组网业务的配置方法。

二、实训器材

1）METRO 1000 两台。

2）维护用终端 50 台。

3）T2000 网管软件。

三、实训内容说明

1）用 T2000 网管软件进行现场安装演示讲解。

2）熟练运用 T2000 网管软件，并能完成基本网元建立和光纤连接。

3）了解 METRO 1000 设备的硬件结构。

4）熟悉设备间的组网结构及设备间光纤连接方法。

5）熟悉 SDH 的基本原理。

四、实训内容

1. 设备组网业务介绍及连线图

1）本次实训主要由 SDH2 和 SDH3 组成简单的点对点业务，如图 5-1 所示。

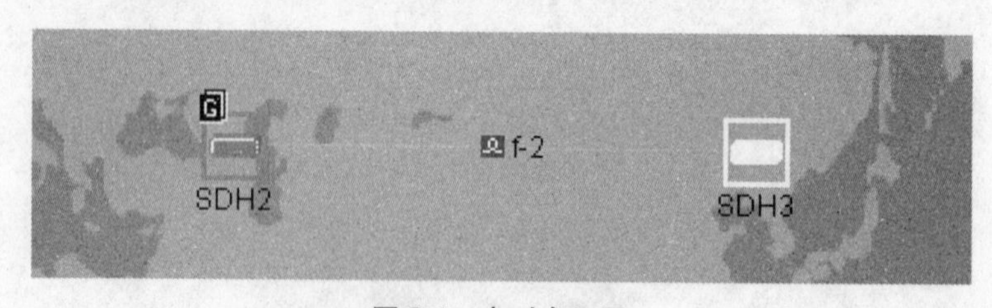

图 5-1　点对点组网

2）具体业务：将 SDH2 支路板 SP1D 的第 1 ~ 4 个 2M 和 SDH3 的线路板 OI2D 的第 1、4、7、10 个 2M 连通，如图 5-2 所示。

3）在配置业务之前，需要先完成保护子网的创建。在本次组网中，SDH2 和 SDH3 组成一个无保护链。

4）ODF 架端口光纤连接示意图如图 5-3 所示。

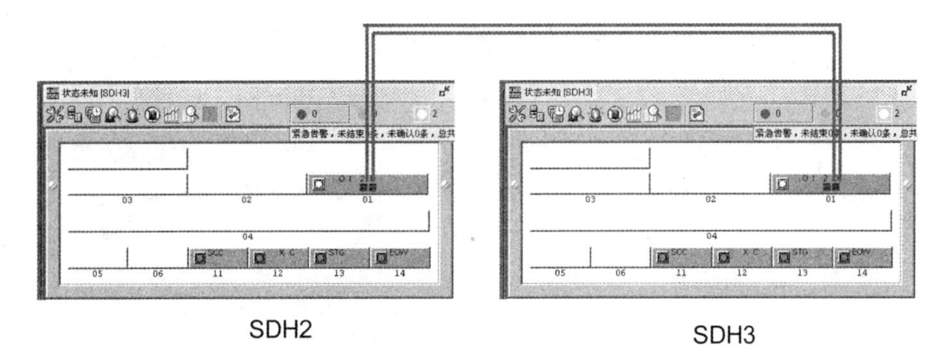

图 5-2　设备间光纤互连

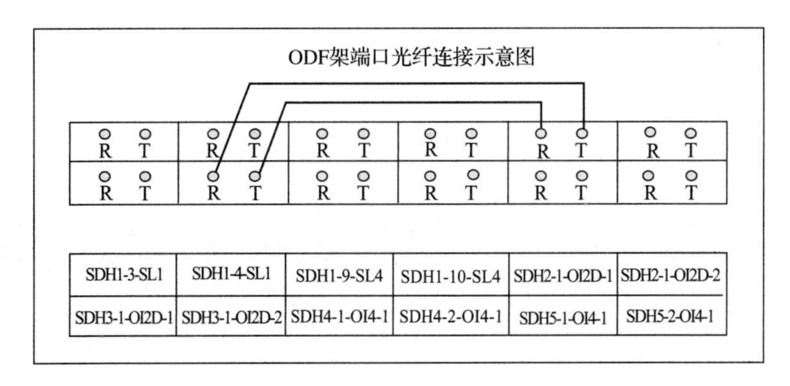

图 5-3　ODF 架端口光纤连接示意图

2. 实训步骤

(1) 创建设备

1）在主视图界面中，单击“文件”→“设备搜索”命令，如图 5-4 所示。

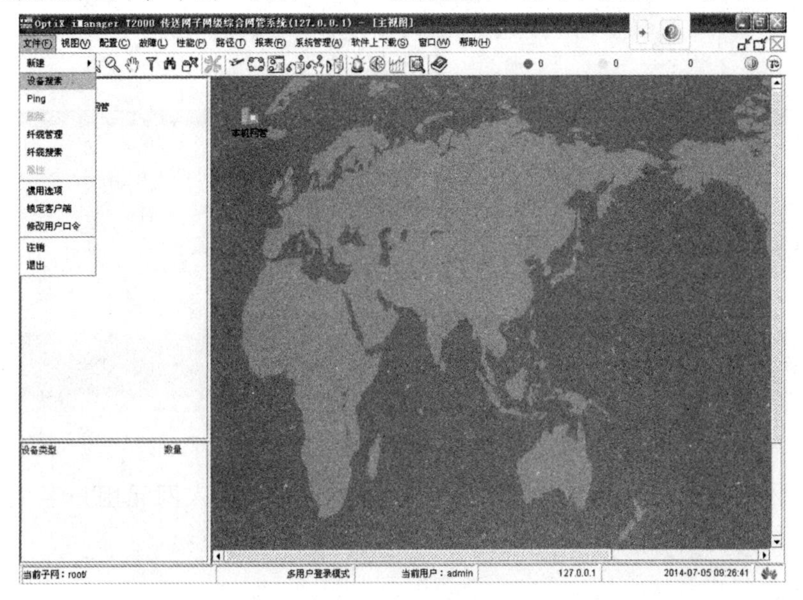

图 5-4　选择设备搜索

2）进入“设备搜索”界面，单击右下角的“开始搜索”按钮，如图 5-5 所示。

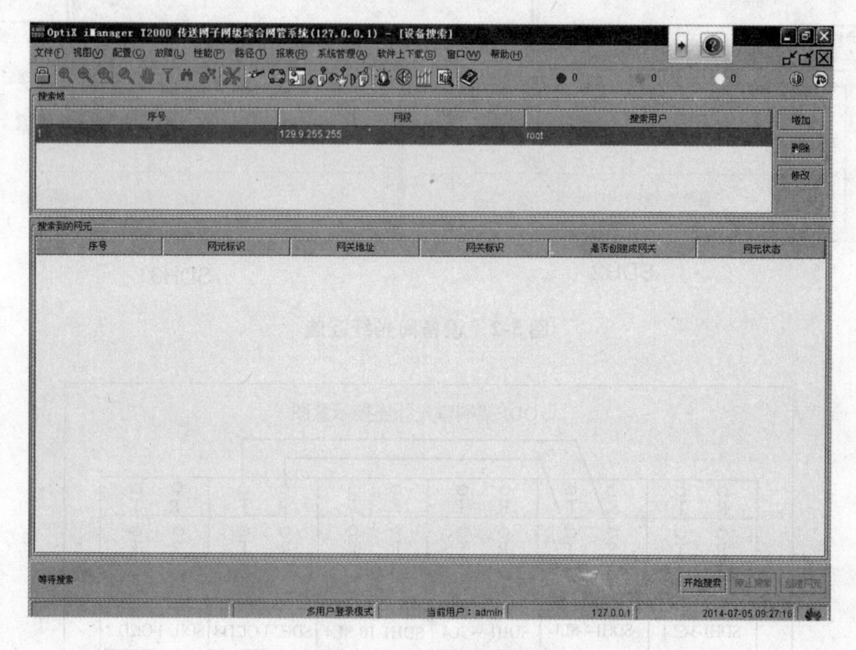

图 5-5　开始设备搜索

3）搜索到设备后，单击“停止搜索”按钮，如图 5-6 所示。

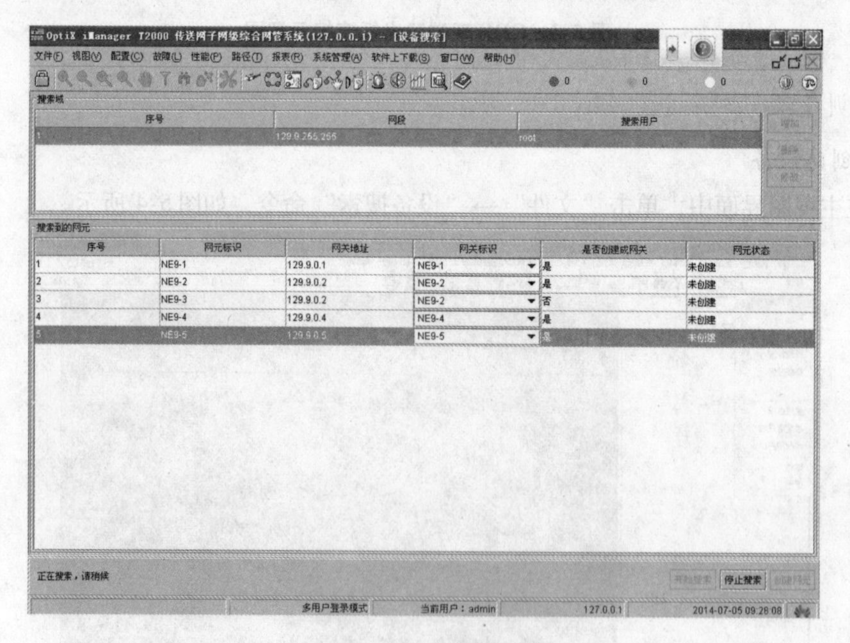

图 5-6　停止设备搜索

4）选中网元 2 和网元 3，单击鼠标右键创建网元，输入网元用户名“root”、密码“password”，如图 5-7 所示。

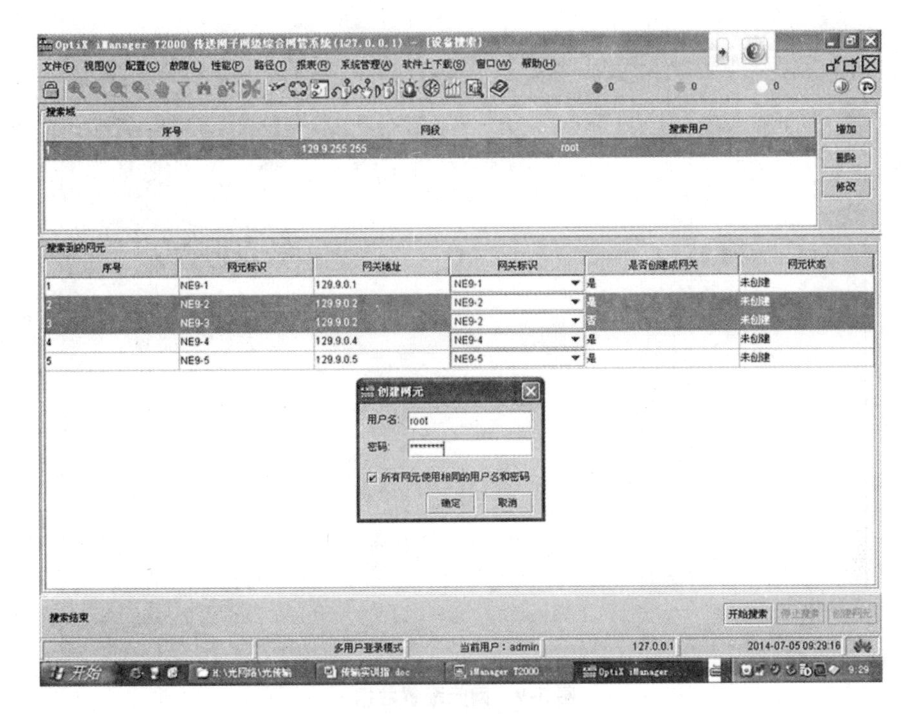

图 5-7　创建网元

5）返回主界面，刚创建好的网元会显示出来，如图 5-8 所示。

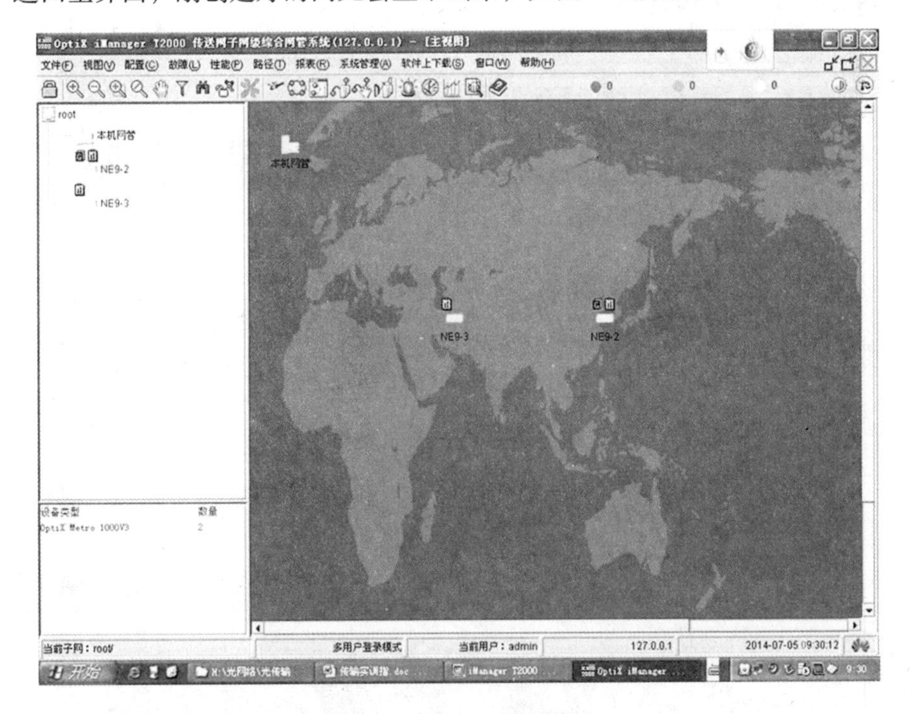

图 5-8　网元创建的效果图

6）在主视图界面中，单击“配置”→“配置数据管理”命令，进入“配置数据”界面，如图 5-9 所示。

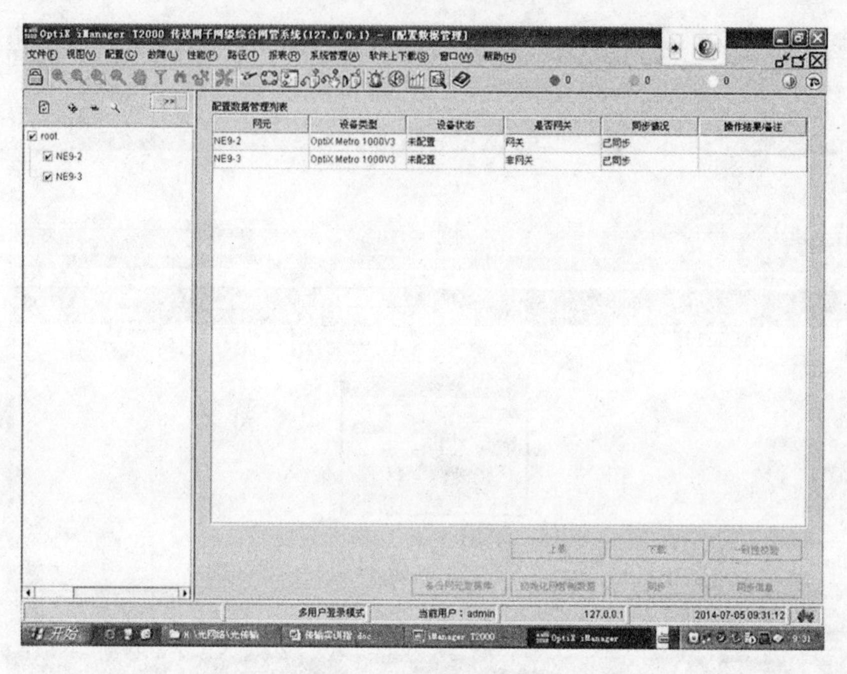

图 5-9　网元配置数据

7）把左边窗格中的网元添加到右边窗口中，单击右下角的“上载”按钮，把网元数据上传到网管数据，如图 5-10 所示。

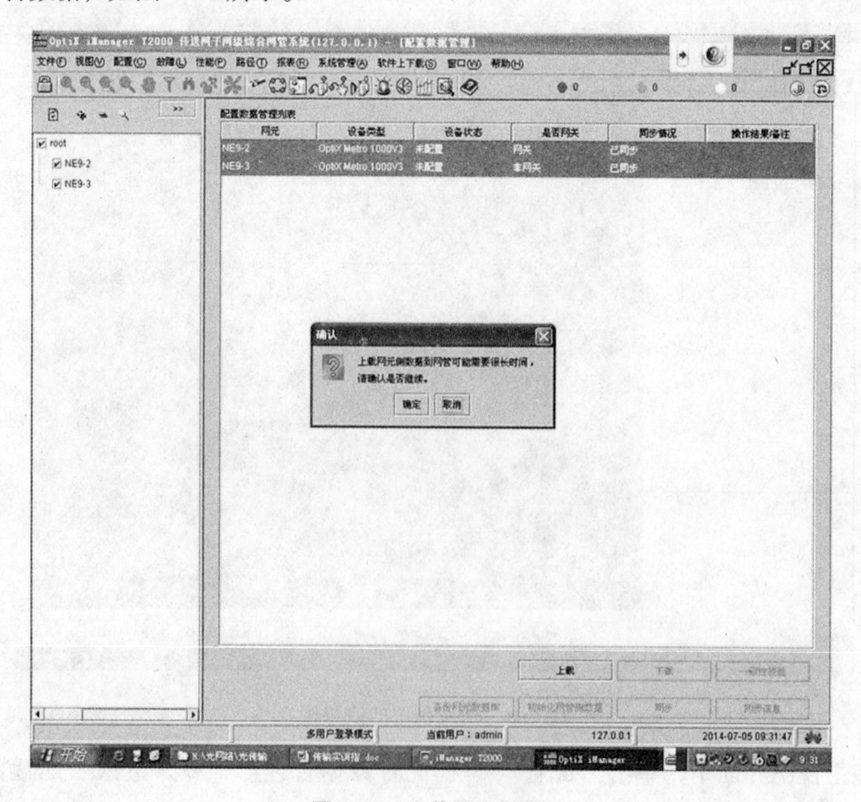

图 5-10　上传网元数据

(2) 创建光纤连接

所有网元建立完成后，就可以进行网元之间光纤的连接，光纤连接在数据上一定要与实际情况保持一致。本实训环境已经将光纤连接成两环相切环情况，一般只需要在数据上做成各种不同的组网，物理上光纤的连接不需要更改。

1）在主视图界面中，单击“创建光纤”按钮，如图 5-11 所示。

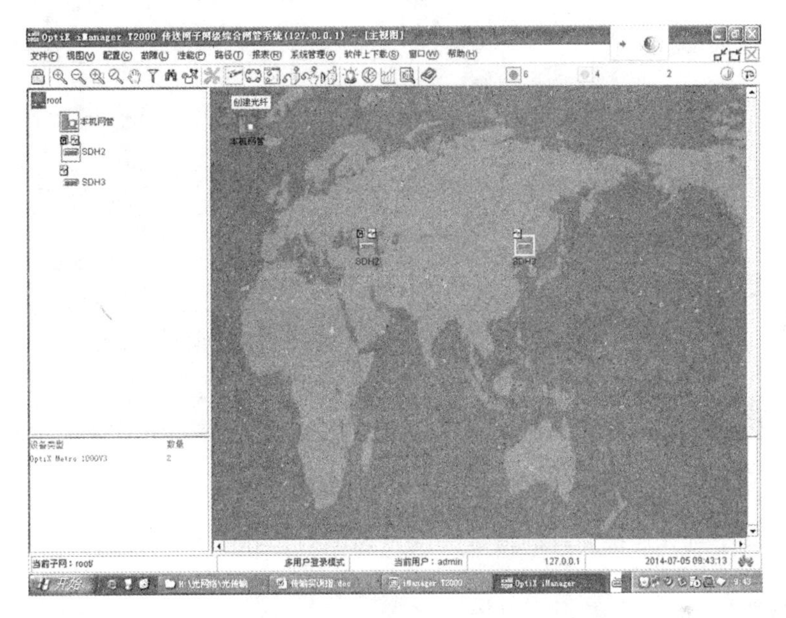

图 5-11　创建光纤

2）在主视图中选择连接光纤的源端（网元 SDH2），如图 5-12 所示。

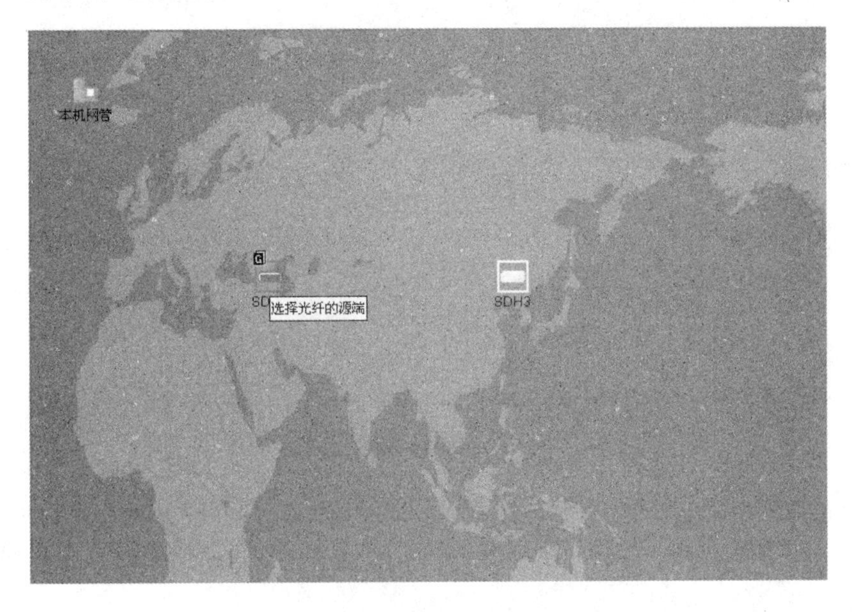

图 5-12　选择光纤的源端（网元）

3）双击进入网元 SDH2，弹出“选择光纤的源端”对话框，选择需要互连光纤的单板及端口（SDH2-1 槽位、OI2D1 板 1 端口），单击“确定”按钮，如图 5-13 所示。

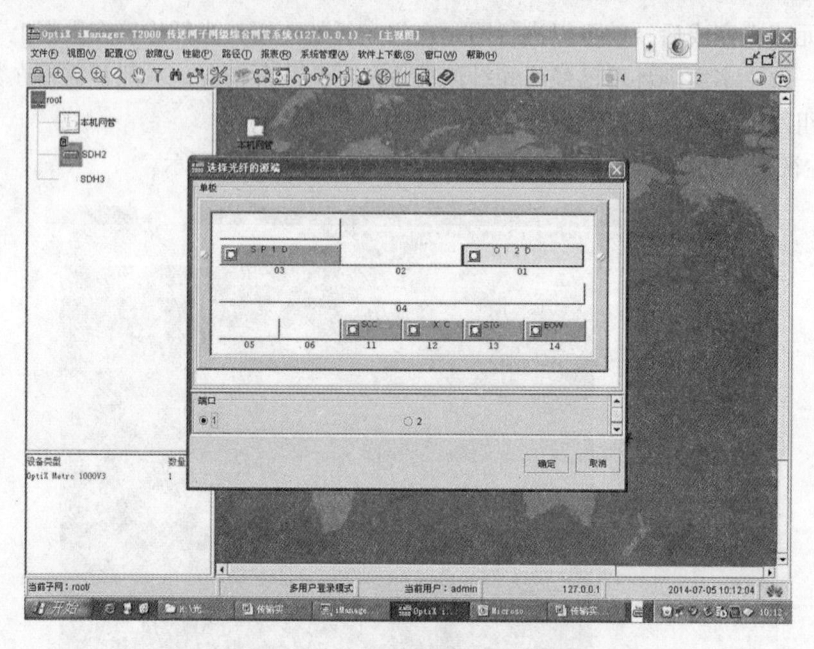

图 5-13　“选择光纤的源端”对话框

4）在主视图中选择连接光纤的宿端（网元 SDH3），如图 5-14 所示。

图 5-14　选择光纤的宿端网元

5）双击进入网元 SDH3，弹出“选择光纤的宿端”对话框，选择需要互连光纤的单板及端口（SDH3-1 槽位、OI2D 板-2 端口），然后单击“确定”按钮，如图 5-15 所示。

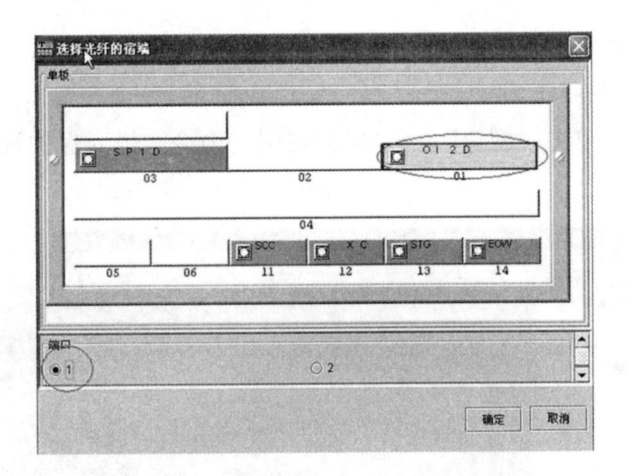

图 5-15　“选择光纤的宿端”对话框

6）在弹出的“创建光缆”对话框中，可以看到本次连接光纤的源网元和宿网元，里面有相关属性的配置，可以根据需要修改相应参数，在这里先全部选择默认，然后单击“确定”按钮，如图 5-16 所示。

创建纤缆

属性	取值
类型	纤缆链路
名称	f-2
备注	
源网元	SDH2
源网元槽位-板类型-端口	1-OI2D-1(SDH-1)
级别	STM-1
光纤类型	G.652
宿网元	SDH3
宿网元槽位-板类型-端口	1-OI2D-1(SDH-1)
方向	双纤双向
长度(千米)	1.00
衰耗(dB)	0.00
建立时间	2014-07-05 10:14:55
建立人	admin
维护人	admin

确定　取消　应用

图 5-16　“创建光缆”对话框

7）SDH2 和 SDH3 两个网元光纤创建完成后，可以在主视图中看到连接情况，如图 5-17 所示。

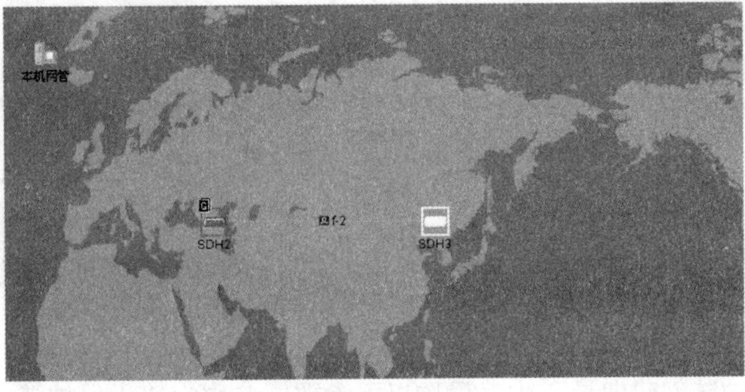

图 5-17　网元光纤连接

8）按照上述方式创建其他网元之间的光纤连接。

（3）创建保护子网

1）在主视图中，单击“配置”→“保护视图”命令，进入保护视图界面，如图 5-18 所示。

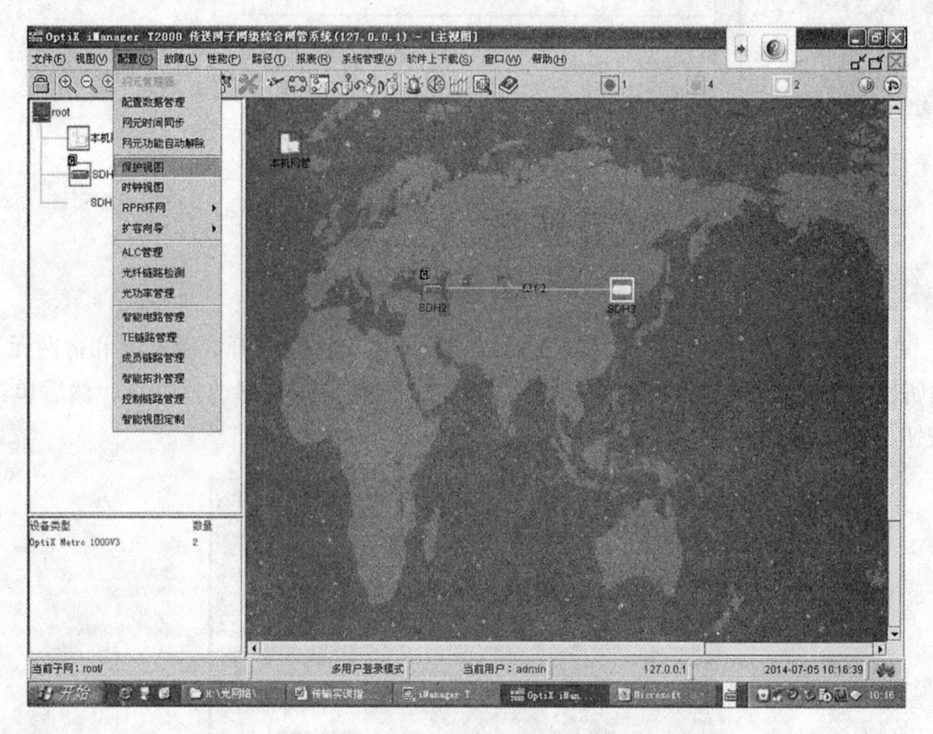

图 5-18　保护视图界面

2）在保护视图界面中，单击“保护视图”→“SDH 保护子网创建”→“无保护链”命令，打开“无保护链创建向导”，如图 5-19 所示。

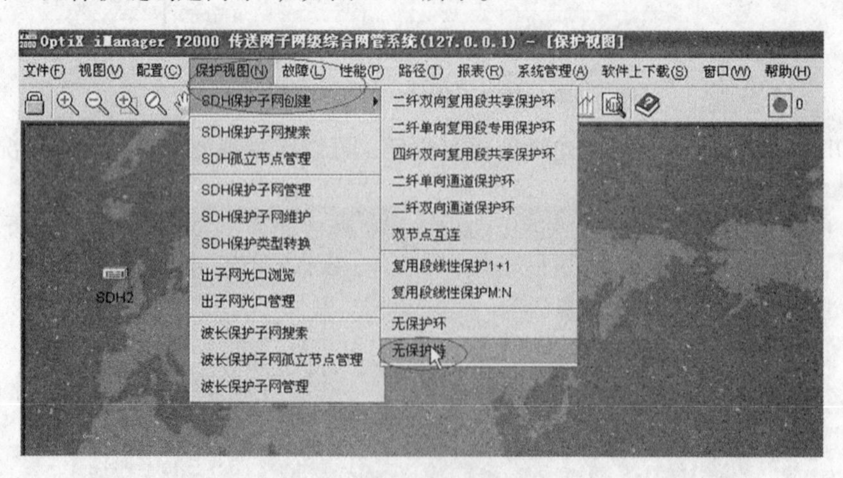

图 5-19　无保护链创建向导

3）在“无保护链创建向导”中，设置以下参数：名称为“无保护链_ 1”，容量级别为

“STM-1”，取消选择“资源共享”和“按照 VC4 划分”复选框，如图 5-20 所示。

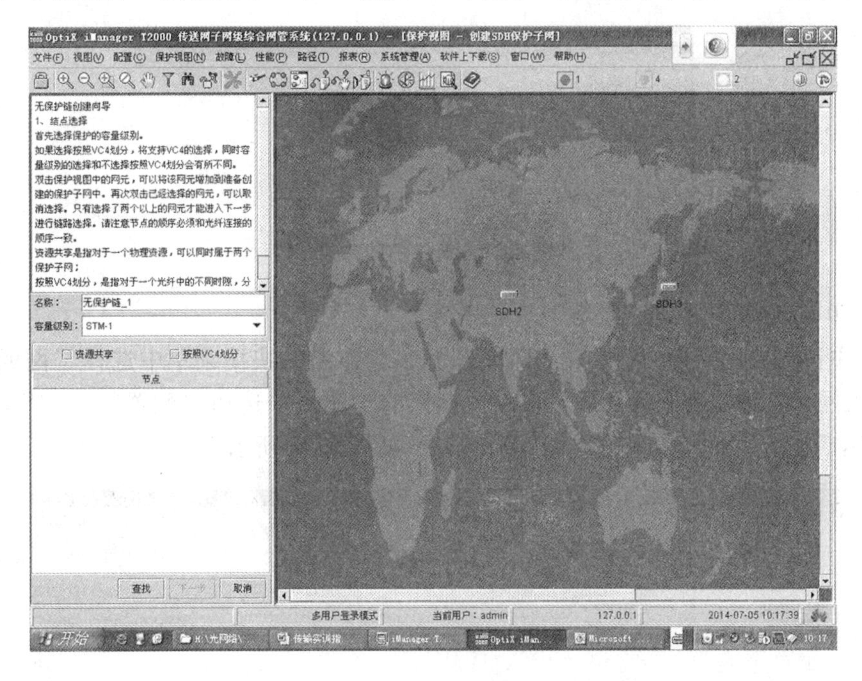

图 5-20　无保护链设置

4）在保护视图右边的拓扑图中，依次双击 SDH2 和 SDH3 两个网元的图标，将其加入无保护链中，然后单击“下一步”按钮，如图 5-21 所示。

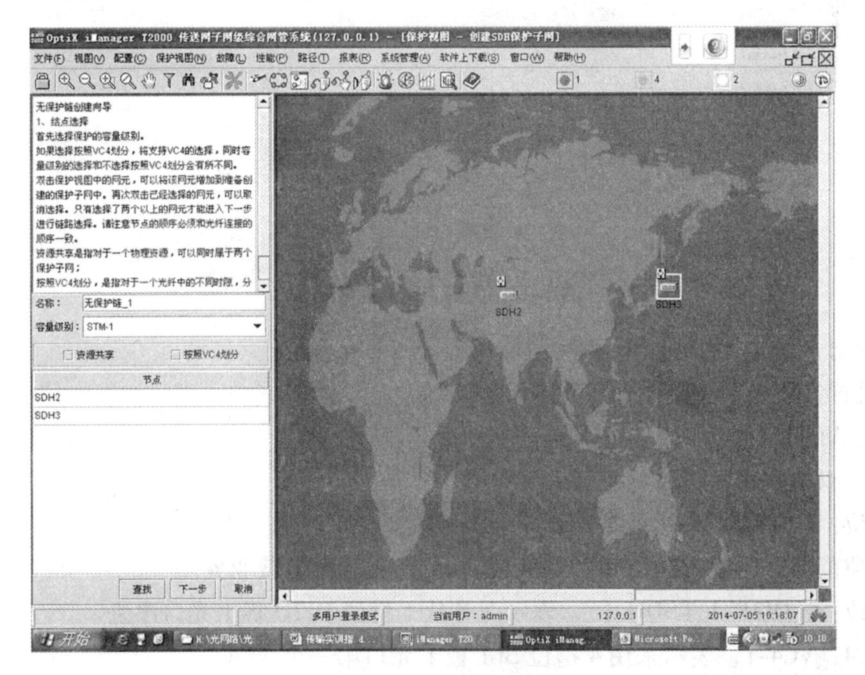

图 5-21　无保护链结点

5）进入“确认链路信息”界面，单击“完成”按钮，弹出的提示框显示保护子网创建成功，如图 5-22 所示。

图 5-22　无保护链完成

（4）SDH2 创建上/下 2M 业务

1）在主视图中用鼠标右键单击 SDH2 图标，在弹出的快捷菜单中选择“网元管理器”命令，进入网元管理器视图界面后，在左边窗格的功能树中选择“配置”→“SDH 业务配置”项，然后在右边窗格中单击“新建”按钮，如图 5-23 所示。

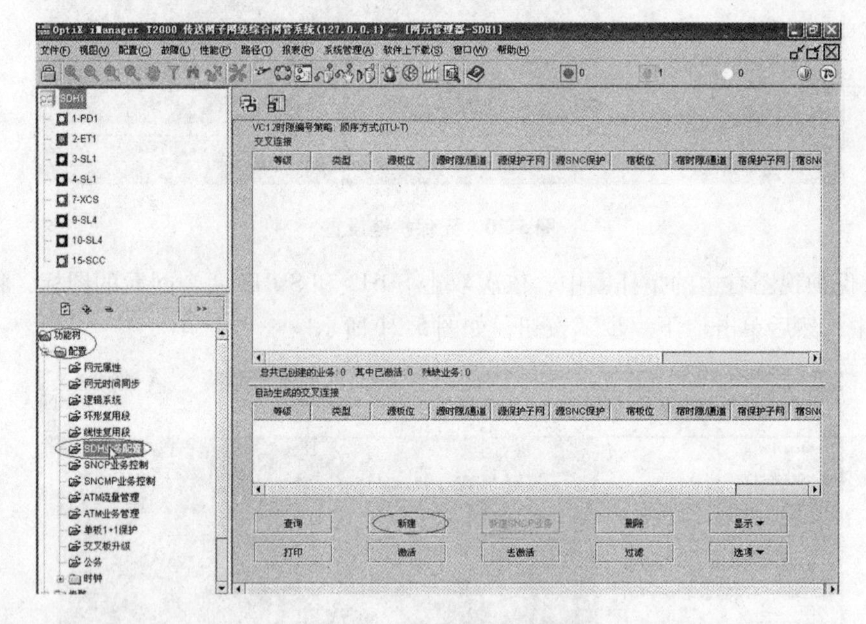

图 5-23　新建 SDH 业务配置

2）弹出“新建 SDH 业务”对话框，如图 5-24 所示。

3）设置参数如下（见图 5-25）。

等级：VC12，表示 2M 业务。

方向：双向，表示链形业务都是双向的。

源板位：3-SP1D，表示业务从哪块业务板发出。

源时隙范围：1-4，表示使用 S1PD 板的第 1 ~ 4 时隙承载业务。

宿板位：1-OI2D-1（SDH-1），表示业务从 1 槽位 OI2D 板 1 光口出去。

宿 VC4：VC4-1，表示采用 4 槽位 SL1 板 1 光口第一个 VC4。

宿时隙范围：1，4，7，10，表示采用 4 槽位 SL1 板 1 光口第一个 VC4 的 1，4，7，10 四个时隙承载业务。

立即激活：是，表示激活该条业务。

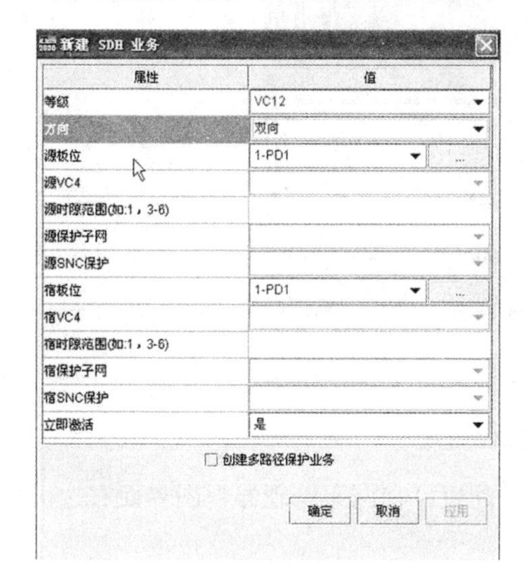

图 5-24　“新建 SDH 业务”对话框

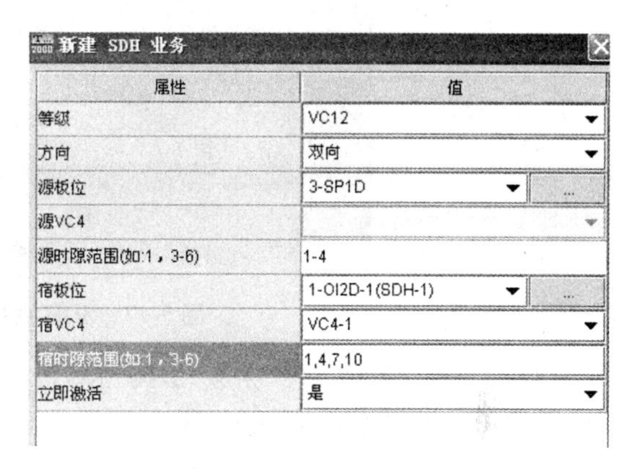

图 5-25　SDH 业务配置

4）单击“确定”按钮，完成 SDH2 的 2M 业务配置。在网元管理器视图界面右边可以看到时隙交叉列表，如图 5-26 所示。

VC12时隙编号策略：顺序方式(ITU-T)
交叉连接

等级	类型	源板位	源时隙/通道	宿板位	宿时隙/通道	激活状态	绑定组号
VC12		1-OI2D-1(SDH-1)	VC4:1:1	3-SP1D	1	是	-
VC12		1-OI2D-1(SDH-1)	VC4:1:4	3-SP1D	2	是	-
VC12		1-OI2D-1(SDH-1)	VC4:1:7	3-SP1D	3	是	-
VC12		1-OI2D-1(SDH-1)	VC4:1:10	3-SP1D	4	是	-

图 5-26　SDH 业务交叉时隙

（5）SDH3 创建 2M 穿通业务

1）在主视图中用鼠标右键单击 SDH3 图标，在弹出的快捷菜单中选择“网元管理器”命令，进入网元管理器视图界面后，在左边窗格的功能树中选择“配置”→“SDH 业务配置”项，然后在右边窗格中单击“新建”按钮。

2）弹出“新建 SDH 业务”对话框，设置参数如下（见图 5-27）。

等级：VC12，表示 2M 业务。

方向：双向。

源板位：1-OI2D-2，表示业务从 1 槽 OI2D 板-2 光口进来。

源 VC4：VC4-1，表示使用 1 槽 OI2D 板-1 光口的第一个 VC4。

源时隙范围：1，4，7，10，表示使用 1 槽 OI2D 板-1 光口的第一个 VC4 的 1，4，7，10 四个时隙。

宿板位：1-OI2D-1，表示业务从 1 槽 OI2D 板-2 光口出去。

宿时隙范围：1，4，7，10，表示穿通业务连接到 BSC6810。

立即激活：是，表示激活该条业务。

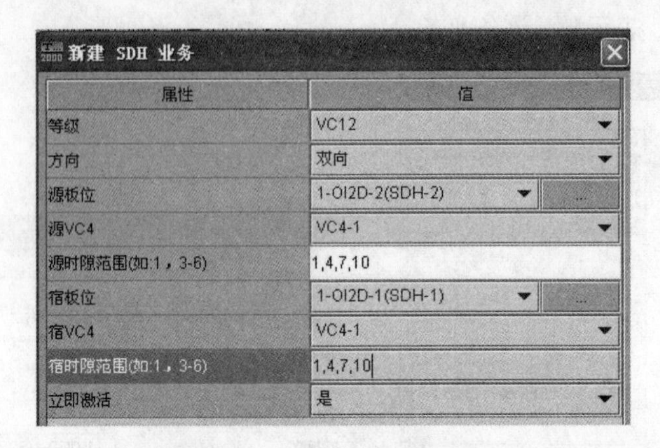

图 5-27　SDH 业务配置选项

3）单击“确定”按钮，完成 SDH3 的 2M 业务配置，在网元管理器视图界面右边可以看到时隙列表，如图 5-28 所示。

等级	类型	源板位	源时隙/通道	宿板位	宿时隙/通道	激活状态	绑定组号	
VC12	⇆	1-OI2D-1(SDH-1)	VC4:1:1	1-OI2D-2(S...	VC4:1:1	是	-	
VC12	⇆	1-OI2D-1(SDH-1)	VC4:1:4	1-OI2D-2(S...	VC4:1:4	是	-	
VC12	⇆	1-OI2D-1(SDH-1)	VC4:1:7	1-OI2D-2(S...	VC4:1:7	是	-	
VC12	⇆	1-OI2D-1(SDH-1)	VC4:1:10	1-OI2D-2(S...	VC4:1:10	是	-	

图 5-28　SDH 业务交叉时隙

4）业务配置完成后，可参考 SDH 业务的测试方案，对 SDH1 至 SDH2 的点对点业务进行测试。

五、课后巩固

1）配置接入网光传输点对点数据的流程是什么？

2）如果在 NodeB 和 RNC 之间多配置 8 个 2M，则涉及的光传输设备硬件需要增加配置吗？为什么？

3）如果在 NodeB 和 RNC 之间多配置 8 个 2M，则涉及的光传输设备数据如何进行配置？

4）本任务的光传输数据配置与“光传输课程”中的数据配置有什么不同吗？

任务二　移动核心网光传输点对点数据配置

一、任务目标

掌握光传输核心网设备点对点组网业务的配置方法。

二、实训器材

1）METRO 3000 一台、METRO 1000 一台。

2）维护用终端 50 台。

3）T2000 网管软件。

三、实训内容说明

1）用 T2000 网管软件进行现场安装演示讲解。

2）熟练运用 T2000 网管软件，并能完成基本网元建立和光纤连接。

3）了解 METRO 3000、METRO 1000 设备硬件结构。

4）熟悉设备间的组网结构及设备间的光纤连接。

四、实训内容

1. 设备组网业务介绍及连线图

1）本次实训主要由 SDH1 和 SDH4 组成简单的点对点业务，如图 5-29 所示。

2）具体业务：将 SDH1 支路板 PD1 的第 1、2 个 2M 和 SDH4 支路板 SP1D 的第 1、2 个 2M 连通，如图 5-30 所示。

3）在配置业务之前，需先完成保护子网的创建。在本次组网中，SDH1 和 SDH4 组成一个无保护链。

4）ODF 架端口光纤连接示意图如图 5-31 所示。

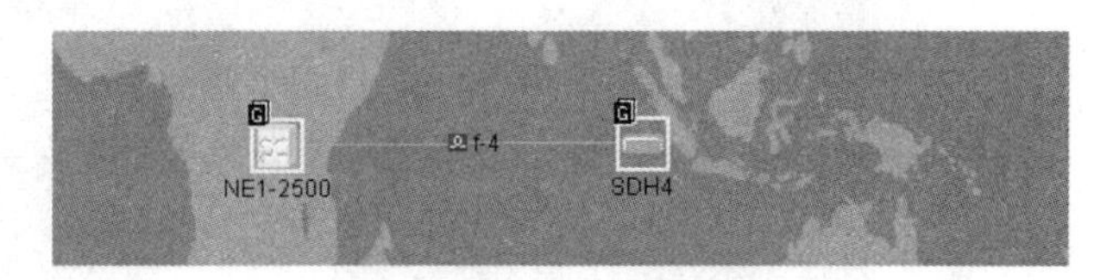

图 5-29　点对点组网图

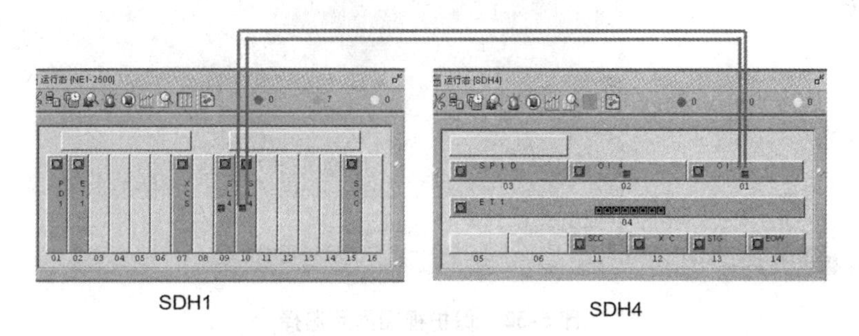

图 5-30　设备间光纤互连图

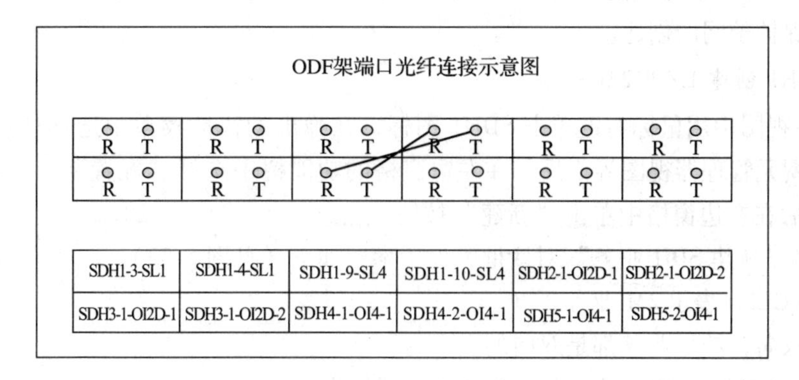

图 5-31　ODF 架端口光纤连接示意图

2. 实训步骤

(1) 创建保护子网

1) 在主视图中，单击“配置”→“保护视图”命令，进入保护视图界面，单击“保护视图”→“SDH保护子网创建”→“无保护链”命令，打开“无保护链创建向导”。

2) 在“无保护链创建向导”中设置以下参数：名称为“无保护链_ 2”，容量级别为“STM-4”，取消选择“资源共享”和“按照VC4划分”复选框。

3) 在保护视图右边的拓扑图中依次双击SDH2和SDH3两个网元的图标，将其加入无保护链中，然后单击“下一步”按钮，如图5-32所示。

图5-32　保护视图网元选择

4) 进入“确认链路信息”界面，单击“完成”按钮，弹出的提示框显示保护子网创建成功，完成保护子网的创建。

(2) SDH1创建上/下2M业务

1) 在主视图中用鼠标右键单击SDH1图标，在弹出的快捷菜单中选择“网元管理器”命令，进入网元管理器视图界面后，在左边窗格的功能树中选择“配置”→“SDH业务配置”项，然后在右边窗格中单击“新建”按钮。

2) 弹出“新建SDH业务”对话框，设置参数如下（见图5-33）。

等级：VC12，表示2M业务。

方向：双向，链形业务都是双向的。

源板位：1-PD 1，表示业务是从哪块业务板发出的。

源时隙范围：1-2，表示使用 PD1 板的第 1 ~ 2 时隙承载业务。

宿板位：10-SL4-1，表示业务从 10 槽位 SL4 板光口出去。

宿 VC4：VC4-1，表示用 10 槽位 SL4 板 1 光口第一个 VC4。

宿时隙范围：1-2，表示采用 10 槽位 SL4 板第一个 VC4 的 1、2 两个时隙承载业务。

立即激活：是，表示激活该条业务。

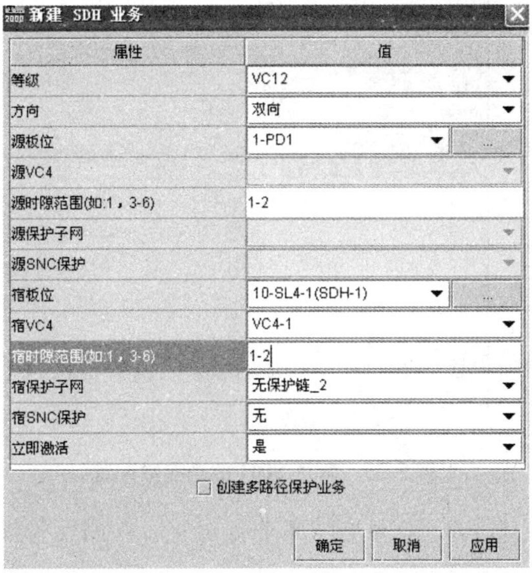

新建 SDH 业务

属性	值
等级	VC12
方向	双向
源板位	1-PD1
源VC4	
源时隙范围(如:1，3-6)	1-2
源保护子网	
源SNC保护	
宿板位	10-SL4-1(SDH-1)
宿VC4	VC4-1
宿时隙范围(如:1，3-6)	1-2
宿保护子网	无保护链_2
宿SNC保护	无
立即激活	是

□ 创建多路径保护业务

确定　取消　应用

图 5-33　新建 SDH 业务参数配置图

3）单击“确定”按钮，完成 SDH1 的 2M 业务配置。在网元管理器视图界面右边可以看到时隙交叉列表，如图 5-34 所示。

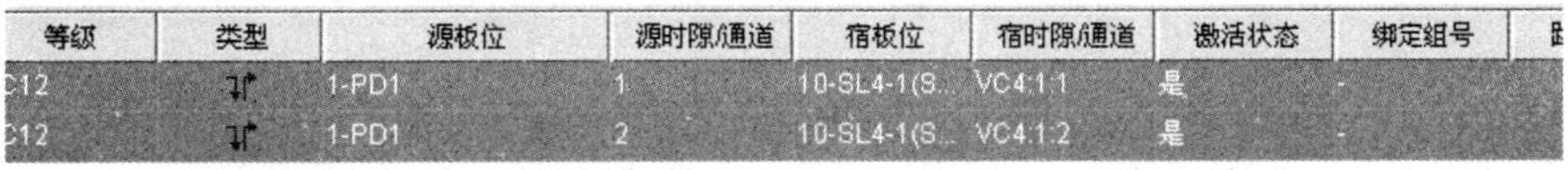

等级	类型	源板位	源时隙/通道	宿板位	宿时隙/通道	激活状态	绑定组号	跗
C12		1-PD1	1	10-SL4-1(S...	VC4:1:1	是	-	
C12		1-PD1	2	10-SL4-1(S...	VC4:1:2	是	-	

图 5-34　SDH 业务交叉时隙

（3）SDH4 创建 2M 穿通业务

1）在主视图中用鼠标右键单击 SDH4 图标，在弹出的快捷菜单中选择“网元管理器”命令，进入网元管理器视图界面后，在左边窗格的功能树中选择“配置”→“SDH 业务配置”项，然后在右边窗格中单击“新建”按钮。

2）弹出“新建 SDH 业务”对话框，设置参数如下（见图 5-35）。

等级：VC12，表示 2M 业务。

方向：双向。

源板位：1-OI4-1，表示业务从 1 槽 OI4 板光口进来。

源 VC4：VC4-1，表示使用 1 槽 OI2D 板 1 光口的第一个 VC4。

源时隙范围：1-2，表示使用 1 槽 OI4 板第一个 VC4 的 1、2 两个时隙。

宿板位：2- OI4-1，表示业务从 2 槽 OI4 单板的第一个光口出去。

宿时隙范围：1 –2，表示该业务连接到 BSC6810。

立即激活：是，表示激活该条业务。

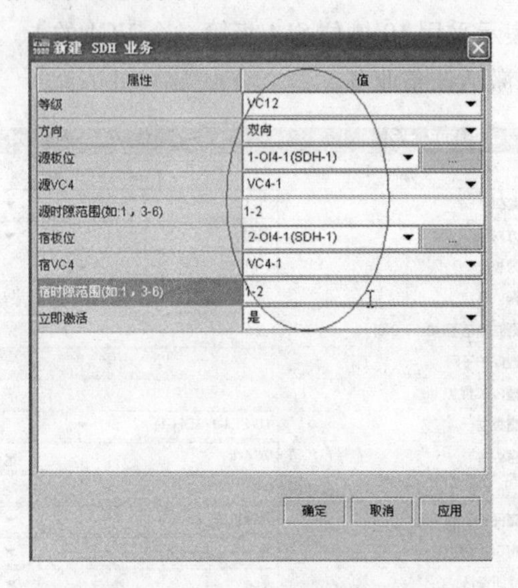

图 5-35　新建 SDH 业务参数配置

3）单击“确定”按钮完成 SDH4 的 2M 业务配置，在网元管理器视图界面的右边可以看到时隙列表，如图 5-36 所示。

等级	类型	源板位	源时隙/通道	宿板位	宿时隙/通道	激活状态	绑定组号	[illegible]
VC12	⇆	1-OI2D-1(SDH-1)	VC4:1:1	1-OI2D-2(S...	VC4:1:1	是	-	
VC12	⇆	1-OI2D-1(SDH-1)	VC4:1:4	1-OI2D-2(S...	VC4:1:4	是	-	
VC12	⇆	1-OI2D-1(SDH-1)	VC4:1:7	1-OI2D-2(S...	VC4:1:7	是	-	
VC12	⇆	1-OI2D-1(SDH-1)	VC4:1:10	1-OI2D-2(S...	VC4:1:10	是	-	

图 5-36　SDH 业务交叉时隙

4）业务配置完成后，可参考 SDH 业务的测试方案，对 SDH1 至 SDH4 的点对点业务进行测试。

五、课后巩固

1）配置核心网光传输点对点数据的流程是什么？

2）本任务所用到的光传输设备有哪些？

3）本任务所用到的光传输设备与情景五任务一所用的设备有何不同？

任务三　移动核心网光传输环形组网数据配置

一、任务目标

掌握光传输设备环形组网业务的配置方法。

二、实训器材

1）METRO 3000 一台，METRO 1000 两台。

2）维护用终端 50 台。

3）T2000 网管软件。

三、实训内容说明

1）用 T2000 网管软件进行现场安装演示讲解。

2）熟练运用 T2000 网管软件，并能完成基本网元建立和光纤连接。

3）了解 METRO 3000、METRO 1000 设备的硬件结构。

4）熟悉设备间的组网结构及设备间的光纤连接。

四、实训内容

1. 设备组网业务介绍及连线图

1）本次实训主要由 SDH1、SDH4 和 SDH5 组成环形组网业务，如图 5-37 所示。

2）具体业务：将 SDH1 支路板 PD1 的第 1、2 个 2M 和 SDH4 的支路板 SP1D 第 1、2 个 2M 连通，如图 5-38 所示。

3）在配置业务之前，需先完成保护子网的创建，在本次组网中，SDH1、SDH4 和 SDH5 组成一个无保护环。

4）ODF 架端口光纤连接示意图如图 5-39 所示。

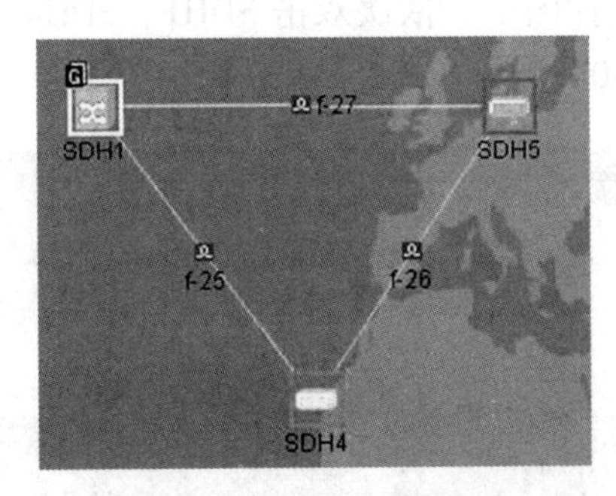

图 5-37　SDH 环形组网图

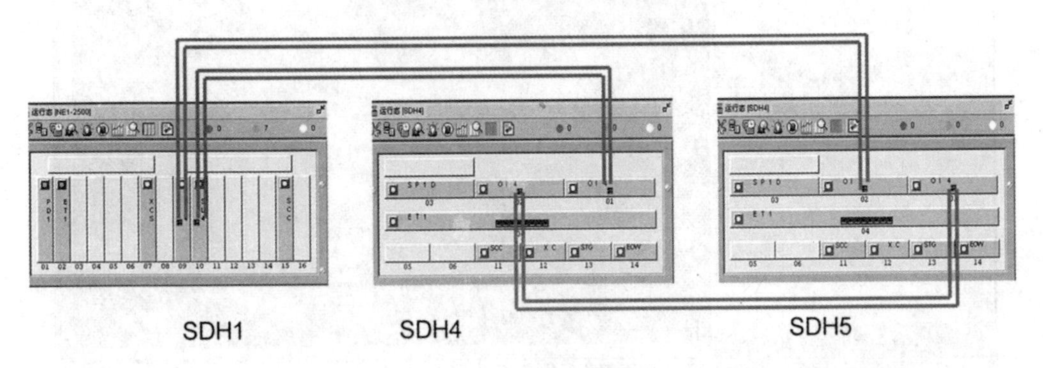

图 5-38　设备间光纤互连

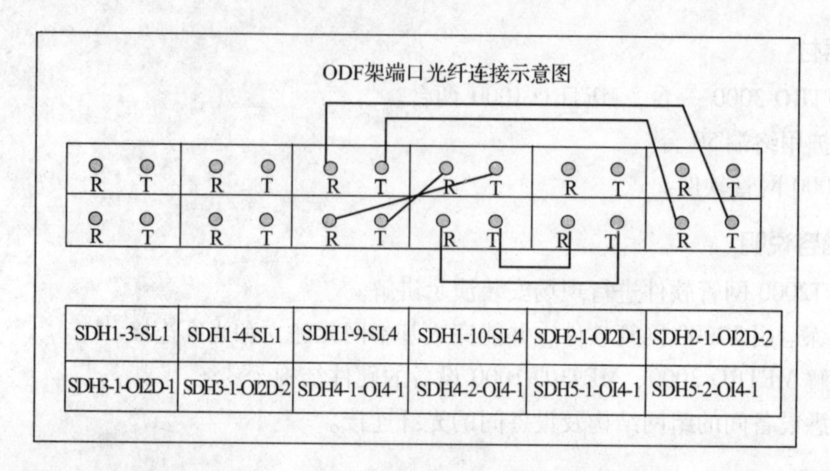

图 5-39　ODF 架端口光纤连接示意图

2. 实训步骤

(1) 创建保护子网

1) 在主视图中，单击“配置”→“保护视图”命令，进入保护视图界面，单击“保护视图”→“SDH 保护子网创建”→“无保护链”命令，打开“无保护链创建向导”。

2) 在“无保护链创建向导”中设置以下参数：名称为“无保护链_ 1”，容量级别为“STM-1”，取消选中“资源共享”和“按照 VC4 划分”复选框。

3) 在保护视图右边的拓扑图中，依次双击 SDH1、SDH4、SDH5 三个网元的图标，将其加入无保护环中，如图 5-40 所示。

图 5-40　无保护环结点

4）单击“下一步”按钮，进入“确认链路信息”界面，单击“完成”按钮，弹出的提示框显示保护子网创建成功，完成保护子网的创建。

(2) SDH1 创建上/下 2M 业务

1）在主视图中用鼠标右键单击 SDH1 图标，在弹出的快捷菜单中选择“网元管理器”命令，如图 5-41 所示。

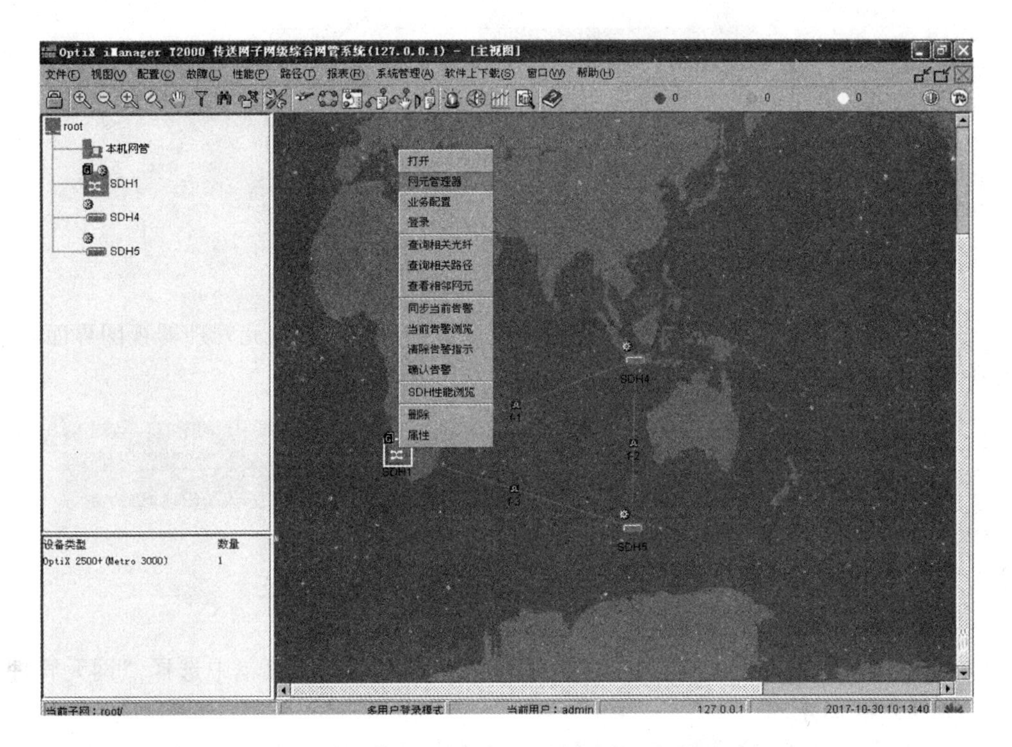

图 5-41　SDH1 网元管理选择

2）进入网元管理器视图界面，在左边窗格的功能树中选择“配置”→“SDH 业务配置”项，然后在右边窗格中单击“新建”按钮。

3）弹出“新建 SDH 业务”对话框，设置参数如下（见图 5-42）。

等级：VC12，表示 2M 业务。

方向：双向，表示链形业务都是双向的。

源板位：1-PD1，表示业务是从哪块业务板发出的。

源时隙范围：1-2，表示使用 PD1 板的第 1 ~ 2 时隙承载业务。

宿板位：10-SL4-1，表示业务从 10 槽位 SL4 板光口出去。

宿 VC4：VC4-1，表示采用 10 槽位 SL4 板 1 光口第一个 VC4。

宿时隙范围：1-2，表示采用 10 槽位 SL4 板第一个 VC4 的 1、2 两个时隙承载业务。

立即激活：是，表示激活该条业务。

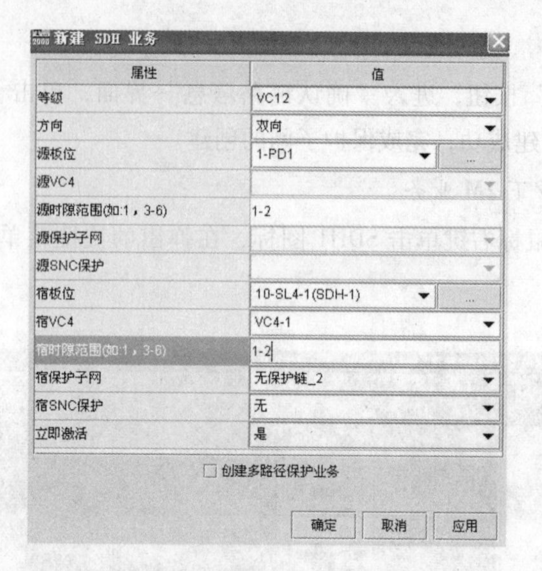

图 5-42　**SDH** 业务配置

4）单击“确定”按钮，完成 SDH1 的 2M 业务配置，在网元管理器视图界面右边可以看到时隙交叉列表，如图 5-43 所示。

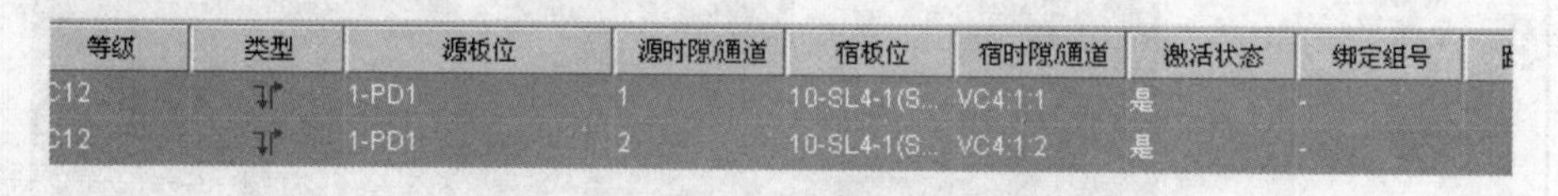

等级	类型	源板位	源时隙/通道	宿板位	宿时隙/通道	激活状态	绑定组号
C12		1-PD1	1	10-SL4-1(S...	VC4:1:1	是	-
C12		1-PD1	2	10-SL4-1(S...	VC4:1:2	是	-

图 5-43　**SDH** 业务交叉时隙

（3）SDH4 创建 2M 穿通业务

1）在主视图中用鼠标右键单击 SDH4 图标，在弹出的快捷菜单中选择“网元管理器”命令，如图 5-44 所示。

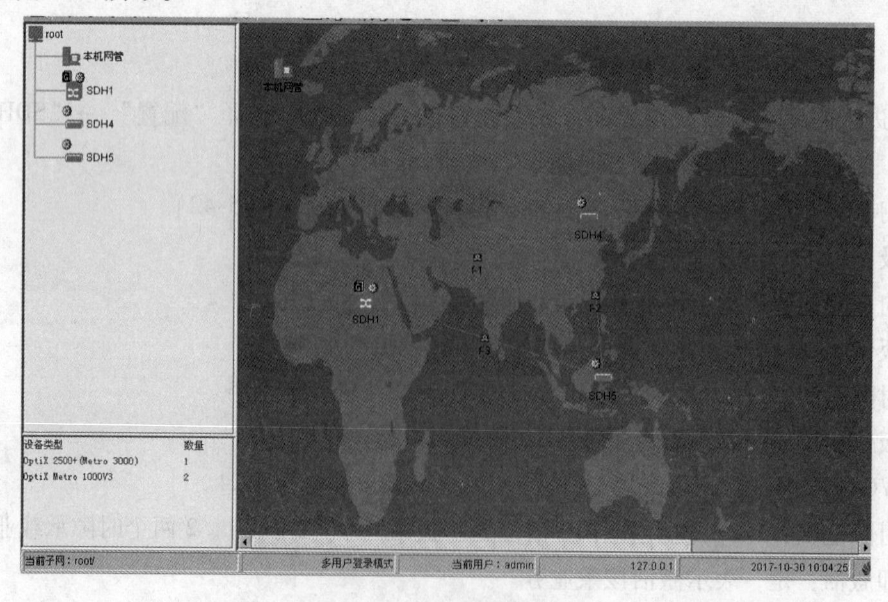

图 5-44　**SDH4** 网元管理

2）进入网元管理器视图界面，在左边窗格的功能树中选择“配置”→“SDH 业务配置”项，然后在右边窗格中单击“新建”按钮。

3）弹出“新建 SDH 业务”对话框，设置参数如下（见图 5-45）。

等级：VC12，表示 2M 业务。

方向：双向。

源板位：1-OI4-1，表示业务从 1 槽 OI4 板光口进来。

源 VC4：VC4-1，表示使用 1 槽 OI2D 板-1 光口的第一个 VC4。

源时隙范围：1-2，表示使用 1 槽 OI4 板第一个 VC4 的 1、2 两个时隙。

宿板位：3-SP1D，表示业务从 3 槽 SP1D 单板出去。

宿时隙范围：1-2，表示采用了槽位的 SP1D 单板的 1～2 时隙承载业务，该业务连接到 BSC6810。

立即激活：是，表示激活该条业务。

新建 SDH 业务

属性	值
等级	VC12
方向	双向
源板位	1-OI4-1(SDH-1)
源VC4	VC4-1
源时隙范围(如:1，3-6)	1-2
宿板位	3-SP1D
宿VC4	
宿时隙范围(如:1，3-6)	1-2
立即激活	是

确定　取消　应用

图 5-45　SDH 业务配置

4）单击“确定”按钮，完成 SDH4 的 2M 业务配置，在网元管理器视图界面右边可以看到时隙列表，如图 5-46 所示。

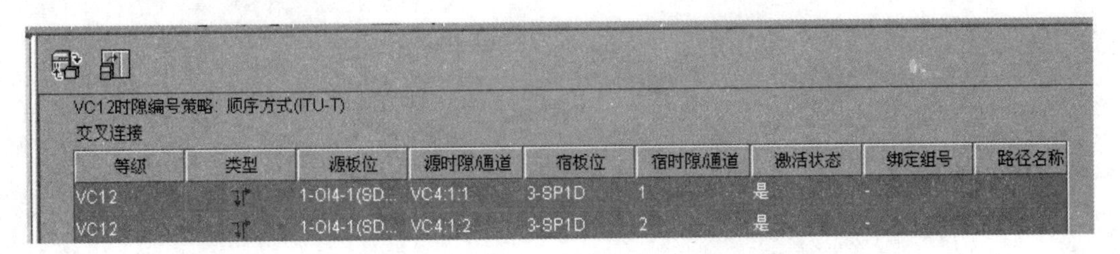

VC12时隙编号策略: 顺序方式(ITU-T)

交叉连接

等级	类型	源板位	源时隙通道	宿板位	宿时隙通道	激活状态	绑定组号	路径名称
VC12		1-OI4-1(SD...	VC4:1:1	3-SP1D	1	是	-	
VC12		1-OI4-1(SD...	VC4:1:2	3-SP1D	2	是	-	

图 5-46　SDH 业务交叉时隙

5）业务配置完成后，可参考 SDH 业务的测试方案，对 SDH1 至 SDH4 的业务进行测试。

五、课后巩固

1）配置核心网光传输环形组网数据的流程是什么？

2）光传输环形组网和点对点数据配置有什么不同？

3）本任务所用到的光传输设备有哪些？

4）本任务所用到的光传输设备与情景五任务二所用的设备有何不同？

情景六　综合业务实训

任务一　MSOFTX3000 数据配置

一、任务目标

1）掌握 MSOFTX3000 Mc 接口数据配置及重要参数。

2）掌握判断 MGW 及 Mc 接口链路是否正常的方法。

3）掌握新增 MSOFTX3000 到 C&C08 的数据配置方法。

4）掌握目的信令点、路由、链路集、链路的概念，以及它们之间的关系。

5）掌握 E1 的对接，了解 DDF 架的功能。

二、实训器材

华为 WCDMA 核心网设备：MSOFTX3000、UMG8900、HLR，C&C08 程控交换机。

三、实训内容说明

1）完成硬件、Mc 接口、本局和到 C&C08 的数据配置脚本。

2）检查链路、目的信令点、路由的状态（DSP N7LNK、DSP N7DSP、DSP N7RT）。

3）学会 E1 的对接，并会利用自环等办法检测 E1 硬件故障。

4）在本地 BAM 验证数据配置的正确性。

四、实训内容

1. 数据准备

3G 通信实训室组网拓扑图如图 6-1 所示。

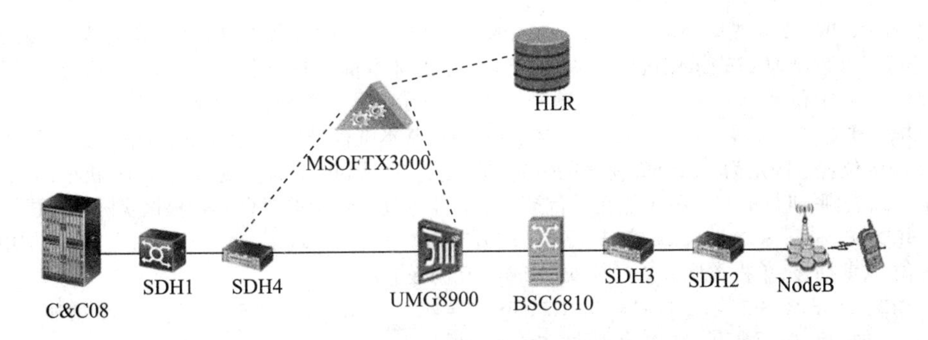

图 6-1　3G 通信实训室组网拓扑图

在本实训室中，MSOFTX3000 与 UMG8900 通过 IP 相连，MSOFTX3000 与 HLR 通过光传输的 E1 线相连，MSOFTX3000 与 C&C08 程控交换机通过光传输的 E1 线相连。

MSOFTX3000 的数据配置需要规划的数据种类有以下几种：

1）MSOFTX3000 与 C&C08 程控交换机之间的数据规划。

2）MSOFTX3000 与 HLR 之间的数据规划。

3）MSOFTX3000 与 UMG8900 之间的数据规划。

4）MSOFTX3000 与 RNC 之间的数据规划。

复习“验证实训”对应情景的学习内容，按照本情景给出的数据脚本把上述 4 种数据规划的对应参数分别填写在表 6-1 中。

表 6-1　MSOFTX3000 的数据配置规划表

配置项目	配置数据					
基本信息		信令点编码	信令点网标识	对局 GT 号码		
信令链路	WCSC 模块号	链路集索引	模块内链路号	信令链路编码和信令链路编码发送	模块内电路号(3 号时隙号)	链路类型
电路	Termination ID（即 MGW 到 PSTN 的物理电路号）		CIC	WCCUWCSU 模块号	MG 索引	
中继路由	局向	路由号	子路由号	中继群	电路类型	电路选择方式
字冠	字冠	路由选择码	路由选择源码			

命令脚本如下：

LOF:;　//进入脱机状态

SET FMT: STS = OFF;　//关闭性能统计开关

ADD SHF: SHN = 0, LT = "gzmh", ZN = 0, RN = 0, CN = 0;　//增加机架，机架号为 0。在此命令中，“PDB 位置”参数设为 2，表示该机架的 PDB(配电盒)由基本框控制。本命令执行后，系统自动加上去的板有 WSMU WALU 和 PSM。ZN = 0 表示场地号，RN = 0 表示行号，CN = 0 表示列号

ADD FRM: FN = 0, SHN = 0, PN = 3;　//增加机框：基本框框号为 0，对于综合配置机柜(机架 0)而言，BAM 使用的位置号固定为 1，iGWB 使用的位置号固定为 0。因此，在综合配置机柜中，机框的位置号只能配置为 2、3，否则，机框的状态将不能在后台被显示。业务处理机柜的机框号则根据实际情况进行配置

ADD BRD: FN = 0, SLN = 0, LOC = FRONT, FRBT = WCDB, MN = 102, ASS = 255;　//增加单板：机框号 0，槽位 0，前插板，单板类型 WCDB，模块号 102，互助板 255

ADD BRD: FN = 0, SLN = 2, LOC = FRONT, FRBT = WCSU, MN = 22, ASS = 255;　//增加单板：机框号 0，槽位 2，前插板，单板类型 WCSU，模块号 22，互助板 255

ADD BRD: FN = 0, SLN = 4, LOC = FRONT, FRBT = WCCU, MN = 23, ASS = 255;　//增加单板：机框号 0，槽位 4，前插板，单板类型 WCCU，模块号 23，互助板 255

ADD BRD: FN = 0, SLN = 10, LOC = FRONT, FRBT = WIFM, MN = 132, ASS = 255;　//增加单板：机框号 0，槽位 10，前插板，单板类型 WIFM，模块号 132，互助板 255

ADD BRD: FN = 0, SLN = 11, LOC = FRONT, FRBT = WBSG, MN = 133, ASS = 255; //增加单板:机框号 0,槽位 11,前插板,单板类型 WBSG,模块号 133,互助板 255

ADD BRD: FN = 0, SLN = 12, LOC = FRONT, FRBT = WVDB, MN = 103, ASS = 255; //增加单板:机框号 0,槽位 12,前插板,单板类型 WVDB,模块号 103,互助板 255

ADD BRD: FN = 0, SLN = 14, LOC = FRONT, FRBT = WMGC, MN = 134, ASS = 255; //增加单板:机框号 0,槽位 14,前插板,单板类型 WMGC,模块号 134,互助板 255

ADD BRD: FN = 0, SLN = 13, LOC = BACK, BKBT = WCKI; //增加单板:机框号 0,槽位 13,后插板,单板类型 WCKI

ADD BRD: FN = 0, SLN = 2, LOC = BACK, BKBT = WEPI; //增加单板:机框号 0,槽位 2,后插板,单板类型 WEPI

RMV BRD: FN = 0, SLN = 16, LOC = FRONT; //删除单板:机框号 0,槽位 16,前插板

RMV BRD: FN = 0, SLN = 17, LOC = FRONT; //删除单板:机框号 0,槽位 17,前插板

RMV BRD: FN = 0, SLN = 19, LOC = FRONT; //删除单板:机框号 0,槽位 19,前插板

RMV BRD: FN = 0, SLN = 17, LOC = BACK; //删除单板:机框号 0,槽位 17,后插板

RMV BRD: FN = 0, SLN = 19, LOC = BACK; //删除单板:机框号 0,槽位 19,后插板

//定义 WBFI 板的对外 IP 地址,主要用于 MC/SIGTRAN 协议的联系

ADD FECFG: MN = 132, IP = " 10.10.10.10 ", MSK = " 255.255.255.0 ", DGW = " 10.10.10.10"; //增加 FE 端口配置:MN = 132:WIFM 模块号为 132

//增加 EPI 配置:机框号 0,槽位号 2,全部端口类型 DF,主要是和其他设备对接时采用的格式,华为内部采用 DF(双帧格式)

ADD EPICFG: FN = 0, SN = 2, E0 = DF, E1 = DF, E2 = DF, E3 = DF, E4 = DF, E5 = DF, E6 = DF, E7 = DF, BM = NONBALANCED; ///增加 CDB 功能配置:WCDB 模块号为 102,功能:"全部选中"

ADD CDBFUNC: CDBMN = 102, FUNC = TKAGT-1&VDB-1&CGAP-1&JUDGE-1&VEIR-1&AFLEX-1&ECTCF-1&TK-1; //定义信令点。注意,需要两个信令点:一个国内主用(用于和 HLR 及其他公众网络连接),一个国内备用(用于和无线侧连接,包含 UMG8900)

SET OFI: OFN = "MS3000", LOT = LOCMSC, NN = YES, NN2 = YES, SN1 = NAT, SN2 = NATB, NPC = "111111", NP2C = "D10", NNS = SP24, NN2S = SP14, LAC = "20", LNC = K86, CNID = 0; //设置本局信息:本局名称 MS3000,本局类型 LOCMSC,国内主用标识,国内备用标识,国内信令点编码 111111,国内备用信令点编码 D10,国内主用网结构 24 位,国内备用网结构 14 位,本地区号 20,本国代码 86,CNID = 0 核心网标识 0

SET INOFFMSC: MSCN = K'8613900755, VLRN = K'8613900755, MCC = K'460, MNC = K'10, INNATIONPFX = K'00, NATIONPFX = K'0; //设置本局移动信息:MSC 号码 8613900755,VLR 号码 8613900755,移动国家码 460,移动网号 10,国际号码前缀 00,国内号码前缀 0

MOD INOFFMSC: SN = "local", ID = 0, BILLSERVEREXIST = FALSE; //修改移动本局信息:Server 名称 local,移动本局信息索引 0,不存在话单服务器

ADD VLRCFG: MAXUSR = 10000, MCC = K'460; //增加 VLR 配置:最大数 10000,MCC 为 460

SET MAPACCFG: IFCIPH = CIPH2G-1&CIPH3G-1, CIPHALG = NOCIPH2G-1&A5_1-1&A5_2-1&A5_3-1&A5_4-1&A5_5-1&A5_6-1&A5_7-1&NOCIPH3G-1&UEA1-1, MAPVER = PHASE3, SUPGSIE = YES; //设置 MAP 功能配置:主要可以修改有些移动的呼叫属性、接续属性等。其中 TMSI 分配与否就在本命令中设置

SET MAPACCFG: IFUSROAMR = YES; //设置 MAP 功能配置

SET MAPPARA: MAPNI = NAT, GSNI = NAT; //设置 MAP 功能参数:MAP 网络指示为国内主用网,Gs 接口网络指示为国内主用网

ADD NACODE: NAC = K'139; //增加移动接入码 139

ADD MHPREFIX: ID = 0, HPFX = K'8613900755, SFXL = 3; //增加漫游号码分配的前缀

ADD MHSUFFIX: ID = 0, PFXIDX = 0, SFXS = "0", SFXE = "999", MSRNT = MSRNHON; //增加漫游号码分配的后缀

ADD MHMSCCFG: MSCN = K'8613900755, PRESFX = 0; //增加 MSC 号码与 MSRN/HON 号码的映射

ADD MHAREACFG: MAN = "0", PRESFX = 0; //增加本地名称与 MSRN/HON 号码的映射:本地名称 0,MSRN/HON 号码后缀标识 0

ADD ROAMUSRT:IMSIPFX = K'46010,MSAREANAME = "0", MSTP = NATIONMS; //增加漫游用户类型:IMSI 前缀 46010,本地名称 0,漫游用户类型为国内本地用户

//修改鉴权配置

MOD AUTHCFG: AUTHCLASS = EVTRLT, LOCALSUBINTERVLRLU = ALWAYS, ROAMSUBINTERVLRLU = ALWAYS, LOCALSUBINTRAVLRLU = ALWAYS, ROAMSUBINTRAVLRLU = ALWAYS,PERIODLU = ALWAYS, LOCALSUBMO = AUTH10, ROAMSUBMO = AUTH10, LOCALSUBMT = AUTH10, ROAMSUBMT = AUTH10, LOCALSUBSSOP = AUTH10, ROAMSUBSSOP = AUTH10, LOCALSUBSMSMO = AUTH10, ROAMSUBSMSMO = AUTH10, LOCALSUBSMSMT = AUTH10, ROAMSUBSMSMT = AUTH10, LOCALSUBIMSIATTACH = ALWAYS, ROAMSUBIMSIATTACH = ALWAYS, LCS = NEVER, EMERGENCYCALL = NEVER, ALLOTHEREVENTS = NEVER; //到 HLR 的 SG

ADD N7DSP: DPNM = "HLR", DPC = "222222", OPC = "111111"; //增加 MTP 目的信令点:目的信令点 HLR,目的信令点编码 222222,源信令点编码 111111

ADD N7LKS: LSNM = "TO-HLR", ASPNM = "HLR"; //增加 MTP 链路集:链路集名称 TO-HLR,相邻目的信令点名称 HLR

ADD N7RT: RTNM = "HLR", DPNM = "HLR", LSNM = "TO-HLR"; //增加 MTP 路由:路由名称 HLR,目的信令点名称 HLR,链路集名称 TO-HLR

ADD N7LNK: MN = 22, LNKNM = "TO-HLR", LNKTYPE = TDM0, E1 = 0, TS = 16, LSNM = "TO-HLR", SLC = 0, SLCS = 0; //增加 MTP 链路:WCSU/WBSG 的模块号 22,链路名称 TO-HLR,链路类型 TDM 64kbit/s,E1 端口号 0,E1 内部时隙号 16,链路集名称 TO-HLR,信令链路编码 0,信令链路编码发送 0

//以上 4 条命令为增加到 HLR - SAU 的 7 号信令链路,以下为到 HLR 的 SCCP 寻址等

ADD SCCPDSP: DPNM = "TO-HLR", NI = NAT, DPC = "222222", OPC = "111111"; //增加到 SCCP 目的信令点:目的信令点名称为 TO-HLR,网络标识为国内主用网,目的信令点编码 222222,源信令点编码 111111

ADD SCCPGTG: GTGNM = "MSC-GT", CFGMD = SPECIFIC, OPC = "111111"; //增加 SCCP GT 群:定义 MGS-GT 名字,选择非通配,本局信令点 111111

ADD SCCPSSN: SSNNM = "MSC-SCMG", NI = NAT, SSN = SCMG, SPC = "111111", OPC = "111111"; //增加 SCCP 子系统号:SCCP 子系统号 MSC-SCMG,网络指示为国内主用网,SCCP 子系统号 SCMG,信令点编码 111111,源信令点编码 111111。MSOFTX3000 与对端设备的对接参数之一,用于在 MSOFTX3000 的配置数据库中定义一个 SCCP 子系统号,即定义某个子系统用户在 SCCP 消息中所对应的 SSN 编码。例如,MAP 的 SSN 编码为 0x05、HLR 的 SSN 编码为 0x06、MSC 的 SSN 编码为 0x08……此处定义 SCMG 子系统

ADD SCCPSSN: SSNNM = "MSC-VLR", NI = NAT, SSN = VLR, SPC = "111111", OPC = "111111"; //增加 SCCPSSN:此处定义 VLR

ADD SCCPSSN: SSNNM = "MSC-MSC", NI = NAT, SSN = MSC, SPC = "111111", OPC = "111111"; //增加 SCCPSSN:此处定义 MSC

//上述 3 个子系统 SCMG/VLR/MSC 是本局配置中必须定义的,用于本局 SSN 寻址

ADD SCCPSSN: SSNNM = "HLR-SCMG", NI = NAT, SSN = SCMG, SPC = "222222", OPC = "111111"; //增加 SCCPSSN: HLR 与对端设备的对接参数之一,用于在 HLR 的配置数据库中定义一个 SCCP 子系统号,即定义某个子系统用户在 SCCP 消息中所对应的 SSN 编码。此处定义 SCMG 子系统

ADD SCCPSSN: SSNNM = "HLR-HLR", NI = NAT, SSN = HLR, SPC = "222222", OPC = "111111"; //此处定义 HLR

ADD SCCPSSN: SSNNM = "HLR-MAP", NI = NAT, SSN = MAP, SPC = "222222", OPC = "111111";

//此处定义 MAP

ADD SCCPGT: GTNM = "MSC", GTI = GT4, ADDR = K'8613900755, RESULTT = LSPC2, SPC = "111111", GTGNM = "MSC-GT";

ADD SCCPGT: GTNM = "HLR-GT", GTI = GT4, ADDR = K'8613907550000, RESULTT = LSPC2, SPC = "222222", GTGNM = "MSC-GT";

ADD SCCPGT: GTNM = "HLR-IMSIGT", GTI = GT4, NUMPLAN = ISDN, ADDR = K'8613, RESULTT = LSPC2, SPC = "222222", GTGNM = "MSC-GT";

ADD SCCPGT: GTNM = "HLR-IMSIGT-1", GTI = GT4, NUMPLAN = ISDNMOV, ADDR = K'86139, RESULTT = LSPC2, SPC = "222222", GTGNM = "MSC-GT";　//增加到 HLR 的 GT 寻址,内容为数据准备中 HLR 部分

//定义 IMSI 和号段的关系

ADD IMSIGT: MCCMNC = K'46010, CCNDC = K'86139, MNNAME = "GZMH";　//增加 IMSIDT 寻址

//增加 MGW,主要是协议内容

ADD MGW: MGWNAME = "UMG8900", TRNST = SCTP, CTRLMN = 134, BCUID = 1, ENCT = NSUP, CPB = TONE-1&PA-1&SENDDTMF-1&DETECTDTMF-1&MPTY-1&IWF-1, ECRATE = 300, IWFRATE = 300, TONERATE = 300, MPTYRATE = 300, DETDTMFRATE = 300, SNDDTMFRATE = 300, TC = GSMEFR-1&GSMHR-1&TDMAEFR-1&PDCEFR-1&HRAMR-1&UMTSAMR2-1&FRAMR-1&PCMA-1&PCMU-1&UMTSAMR-1&G7231-1&G729A-1&GSMFR-1;　//增加媒体网关:MGWNAME = "MGW"(网关名 UMG8900),TRNST = SCTP(传输协议 SCTP),CTRLMN = 134(承载模块号 134 模块),其余参数默认即可

//修改媒体网关:媒体网关名称 UMG8900,传输协议 SCTP

MOD MGW: MGWNAME = "UMG8900", TRNST = SCTP, HRAMRR = RATE475-1&RATE515-1&RATE590-1&RATE670-1&RATE740-1&RATE795-1, UMTSAMR2R = RATE475-1&RATE515-1&RATE590-1&RATE670-1&RATE740-1&RATE795-1&RATE102-1&RATE122-1, FRAMRR = RATE475-1&RATE515-1&RATE590-1&RATE670-1&RATE740-1&RATE795-1&RATE102-1&RATE122-1, UMTSAMRR = RATE475-1&RATE515-1&RATE590-1&RATE670-1&RATE740-1&RATE795-1&RATE102-1&RATE122-1, AMRWB = Configration0-1&Configration1-1&Configration2-1&Configration3-1&Configration4-1&Configration5-1, MODEMLST = GSMMT-1&GSMV21-1&GSMV22-1&GSMV22BIS-1&GSMV23-1&GSMV26TER-1&GSMV32-1&GSMMTAUTO-1&GSMV34-1, TC = GSMEFR-1&GSMHR-1&TDMAEFR-1&PDCEFR-1&HRAMR-1&UMTSAMR2-1&FRAMR-1&UMTSAMRWB-1&PCMA-1&PCMU-1&UMTSAMR-1&G7231-1&G729A-1&GSMFR-1&MUME-1;　//增加 Mc 接口链路

ADD H248LNK: MGWNAME = "UMG8900", TRNST = SCTP, LNKNAME = "TO-UMG8900", MN = 133, SLOCIP1 = "10.10.10.10", SLOCPORT = 2945, SRMTIP1 = "10.10.10.11", SRMTPORT = 2945, QOSFLAG = TOS;　//增加 H.248 链路:网关名为 UMG8900,传输协议为 SCTP,链路名为 TO-UMG8900,H.248 协议处理模块号为133,本端 IP 地址为10.10.10.10,本端协议处理端口号为2945,对端 IP 地址为10.10.10.11,对端 H.248 协议端口为2945

//激活 MGW

ACT MGW: MGWNAME = "UMG8900";　//增加到 MGW 的 M3UA 配置

ADD ESG: SGNM = "UMG8900", MGNM = "UMG8900";　//增加内嵌式信令网关:信令网关名称 UMG8900,媒体网关名称 UMG8900

ADD M3LE: LENM = "MSOFTX3000", NI = NATB, OPC = "D10", LET = AS;　//增加 M3UA 本地实体:本地实体名称 MSOFTX3000,网络指示为国内备用网,本地实体信令点编码 D10,本地实体类型 AS

ADD M3DE: DENM = "UMG8900", LENM = "MSOFTX3000", NI = NATB, DPC = "D11", STPF = TRUE, DET = SG;　//增加 M3UA 目的实体:目的实体名称 UMG8900,本地实体名称 MSOFTX3000,网络指示为国内备用网,目的实体信令点编码 D11,STP 标志为是,目的实体类型为信令网关

ADD M3LKS: LSNM = "TO-UMG8900", ADNM = "UMG8900", WM = ASP;　//增加 M3UA 链路集:链路集名称为 TO-UMG8900,相邻实体名称为 UMG8900,工作模式为 ASP

ADD M3LNK: MN = 133, LNKNM = "TO - UMG8900", LOCIP1 = "10.10.10.10", LOCPORT = 4000, PEERIP1 = "10.10.10.12", PEERPORT = 4000, CS = C, LSNM = "TO - UMG8900", QoS = TOS; //增加 M3UA 链路:WBSG 模块号为 133,链路名称为 TO - UMG8900,本地 IP 地址为 10.10.10.10,本地端口号为 4000,对端 IP 地址为 10.10.10.12,对端端口号为 4000,客户端/服务器模式为客户端,链路集名称为 TO - UMG8900

ADD M3RT: RTNM = "TO - UMG8900", DENM = "UMG8900", LSNM = "TO - UMG8900"; //到 RNC 的 M3UA 配置,关键点是采用了 MGW 的链路

ADD M3DE: DENM = "RNC1", LENM = "MSOFTX3000", NI = NATB, DPC = "D12", DET = SP;

ADD M3RT: RTNM = "TO - RNC1", DENM = "RNC1", LSNM = "TO - UMG8900"; //到 RNC 的 SCCP 寻址

ADD SCCPDSP: DPNM = "RNC1", NI = NATB, DPC = "D12", OPC = "D10";

ADD SCCPSSN: SSNNM = "MSC - RNC", NI = NATB, SSN = SCMG, SPC = "D12", OPC = "D10";

ADD SCCPSSN: SSNNM = "MSC - RNC - R", NI = NATB, SSN = RANAP, SPC = "D12", OPC = "D10";

ADD SCCPSSN: SSNNM = "LOCAL - SCMG", NI = NATB, SSN = SCMG, SPC = "D10", OPC = "D10";

ADD SCCPSSN: SSNNM = "LOCAL - RANAP", NI = NATB, SSN = RANAP, SPC = "D10", OPC = "D10"; //移动号码处理

ADD CALLSRC: CSCNAME = "RNC", PRDN = 3, RSSN = "RNC", FSN = "100", INNAME = "INVALID"; //增加呼叫源:呼叫源名称为 RNC,预收号码位数为 3,路由选择源名称为 RNC,失败名称 100

ADD OFC: ON = "RNC1", OOFFICT = RNC, DOL = LOW, DOA = RNC, BOFCNO = 0, OFCTYPE = COM, SIG = NONBICC/NONSIP, NI = NATB, DPC1 = "D12"; //增加局向:局向名称为 RNC1,对端局类别为 RNC,对端局属性为 RNC,计费局向号为 0,巨响类别为普通,信令类别为非 BICC/非 SIP,网络指示为国内备用,信令点编码 1 为 D12

ADD RNC: RNCID = 1, OPC = "D10", DPC = "D12", RNCNM = "RNC1", MLAIF = NO, LAI = "460100001"; //增加 RNC:RNC 标识为 1,源信令点为 D10,目的信令点为 D12,RNC 名称为 RNC1,LAI 号码为 460100001

ADD RANMGW: OFFICENAME = "RNC1", MGWNAME = "UMG8900"; //增加无线接入网媒体网关:局向名称 RNC1,媒体网关名称 UMG8900

ADD LAISAI: SAI = "460100001", LAISAINAME = "RNC1", MSCN = "8613900755", VLRN = "8613900755", NONBCLAI = NO, LAICAT = LAI, LAIT = HVLR, LOCNONAME = "INVALID", RNCID1 = 1, CSNAME = "RNC", TONENAME = "INVALID", CELLGROUPNAME = "INVALID", TZDSTNAME = "INVALID", LOCATIONIDNAME = "INVALID"; //增加位置区:3G 服务区号 460100001,3G 服务区名称 RNC1,3G 服务区的 MSC 号码 8613900755,位置区类别 LAI, RNC 标识 1:1,呼叫源名称 RNC

ADD LAISAI: SAI = "4601000010001", MSCN = "8613900755", VLRN = "8613900755", NONBCLAI = NO, LAICAT = SAI, LAIT = HVLR, LOCNONAME = "INVALID", RNCID1 = 1, CSNAME = "RNC", TONENAME = "INVALID", CELLGROUPNAME = "INVALID", TZDSTNAME = "INVALID", LOCATIONIDNAME = "INVALID"; //增加呼叫号段:ICLDTYPE = MS 表示被叫号码类型为 MSISDN, ICLDTYPE = MSRH 表示被叫号码类型为 MSRN/HON

ADD CNACLD: PFX = K139, RSNAME = "INVALID", MINL = 11, MAXL = 11, ICLDTYPE = MS, ISERVICECHECKNAME = "INVALID";

ADD CNACLD: PFX = K13900755, RSNAME = "INVALID", MINL = 11, MAXL = 11, ICLDTYPE = MSRH, ISERVICECHECKNAME = "INVALID";

//到 C&C08 的 SS7 链路

ADD N7DSP: DPNM = "cc08", DPC = "aaaaaa", OPC = "111111";

ADD N7LKS: LSNM = "to - cc08R", ASPNM = "cc08";

ADD N7RT: RTNM = "cc08", DPNM = "cc08", LSNM = "to - cc08R";

ADD N7LNK: MN = 22, LNKNM = "to - cc08", LNKTYPE = TDM0, E1 = 1, TS = 16, LSNM = "to - cc08R", SLC = 0, SLCS = 0;

//到 C&C08 的话路配置

ADD CALLSRC: CSCNAME = "PSTN", PRDN = 3, RSSN = "PSTN", FSN = "PSTN";

ADD OFC: ON = "PSTN", OOFFICT = CMPX, DOL = SAME, BOFCNO = 1, OFCTYPE = COM, SIG = NONBICC/NONSIP, NI = NAT, DPC1 = "aaaaaa";

ADD SRT: SN = "LOCAL", SRN = "PSTN", ON = "PSTN", ACC1 = "INVALID", ACC2 = "INVALID", BFSM = INVALID;

ADD RT: RN = "PSTN", SRSM = SEQ, SR1N = "PSTN";

ADD N7TG: TGN = "PSTN", MGWNAME = "UMG8900", CT = ISUP, SRN = "PSTN", BTG = 1, SOPC = "111111", SDPC = "aaaaaa", CSCNAME = "PSTN", CC = NO, LOCNAME = "INVALID", RELRED = NO;

ADD RTANA: RSN = "PSTN", RSSN = "RNC", TSN = "DEFAULT", RN = "PSTN", ISUP = ISUP_F;

ADD N7TKC: MN = 22, TGN = "PSTN", SCIC = 0, ECIC = 31, TID = 0, SCF = FALSE, CS = USE;

ADD CNACLD: PFX = K'555, CSA = LC, RSNAME = "PSTN", MINL = 7, MAXL = 8, ICLDTYPE = PS, ISERVICECHECKNAME = "INVALID";

ADD CNACLD: PFX = K'0205555, CSA = NTT, RSNAME = "PSTN", MINL = 8, MAXL = 11, ICLDTYPE = PS, ISERVICECHECKNAME = "INVALID";

SET FMT: STS = ON:;　//打开格式转换开关

FMT:;　//格式化全部数据

LON:;　//联机

2. 实训验证

1）查询 MSOFTX3000 到 UMG8900 的 M3UA 状态，如图 6-2 所示。命令如下：

DSP M3DE:;

M3UA目的实体状态

目的实体名称	拥塞信息	状态	Server名称
UMG8900	未拥塞	可达	LOCAL
RNC1	未拥塞	可达	LOCAL
CC08	未拥塞	可达	LOCAL

(结果个数 = 3)

图 6-2　查询结果

2）查询 MSOFTX3000 到 RNC 的 M3UA 状态，命令如下：

DSP M3DE:;

3）查询 MSOFTX3000 到 RNC 的 SCCPDSP，命令如下：

DSP SCCPDSP:;

4）查询 MSOFTX3000 到目的实体的路由状态，命令如下：

DSP M3RT: DENM = "UMG8900";

DSP M3RT: DENM = "RNC1";

5）检查链路、目的信令点、路由的状态（DSP N7LNK DSP N7DSP DSP N7RT）。

6）跟踪 MTP3 层链路消息，熟悉正确的消息，并能根据消息定位故障。

7）修改 ADD N7LNK 表中信令链路编码和信令链路编码发送，查看链路状态，并查看报警信息（使用 MOD N7LNK）。

8）跟踪 C/D 接口或 MTP 层链路消息，根据消息定位故障。

9）使用 TST SCCPGT 命令测试 GT 码是否正确。

10）跟踪 SCCP DPC 消息，学习 SCCP 层的消息信令。

11）检查 Mc 接口链路状态是否正常（DSP H. 248LNK）。

12）跟踪 SCTP 消息，熟悉 SCTP 建立的四步握手机制。

13）跟踪 H. 248 消息，熟悉 H. 248 的命令，深刻理解端点、关联、命令的关系。

14）在 MSOFTX3000 的 LMT 上先去激活 MGW，然后再激活 MGW，查看 MGW 的状态，并跟踪 H. 248 消息，熟悉 MGW 注册流程。

五、课后巩固

1）简述 C/D 接口协议栈的结构。

2）链路不起来的原因有哪些？

3）在 ADD N7LNK 这条命令中，链路号和起始时隙号之间的关系是什么？

4）C/D 接口中哪条消息中含有用户当前最新的位置区？哪条消息中含漫游号码？

5）基于 IP 承载的 Mc 接口协议栈是什么？

6）MSOFTX3000 哪个单板提供 Mc 物理接口？整个 H. 248 协议栈在 MSOFTX3000 中的信令处理流程是什么？

7）如果需要扩容一个 MGW，则 MSOFTX3000 侧维护人员需要收集哪些参数？

8）如果 DSP MGW 发现 MGW 是故障状态，则应该如何处理相关故障？解决的步骤是什么？

任务二　UMG8900 数据配置

一、任务目标

1）了解 UMG8900 的数据配置。

2）深入掌握 UMG8900 在移动通信系统中的作用。

二、实训器材

华为 WCDMA 核心网部分设备 UMG8900、MSOFTX3000；接入网部分 BSC6810、C&C08 程控交换机。

三、实训内容说明

1）学习配置 UMG8900 数据的方法。

2）掌握 UMG8900 与 BSC6810 的数据配置方法。

3）掌握 UMG8900 与 MSOFTX3000 的数据配置方法。

4）掌握 UMG8900 与 C&C08 程控交换机的数据配置方法。

四、实训内容

1. 数据准备

3G 通信实训室组网拓扑图如图 6-3 所示。

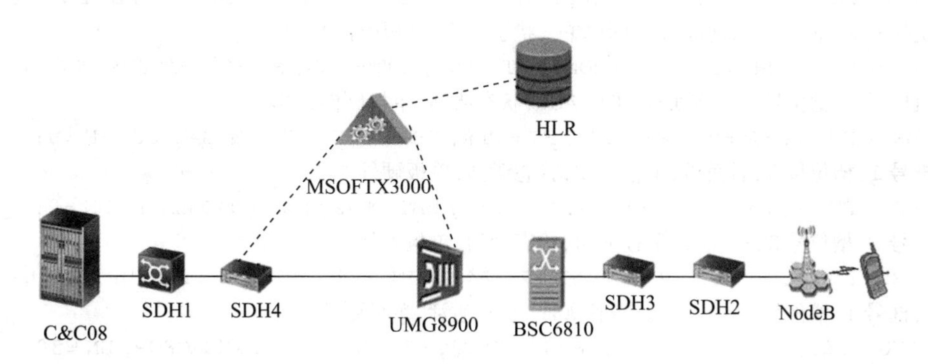

图 6-3　3G 通信实训室组网拓扑图

图 6-3 中的 UMG8900 与 MSOFTX3000 采用 IP 承载，UMG8900 与 BSC6810 采用 ATM 承载，UMG8900 与 C&C08 采用 TDM 承载。

本情景的数据配置需要规划的数据包括以下几种：

1）UMG8900 与 MSOFTX3000 之间的数据。

2）UMG8900 与 BSC6810 之间的数据。

3）UMG8900 与 C&C08 之间的数据。

复习“验证实训”对应情景的学习内容，按照本情景给出的数据脚本把上述 3 种数据规划的对应参数分别填写在表 6-2 中。

表 6-2　UMG8900 的数据配置规划表

配置项目	配置数据					
基本信息		信令点编码	信令点网标识	对局 GT 号码		
信令链路	WCSC 模块号	链路集索引	模块内链路号	信令链路编码和信令链路编码发送	模块内电路号（E1 号时隙号）	链路类型
电路	Termination ID（即 MGW 到 PSTN 的物理电路号）		CIC	WCCUWCSU 模块号	MG 索引	
中继路由	局向	路由号	子路由号	中继群	电路类型	电路选择方式
字冠	字冠	路由选择码	路由选择源码			

命令脚本如下：

ADD BRD: FN=1, SN=0, BP=FRONT, BT=SPF, HBT=SPF, BS=LOADSHARE, BN=0;　//增加单板:机框号1,槽位号0,前面板,单板SPF,状态激活,单板硬件SPF

ADD BRD: FN=1, SN=1, BP=FRONT, BT=VPU, HBT=VPD, BS=LOADSHARE, BN=0;　//增加单板:机框号1,槽位号1,前面板,单板VPU,状态激活,单板硬件VPD

ADD BRD: FN=1, SN=15, BP=FRONT, BT=ASU, HBT=ASU, BS=ONEBACKUP, BN=0;　//增加单板:机框号1,槽位号15,前面板,单板ASU,状态激活,单板硬件ASU

ADD BRD: FN=1, SN=0, BP=BACK, BT=CLK, HBT=CLK, BS=ONEBACKUP, BN=0;　//增加单板:机框号1,槽位号0,后面板,单板CLK,状态激活,单板硬件CLK

ADD BRD: FN=1, SN=2, BP=BACK, BT=E32, HBT=E32, BS=LOADSHARE, BN=0;　//增加单板:机框号1,槽位号2,后面板,单板E32,状态激活,单板硬件E32

ADD BRD: FN=1, SN=15, BP=BACK, BT=A4L, HBT=A4L, BS=NULLBACKUP, BN=0;　//增加单板,机框号1,槽位号15,后面板,单板A4L,状态激活,单板硬件A4L

ADD OMUSUBRD: FN=1, SN=8, SUBBN=SBRD0, BT=CMU, BS=ONEBACKUP, BN=30;

SET ENVTHD: VOLTH=-59, VOLTL=-40, MTRLGY=IMP, ITEMH=131, ITEML=41;

SET TIMESYC: INFO=GPS;

SET FRMARC: FN=1, FID=2147483647, NDID=2147483647, LN=2147483647, CN=2147483647, CABT=N68_22;

ADD IPADDR: BT=OMU, BN=0, IFT=ETH, IFN=0, IPADDR="129.9.0.103", MASK="255.255.0.0";　//增加设备维护地址:单板OMU。注意,请勿改动本条命令,否则将会导致目前设定无法连接设备

ADD IPADDR: BT=OMU, BN=0, IFT=ETH, IFN=0, IPADDR="10.10.10.11", MASK="255.255.0.0", FLAG=SLAVE;　//增加从地址

ADD IPADDR: BT=OMU, BN=0, IFT=ETH, IFN=0, IPADDR="10.10.10.12", MASK="255.255.0.0", FLAG=SLAVE;　//增加从地址

SET FTPSRV: SRVSTAT=ON, TIMEOUT=30;　//设置FTP服务器状态

ADD FTPUSR: USRNAME="bam", PWD="*****", CFM="*****", HOMEDIR="c:/bam", RIGHT=FULL, ENCR=YES;　//增加FTP用户:用户名和密码为bam,路径为c:/bam

SET UMGIDCFG: FLAG=YES;

SET VMGW: VMGWID=0, MIDTYPE=IP, MID="10.10.10.11:2945", RPTIMES=3, RPINTV=3, RLSINTV=30, LNKFAILLEN=30, IPNUM=86016, TDMNUM=400384, ATMNUM=221184, AUTOSWP=YES, LNKHBTIME=3, LNKMAXHBLOSS=30, MWDMODE=STATIC, MWDVAL=0, CISTT=1000, NETTYPE=WCDMA, ROOTLENGTH=8, NONROOTLENGTH=8, CODEC=G.711A, MASTERMGCDETECTFLAG=NO, MASTERMGCDETECTTIME=5;

ADD MGC: VMGWID=0, MGCIDX=0, MIDTYPE=IP, MID="10.10.10.10:2945", MSS=MASTER, H248VER=V1, PRONEGO=NO, CONTCTRLASSN=NO, DWRAP=NO, ANNEXC=1, OUTADA=1, PERMANENTREQID=0, STREAMMODE=Inactive;

ADD H248LNK: LINKID=0, VMGWID=0, MGCIDX=0, TT=SCTP, PTHMODE=TWOPATH, LOCALIP="10.10.10.11", LOCALPORT=2945, PEERIP="10.10.10.10", PEERPORT=2945, FN=1, SN=8, BP=FRONT, SBN=SBN0;

SET OFI: NAME="UMG8900", INTVLD=NO, INTRESVLD=NO, NATVLD=NO, NATRESVLD=YES, SERACH0=NATB, NATRESOPC=H'd11, NATRESLEN=LABEL14;　//设置本局信息:本局名称UMG8900,国际网无效,国际备用网无效,国内网无效,国内备用网有效,第一搜索网络为国内备用网,国内备用网信令点编码H'd11,国内备用网编码长度14位

ADD M3LE: LEX=0, LEN="UMG8900", LET=SG, NI=NATB, OPC=H'd11;　//增加本地实体:本地实体索引为0,本地实体名称为UMG8900,本地实体类型为信令网关,网络指示为国内备用网,源信令

点编码 H'11

ADD M3DE: DEX = 0, DEN = "MSOFTX3000", DET = AS, NI = NATB, DPC = H'10, LEX = 0; //增加目的实体:目的实体索引为 0,目的实体名称为 MSOFTX3000,目的实体类型为应用服务器,网络指示为国内备用网,目的信令点编码 H'10,本地实体索引为 0

ADD M3LKS: LSX = 0, LSN = "TO - MSOFTX3000", ADX = 0; //增加 M3 链路:链路集索引为 0,链路集名称为 TO - MSOFTX3000,邻接目的实体索引为 0

ADD M3RT: RN = "TO - MSOFTX3000", DEX = 0, LSX = 0; //增加 M3 路由:路由名称为 TO - MSOFTX3000,目的实体索引为 0,链路集索引为 0

ADD M3LNK: LNK = 0, BT = SPF, BN = 0, LKN = "TO - MSOFTX3000", LIP1 = "10.10.10.12", LP = 4000, RIP1 = "10.10.10.10", RP = 4000, LSX = 0, ASF = ACTIVE; //增加 M3 链路:M3UA 信令链路号为 0,板类型为 SPF,板组号为 0,链路名称为 TO - MSOFTX3000,本端第一个 IP 地址为 10.10.10.12,本端端口为 4000,远端第一个地址为 10.10.10.10,远端端口为 4000,所属链路集为 0,激活备用标识激活

ADD PG: PGID = 0, IFT = ATM, TYPE = APS1PLUS1, CHNNUM = 1, RTVM = NOT_RECOVER, OPM = UNIDIRECTIONAL, OPTSM = DISABLE; //增加保护组:保护组号为 0,接口类型为 ATM,保护方式为 APS1 加 1 方式,恢复方式为不可恢复,单/双向模式为单向,分合光器模式为不使用分合光器

SET WRTIME: PGID = 0, WTIME = 600; //设置等待时间:保护组号为 0,等待恢复时长为 600s

SET SIGDEFECT: PGID = 0, SDFLAG = SD_DISABLE; //设置信号劣化:保护组号为 0,信号劣化标志为信号劣化禁止

SET PG: PGID = 0, CMDT = START_CONTROLLER; //设置保护组:保护组号为 0,操作类型为启动保护控制器

//注意:上述几条保护参数的设置,主要是对 ATM 光口的设置及保护恢复。在现网中均有主备用光板进行单板级备份

ADD PVCTRF: INDEX = 0, ST = RTVBR; //增加 PVCTRF:索引号 0,业务类型为实时可变比特率业务

ADD PVCTCU: BN = 0, INDEX = 0; //增加 PVCTCU:班组号为 0,索引号为 0

ADD PVC: FN = 1, SN = 15, PN = 0, PVCNAME = "UMG - RNC - 1", PVCTYPE = SIGNAL, STARTVPI = 0, STARTVCI = 33, ENDVPI = 0, ENDVCI = 33; //增加 PVC:框号为 1,槽号为 15,端口号为 0,PVC 名称为 UMG - RNC - 1,PVC 类型为信令,开始 VPI 为 0,开始 VCI 为 33,结束 VPI 为 0,结束 VCI 为 33

ADD PVC: FN = 1, SN = 15, PN = 0, PVCNAME = "UMG - RNC - 2", PVCTYPE = SIGNAL, STARTVPI = 0, STARTVCI = 34, ENDVPI = 0, ENDVCI = 34; //增加 PVC:框号为 1,槽号为 15,端口号为 0,PVC 名称为 UMG - RNC - 2,PVC 类型为信令,开始 VPI 为 0,开始 VCI 为 34;结束 VPI 为 0,结束 VCI 为 34

ADD PVC: FN = 1, SN = 15, PN = 0, PVCNAME = "RNC - BEARER", PVCTYPE = BEARER, STARTVPI = 0, STARTVCI = 50, ENDVPI = 0, ENDVCI = 50, UPC = NO, TS = YES, RXTRAFIDX = 0, TXTRAFIDX = 0, TMRCUIDX = 0; //增加 PVC:框号为 1,槽号为 15,端口号为 0,PVC 名称为 RNC - BEARER,PVC 类型为承载,开始 VPI 为 0,开始 VCI 为 50,结束 VPI 为 0,结束 VCI 为 50,不做 UPC,做流量整形,接收流量索引 0,发送流量索引 0,TimerCU 索引 0

ADD PVC: FN = 1, SN = 15, PN = 0, PVCNAME = "RNC - BEARER", PVCTYPE = BEARER, STARTVPI = 0, STARTVCI = 51, ENDVPI = 0, ENDVCI = 51, UPC = NO, TS = YES, RXTRAFIDX = 0, TXTRAFIDX = 0, TMRCUIDX = 0; //增加 PVC:框号为 1,槽号为 15,端口号为 0,PVC 名称为 RNC - BEARER,PVC 类型为承载,开始 VPI 为 0,开始 VCI 为 51,结束 VPI 为 0,结束 VCI 为 51,不做 UPC,做流量整形,接收流量索引 0,发送流量索引 0,TimerCU 索引 0

ADD MTP3BDPC: INDEX = 0, NAME = "RNC1", NI = NATB, DPC = H'12, DSPTYPE = OTHER, OPC = H'11; //增加 MTP3B 目的信令点:目的信令点索引为 0,目的信令点名称为 RNC1,信令网络标识为国内备用网,目的信令点编码为 H'12,目的信令点类型为其他,对应的源信令点编码为 H'11

ADD MTP3BLKS: INDEX = 0, NAME = "TO - RNC", DPCIDX = 0; //增加 MTP3B 链路集:链路集索引为 0,链路集名称为 TO - RNC,目的信令点索引为 0

ADD MTP3BRT: INDEX = 0, NAME = "TO - RNC", DPCIDX = 0, LINKSETINDEX = 0; //增加MTP3B路由:路由索引为0,路由名称为TO - RNC,目的信令点索引为0,链路集索引为0

ADD SAALLNK: LNK = 0, FN = 1, SN = 15, PN = 0, VPI = 0, VCI = 33; //增加SAAL链路:链路号为0,框号为1,槽位号为15,端口号为0,VPI为0,VCI为33

ADD SAALLNK: LNK = 1, FN = 1, SN = 15, PN = 0, VPI = 0, VCI = 34; //增加SAAL链路:链路号为1,框号为1,槽位号为15,端口号为0,VPI为0,VCI为34

ADD MTP3BLNK: LNK = 0, NAME = "TO - RNC - 1", LINKSETINDEX = 0, SLC = 0, SLCSEND = 0, SAALLINKINDEX = 0; //增加MTP3B链路:链路号为0,链路名称为TO - RNC - 1,链路集索引为0,链路编码为0,发送链路编码为0,SAAL链路号为0

ADD MTP3BLNK: LNK = 1, NAME = "TO - RNC - 2", LINKSETINDEX = 0, SLC = 1, SLCSEND = 1, SAALLINKINDEX = 1; //增加MTP3B链路:链路号为1,链路名称为TO - RNC - 2,链路集索引为0,链路编码为1,发送链路编码为1,SAAL链路号为1

ADD QAAL2LOCNODE: NSAPADDR = "H'45861390075500000000000000000000000000"; //增加UMG8900本地结点的ATM地址:NSAP地址H4586139007550…

ADD QAAL2ADJNODE: ANI = 0, DPCIDX = 0, NSAPADDR = "H'45861390075510000000000000000000000000"; //增加邻结点(即RNC结点)的ATM地址:邻结点标识为0,目的信令点索引为0,NSAP地址为H4586139007551…

ADD AAL2PATH: ANI = 0, PATHID = 1, FN = 1, SN = 15, PN = 0, VPI = 0, VCI = 50, OWNERSHIP = REMOTE; //增加用户面:邻结点标识为0,PATH标识为1,框号为1,槽位号为15,物理端口号为0,VPI为0,VCI为50,PATH归属于远端

ADD AAL2PATH: ANI = 0, PATHID = 2, FN = 1, SN = 15, PN = 0, VPI = 0, VCI = 51, OWNERSHIP = REMOTE; //增加用户面:邻结点标识为0,PATH标识为2,框号为1,槽位号为15,物理端口号为0,VPI为0,VCI为51,PATH归属于远端

SET AAL2VMGW: BN = 0, VMGWID = 0, MAXUSERNUM = 1000; //设置虚拟媒体网关的ATM资源:板组号为0,虚拟媒体网关号为0,最大用户数为1000

SET SDHFLAG: BT = ASU, BN = 0, FN = 1, SN = 15, PN = 0, S1 = 0, C2 = 19, J0 = "SBS 155", J1 = "SBS 155", K1 = 0, K2 = 0, SCR = YES, OCLK = 0, TCLK = LOCAL, CN = 0, RxC2 = 0, TxC2 = 0, J0FORMAT = CRC, J1FORMAT = CRC, J2FORMAT = CRC; //设置:板类型为ASU,框号为1,槽位号为15,物理端口号为0,S1字节的SSM信息为0,C2字节19,J0字节SBS 155,J1字节SBS 155,K1字节0,K1字节0

SET FAXPARA: FFI = FAX_FRAME_20MS, GE_D_THD = 1000, TDM_D_THD = 1000, MFS = FAX_SPEED_NO_LIMIT, TM = TRANSFER, ECM = ECM_MODE, FV = -9, DS = CNG - 0&CED - 0&ANS_REV - 1&ANSam - 0&ANSam_REV - 1&V21 - 1&CM/CI - 1&Bell103 - 1, FMS = TRANSFER, MGV = -12, MGT = 3300, ABT = FAX_ANSAM_NOT_BUFFERED, V2 = DISABLE, CUDP = DISABLE, V21 = -20, ANSAM = -20, FAXECMODE = NOTBYMGC, VBDSWITCH = DISABLE, VBDCODEC0 = G711A, VBDCODEC1 = G711U, VBDPLTYPE0 = 8, VBDPLTYPE1 = 0, VBDPTIME0 = PT20, VBDPTIME1 = PT20, G711DS = CNG - 1&CED - 1&ANS_REV - 1&ANSam - 1&ANSam_REV - 1&V21 - 1&CM/CI - 0&Bell103 - 1, RFC2833TXSWH = CNG - 1&CED - 1&ANS_REV - 1&ANSam - 1&ANSam_REV - 1&V21 - 1&CM/CI - 1, T38SWHCON = CNG - 1&V21 - 1, T38SAMECNT = 1;

SET ENGINEID: ENGINEID = "800007DB0181090067";

MOD CLKSRC: BRDTYPE = CLK, GPSPRI = SECOND, LINE1PRI = THIRD, LINE2PRI = FOURTH, EXT1PRI = FIRST, GPSTYPE = GPS, SRCTYPE = EXT2MHz, FSSM = FORCE, EXTSSM = UNKNOWN, SLOT = SA4; //修改时钟源:板类型为CLK,GPS参考源优先级等级为2,线路时钟1优先级为3,线路时钟2优先级为4,外同步参考源1优先级为1,卫星系统为GPS,外同步参考源类型EXT2MHz,外同步参考源强制SSM级别,外同步参考源级别未知

MOD CLK: BRDTYPE = CLK, MODE = AUTO, GRADE = THREE, TYPE = EXT2MHZ, CTRL = NO, CLKMODE = SOURCE;

SET HDTHD：NEWTHD = 80；　//修改时钟：板类型为 CLK，参考源选择方式为自动，时钟等级为 3 级，输出外同步时钟信号类型 EXT2MHZ，SSM 不参与控制，有外部参考源工作模式

ADD TDMIU：BT = E32，BN = 0，TIDFV = 0，TIDLV = 31，VMGWID = 0，RT = EXTERN；

2．实训验证

1）查询 UMG8900 与 MSOFTX3000 的注册情况，如图 6-4 所示。

2）查询 UMG8900 与 MSOFTX3000 的 M3UA 状态，如图 6-5 所示。

```
%%DSP VMGW: VMGWID=0;%%
RETCODE = 0  执行成功

VMGW当前工作状态信息
---------------------
         VMGW(0)状态 = 业务态
 VMGW(0)目前工作在MGC = 0

Vmgw所有的Server列表
--------------------
    Mgc索引 = 0
  主备地位 = 主用控制器

    Mgc索引 = 没有配置
  主备地位 = 备用控制器

    Mgc索引 = 没有配置
  主备地位 = 备用控制器

(结果个数 = 3)
```

图 6-4　查询 UMG8900 与 MSOFTX3000 的注册情况

```
%%DSP M3DE: MODE=ByDsp;%%
RETCODE = 0  执行成功

显示M3UA目的实体状态
--------------------
  目的实体索引 = 0
          名称 = MSOFTX3000
      拥塞标志 = 否
  目的实体状态 = 可达
```

图 6-5　查询 UMG8900 与 MSOFTX3000 的 M3UA 状态

3）查询 AAL2PATH，如图 6-6 所示。

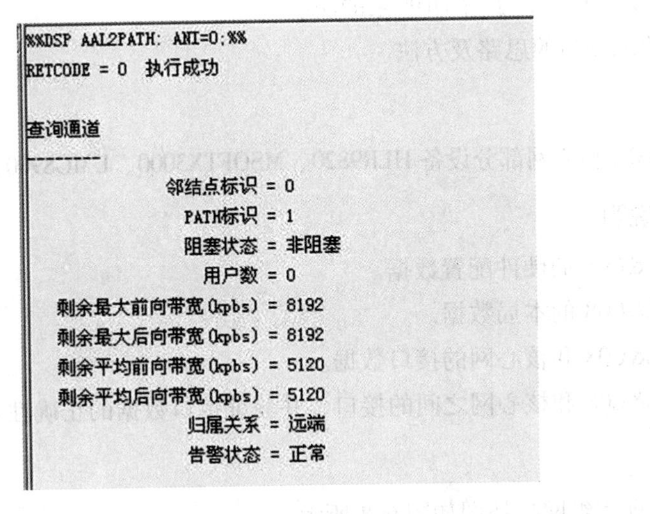

%%DSP AAL2PATH: ANI=0;%%
RETCODE = 0 执行成功
查询通道
邻结点标识 = 0
PATH标识 = 1
阻塞状态 = 非阻塞
用户数 = 0
剩余最大前向带宽(kpbs) = 8192
剩余最大后向带宽(kpbs) = 8192
剩余平均前向带宽(kpbs) = 5120
剩余平均后向带宽(kpbs) = 5120
归属关系 = 远端
告警状态 = 正常

图 6-6　查询 AAL2PATH

4）查询 MTP3B 的状态，如图 6-7 所示。

```
%%DSP MTP3BDPC:;%%
RETCODE = 0  执行成功

显示MTP3B目的信令点编码状态
------------------------------
索引  网络标识    目的信令点编码  源信令点编码  操作状态  拥塞状态  协议类型

0     国内备用网  H'D12           H'D11         可达      否        ITU-T
(结果个数 = 1)
```

图 6-7　查询 MTP3B 的状态

五、课后巩固

1）请画出 UMG8900 的组网拓扑。

2）请描述 UMG8900 的组网中，需要协商的几种信令，并分别写出信令数据制作步骤。

3）在信令转换中，起作用的是哪块单板？

4）ATM 对接数据中，需要规划哪些数据？

5）简述 UMG8900 的信令流程（基于目前的组网方式）。

任务三　C&C08 程控交换数据配置

一、任务目标

1）掌握新增 C&C08 与核心网互联的数据配置方式。

2）掌握目的信令点、路由、链路集、链路的概念以及它们之间的关系。

3）掌握 E1 的对接，了解 DDF 架的功能。

4）掌握故障判断的思路及方法。

二、实训器材

华为 WCDMA 核心网部分设备 HLR9820、MSOFTX3000、UMG8900，C&C08 程控交换机。

三、实训内容说明

1）制作 C&C08 的硬件配置数据。

2）制作 C&C08 的本局数据。

3）制作 C&C08 和核心网的接口数据。

4）调测 C&C08 和核心网之间的接口，并验证接口数据的正确性。

四、实训内容

3G 通信实训室组网拓扑图如图 6-8 所示。

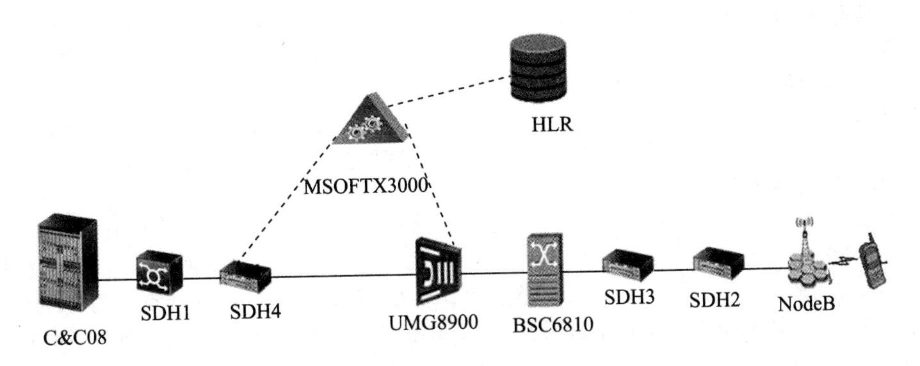

图 6-8　3G 通信实训室组网拓扑图

图 6-8 中的 C&C08 与 MSOFTX3000 采用 TDM 承载，C&C08 与 UMG8900 采用 TDM 承载。

本情景的数据配置需要规划的数据包括 C&C08 与 MSOFTX3000 之间的数据和 C&C08 与 UMG8900 之间的数据。

复习“验证实训”对应情景的学习内容，请按照本情景给出的数据脚本把上述两种数据规划的对应参数分别填写在表 6-3 中。

表 6-3　UMG8900 的数据配置规划表

配置项目	配置数据					
基本信息		信令点编码	信令点网标识	对局 GT 号码		
信令链路	WCSC 模块号	链路集索引	模块内链路号	信令链路编码和信令链路编码发送	模块内电路号（E1 号时隙号）	链路类型
电路	Termination ID（即 MGW 到 PSTN 的物理电路号）		CIC	WCCUWCSU 模块号	MGW 索引	
中继路由	局向	路由号	子路由号	中继群	电路类型	电路选择方式
字冠	字冠	路由选择码	路由选择源码			

配置脚本如下：

```
LOF:,CONFIRM = Y; //进入脱机状态
SET CWSON: SWT = OFF,CONFIRM = Y;    //设置格式转换的状态:状态为关
SET FMT: STS = OFF,CONFIRM = Y;    //关闭性能统计开关
SET OFI: LOT = CMPX, NN = TRUE, NNC = "aaaaaa", NNS = SP24, LAC = K20, LNC = K86, GAC = K166, BTVM = K166,CONFIRM = Y;    //设置本局信息:本局类型为长市农合一,国内网有效,国内编码 aaaaaa,国内网结构 SP24,本地区号 20,本国代码 86
```

ADD SGLMDU: CKTP = HSELB,CONFIRM = Y; //增加独立局模块:时钟选择为硬件选择

ADD CFB: MN =1, F =1, LN =1, PN =1, ROW =1, COL =1,CONFIRM = Y; //增加主控框:模块号1,机架号1,框号1,场地号1,行号1,列号1

ADD USF32: MN =1, F =3, LN =1, ROW =1, COL =1, N1 =16, N2 =17, HW1 =0, HW2 =1, HW3 =255,CONFIRM = Y; //增加用户框:模块号1,框号3,机架号1,行号1,列号1,第一主节点16,第二主节点17,HW1 为0,HW2 为1

ADD DTFB: MN =1, F =5, LN =1, PN =1, ROW =1, COL =1, BT = BP2, N1 =0, N2 =1, N3 =255, HW1 =90, HW2 =91, HW3 =88, HW4 =89, HW5 =255,CONFIRM = Y; //增加 DTM 中继框:模块号1,框号5,机架号1,场地号1,行号1,列号1,板类型为 DTM 板,主结点1为0,主结点2为1,主结点3为255(主结点3以上不配,即其他空槽位不占用主结点),HW1 为90,HW2 为91,HW3 为88,HW4 为89,HW5 为255(HW5 为255,增加2块 DTM 板,HW5 以上不配,其他空槽位不配 HW 资源)

//注意:增加删除中继框相应单板与实际保持一致

RMV BRD: MN =1, F =1, S =2,CONFIRM = Y;
RMV BRD: MN =1, F =1, S =3,CONFIRM = Y;
RMV BRD: MN =1, F =1, S =4,CONFIRM = Y;
RMV BRD: MN =1, F =1, S =5,CONFIRM = Y;
RMV BRD: MN =1, F =1, S =6,CONFIRM = Y;
RMV BRD: MN =1, F =1, S =8,CONFIRM = Y;
RMV BRD: MN =1, F =1, S =10,CONFIRM = Y;
RMV BRD: MN =1, F =1, S =14,CONFIRM = Y;
RMV BRD: MN =1, F =1, S =17,CONFIRM = Y;
RMV BRD: MN =1, F =1, S =18,CONFIRM = Y;
RMV BRD: MN =1, F =1, S =19,CONFIRM = Y;
RMV BRD: MN =1, F =1, S =20,CONFIRM = Y;
RMV BRD: MN =1, F =1, S =21,CONFIRM = Y;
RMV BRD: MN =1, F =1, S =22,CONFIRM = Y;
RMV BRD: MN =1, F =2, S =3,CONFIRM = Y;
RMV BRD: MN =1, F =2, S =4,CONFIRM = Y;
RMV BRD: MN =1, F =2, S =5,CONFIRM = Y;
RMV BRD: MN =1, F =2, S =7,CONFIRM = Y;
RMV BRD: MN =1, F =2, S =8,CONFIRM = Y;
RMV BRD: MN =1, F =2, S =17,CONFIRM = Y;
RMV BRD: MN =1, F =2, S =18,CONFIRM = Y;
RMV BRD: MN =1, F =2, S =19,CONFIRM = Y;
RMV BRD: MN =1, F =2, S =20,CONFIRM = Y;
RMV BRD: MN =1, F =2, S =21,CONFIRM = Y;
RMV BRD: MN =1, F =2, S =22,CONFIRM = Y;
RMV BRD: MN =1, F =2, S =23,CONFIRM = Y;
RMV BRD: MN =1, F =3, S =4,CONFIRM = Y;
RMV BRD: MN =1, F =3, S =5,CONFIRM = Y;
RMV BRD: MN =1, F =3, S =6,CONFIRM = Y;
RMV BRD: MN =1, F =3, S =7,CONFIRM = Y;
RMV BRD: MN =1, F =3, S =8,CONFIRM = Y;
RMV BRD: MN =1, F =3, S =9,CONFIRM = Y;
RMV BRD: MN =1, F =3, S =10,CONFIRM = Y;
RMV BRD: MN =1, F =3, S =11,CONFIRM = Y;
RMV BRD: MN =1, F =3, S =13,CONFIRM = Y;

RMV BRD: MN =1, F =3, S =14,CONFIRM = Y;

RMV BRD: MN =1, F =3, S =15,CONFIRM = Y;

RMV BRD: MN =1, F =3, S =16,CONFIRM = Y;

RMV BRD: MN =1, F =3, S =17,CONFIRM = Y;

RMV BRD: MN =1, F =3, S =18,CONFIRM = Y;

RMV BRD: MN =1, F =3, S =19,CONFIRM = Y;

RMV BRD: MN =1, F =3, S =20,CONFIRM = Y;

RMV BRD: MN =1, F =3, S =21,CONFIRM = Y;

RMV BRD: MN =1, F =3, S =22,CONFIRM = Y;

RMV BRD: MN =1, F =3, S =23,CONFIRM = Y;

ADD BRD: MN =1, F =2, S =17, BT = LPN7,CONFIRM = Y;

ADD BRD: MN =1, F =2, S =18, BT = MFC,CONFIRM = Y;

ADD CALLSRC: CSC =0, PRDN =3,CONFIRM = Y; //呼叫源为0,预收号码位数为3

ADD CNACLD: PFX = K'5555, MIDL =8, MADL =8,CONFIRM = Y; //增加呼叫字冠:字冠为5555,最小、最大号长为8

ADD DNSEG: P =0, BEG = K'55550000, END = K'55550063,CONFIRM = Y; //增加号段:号首为0,开始号码为55550000,结束号码为55550063

ADB ST:SD = K'55550000,ED = K'55550063,DS =0,MN =1, RCHS =255,CONFIRM = Y; //批量增加用户:增加号码55550000 -55550063,设备号(端口号)为0,模块号为1,计费源码为255

ADD N7DSP: DPX = 0, DPN = "WCDMA", NPC = "111111", NN = TRUE, NN2 = FALSE, STP = FALSE, APF = TRUE,CONFIRM = Y; //增加MTP目的信令点:目的信令点索引为0,目的信令点名称为WCDMA,目的信令点编码为111111,国内有效,国内备用无效,不是信令转接点,相邻标志为是

ADD N7LKS: LS =0, LSN = "WCDMA", APX =0,CONFIRM = Y; //增加MTP链路集:链路集为0,链路集名称为WCDMA,相邻信令点索引为0

ADD N7RT: RN = "WCDMA", LS = 0, DPX = 1,CONFIRM = Y; //增加MTP路由:路由名称为WCDMA,链路集为0,目的信令点索引为1

ADD N7LNK: MN =1, LK =4, LKN = "WCDMA", SDF = SDF2, NDF = NDF2, C =80, LS =0, SLC =0, SSLC =0,CONFIRM = Y; //增加7号链路:模块号为1,链路号为4,链路名称为WCDMA,中继设备标识ISUP,7号信令设备类型为LPN7,电路号为80,链路集为0,信令链路编码为0,信令链路编码发送0

ADD OFC: O =0, DOT = CMPX, DOL = SAME, NI = NAT, DPC = "111111", ON = "WCDMA",CONFIRM = Y; //增加局向:局向号为0,对端局类型为长市农合一,对端局级别为同级,网标识为国内,目的信令点编码为111111,局向名为WCDMA

ADD SRT: SR =0, DOM =0, SRT = OFC, SRN = "WCDMA", MN1 =1,CONFIRM = Y; //增加子路由:子路由号为0,局向号为0,路由类型为局间子路由,子路由名为WCDMA,第一搜索模块1

ADD RT: R =0, RN = "WCDMA", SR1 = 0,CONFIRM = Y; //增加路由:路由号为0,路由名为WCDMA,第一子路由为0

ADD RTANA: RSC =0, RSSC =0, RUT = ALL, ADI = ALL, CLRIN = ALL, TRAP = ALL, TMX =0, R =0,CONFIRM = Y; //增加路由分析:路由选择码0,路由选择源码0,主叫用户为全部类别,地址信息指示语为全部类别,主叫接入为全部类别,传输能力为全部类别,时间索引为0,路由号为0

ADD N7TG: MN =1, TG =0, SRC =0, TGN = "WCDMA", CT = ISUP,CONFIRM = Y; //增加7号中继群:模块号为1,中继群号为0,子路由号为0,中继群名为WCDMA,电路类型为ISUP

ADD N7TKC: TG =0, SC =96, EC =127, SCIC =0, SCF = TRUE,CONFIRM = Y; //增加7号中继电路:中继群号为0,起始电路号为96,终止电路号为127,起始CIC为0,起始电路主控标志为是

ADD CNACLD:PFX = K'139,CSA = LC,RSC =0,MIDL =11, MADL =11,CONFIRM = Y; //增加被叫字冠:呼叫字冠139,业务属性为本地,路由选择码为0,最小号长为11位,最大号长为11位

ADD CNACLD:PFX = K'ccc,CSTP = TEST,CSA = LDN,MIDL =3, MADL =3,CONFIRM = Y; //本机查号命令(通过本命令可实现拨打“###”查询话机号码):呼叫字冠ccc,业务属性为本地号码显示,最小号

长为 3 位,最大号长为 3 位

```
SET SMSTAT: MN = 1, STAT = ACT,CONFIRM = Y;  //激活后台管理模块
SET FMT: STS = ON,CONFIRM = Y;  //开启格式化转换开关
FMT ALL:CONFIRM = Y;  //格式化数据
```

五、课后巩固

1）WCDMA 核心网通过什么设备与 C&C08 程控交换机连接?

2）在实训室中，C&C08 程控交换机的哪块单板用来与 WCDMA 核心网连接?

3）如果需要多开 4 条到 WCDMA 网络的链路，目前 C&C08 程控交换机硬件满足要求吗?

4）在实训室的组网中，如何理解核心网设备的“呼叫与承载的分开”?

5）如何验证 C&C08 程控交换机和 WCDMA 网络之间通信正常?

参考文献

[1] 魏红. 移动通信技术 [M]. 2 版. 北京：人民邮电出版社，2009.

[2] 阎毅，贺鹏飞，李爱华，等. 无线通信与移动通信技术 [M]. 北京：清华大学出版社，2014.

[3] 周祖荣，姚美菱. CDMA 移动通信技术简明教程 [M]. 天津：天津大学出版社，2010.

[4] 袁国良. 光纤通信简明教程 [M]. 2 版. 北京：清华大学出版社，2016.

[5] 赵梓森. 光纤通信工程（修订本）[M]. 北京：人民邮电出版社，2002.

[6] 张毅，余翔，韦世红，等. 现代交换原理 [M]. 北京：科学出版社，2015.

[7] 师向群，孟庆元. 现代交换原理与技术 [M]. 西安：西安电子科技大学出版社，2013.

[8] 陈永彬. 现代交换原理与技术 [M]. 北京：人民邮电出版社，2009.